工业和信息化设计人才实训指南

SolidWorks
基础与实战教程

U0259290

赵罘 杨晓晋 赵楠 编著

电子工业出版社
Publishing House of Electronics Industry
北京·BEIJING

图书在版编目（CIP）数据

SolidWorks基础与实战教程 / 赵罘，杨晓晋，赵楠编著. —北京：电子工业出版社，2022.8

（工业和信息化设计人才实训指南）

ISBN 978-7-121-43439-6

Ⅰ.①S… Ⅱ.①赵… ②杨… ③赵… Ⅲ.①机械设计－计算机辅助设计－应用软件－教材 Ⅳ.①TH122

中国版本图书馆CIP数据核字(2022)第078511号

责任编辑：高　鹏

印　　刷：天津善印科技有限公司

装　　订：天津善印科技有限公司

出版发行：电子工业出版社

　　　　　北京市海淀区万寿路173信箱　邮编：100036

开　　本：787×1092　1/16　印张：19.00　字数：547.2千字

版　　次：2022年8月第1版

印　　次：2022年8月第1次印刷

定　　价：69.00元

SolidWorks 是基于 Windows 系统开发的三维 CAD 软件，这是一套完整的 3D MCAD 产品设计解决方案，该软件以参数化特征造型为基础，具有功能强大、易学、易用等特点，是目前应用广泛的三维 CAD 软件之一。

本书采用通俗易懂、循序渐进的方法讲解 SolidWorks 的基本命令和操作流程。主要内容包括：

（1）认识 SolidWorks。主要讲解软件概述、基本操作、工作环境设置和参考几何体的应用。

（2）草图绘制。讲解二维草图的绘制和标注方法。

（3）基本特征。讲解 SolidWorks 中最常使用的特征建模命令。

（4）高级特征。讲解不需要草图就能使用的特征建模命令。

（5）辅助特征。讲解辅助的特征建模命令。

（6）图片渲染。讲解图片渲染的基本方法。

（7）动画制作。讲解动画制作的基本方法。

（8）装配体设计。讲解装配体的具体设计方法和步骤。

（9）工程图设计。讲解装配图和零件图的设计方法。

本书由赵罘、杨晓晋、赵楠编著，参与编写工作的还有张娜、刘玲玲、李梓旎。

本书适用于 SolidWorks 初、中级用户，可以作为理工科高等院校相关专业的学生用书和 CAD 专业课程实训教材、技术培训教材。

由于作者水平所限，错误之处在所难免，欢迎广大读者批评指正。

读 者 服 务

读者在阅读本书的过程中如果遇到问题，可以关注"有艺"公众号，通过公众号与我们取得联系。此外，通过关注"有艺"公众号，您还可以获取更多的新书资讯、书单推荐、优惠活动等相关信息。

扫一扫关注"有艺"

资源下载方法：关注"有艺"公众号，在"有艺学堂"的"资源下载"中获取下载链接和增值服务。如果遇到无法下载的情况，可以通过以下三种方式与我们取得联系：

1.关注"有艺"公众号，通过"读者反馈"功能提交相关信息；

2.请发邮件至art@phei.com.cn，邮件标题命名方式：资源下载+书名；

3.读者服务热线：（010）88254161~88254167转1897。

投稿、团购合作：请发邮件至art@phei.com.cn。

Contents

目 录

第 01 章　认识SolidWorks

第 02 章　草图绘制

第03章 基本特征

第04章 高级特征

第05章 辅助特征

Chapter

01

认识SolidWorks

本章主要介绍 SolidWorks 软件的背景、软件的主要特点、用户界面的设置、最新功能、软件的基本操作、工作环境的设置及参考几何体的使用。

SOLIDWORKS

学习要点

- SolidWorks 软件背景
- SolidWorks 用户界面
- SolidWorks 的文件操作
- SolidWorks 的工作环境设置
- SolidWorks 软件的主要特点
- SolidWorks 的最新功能
- SolidWorks 的鼠标操作
- 参考几何体的使用

技能目标

- SolidWorks 新建和打开文件的方法
- SolidWorks 保存文件的方法
- SolidWorks 退出文件的方法
- SolidWorks 鼠标使用的方法
- SolidWorks 快捷键设置的方法
- SolidWorks 工作环境设置的方法
- 基准面的创建方法
- 基准轴的创建方法
- 坐标系的创建方法
- 基准点的创建方法

SolidWorks 2021概述

本节对SolidWorks的背景及其主要特点和SolidWorks 2021的新功能进行介绍，让读者对软件有一个大致的了解。

1.1.1 软件背景

SolidWorks是达索系统（Dassault Systemes S.A）下的子公司，在1993年，由PTC公司的技术副总裁与CV公司的副总裁成立，总部位于美国马萨诸塞州。1994年年末，SolidWorks开始向行业分析师和媒体展示SolidWorks软件的原型。1995年，SolidWorks公司在AUTO FACT会议上正式发布，成功推出了第一套三维机械设计软件——SolidWorks软件，它就是SolidWorks 95。1997年，Solidworks被法国达索公司收购，作为达索中端主流市场的主打品牌。自1998年开始，国内外也陆续推出了CAD相关软件。

SolidWorks软件是一个基于特征、参数化、实体建模的设计工具。目前的新版本软件采用Ribbon图形用户界面，易学易用。SolidWorks具有开放的系统，添加各种插件后，可实现产品的三维建模、装配校验、运动仿真、有限元分析、加工仿真、数控加工及加工工艺的制定，以保证产品在设计、工程分析、工艺分析、加工模拟、产品制造过程中数据的一致性，从而真正实现产品的数字化设计和制造，并大幅度提高产品的设计效率和质量。

1.1.2 软件的主要特点

SolidWorks是一套机械设计自动化软件，并且能将零件尺寸的设计用参数描述，在设计修改的过程中通过修改参数的数值来改变零件外形的参变量式CAD设计软件。SolidWorks一贯倡导三维CAD软件的易用性和高效性。SolidWorks采用用户熟悉的Windows图形界面，操作简便、易学易用。使用SolidWorks进行设计时，用户可以运用特征、尺寸及约束功能准确地制作模型，并绘制出详细的工程图。根据各零件间的相互装配关系，可快速实现零部件的装配。其主要的特点和优点有如下几方面：

1）简洁的操作界面

SolidWorks软件的操作方式非常简便，容易上手，其全面采用Microsoft Windows的技术，支持特征的"剪切、复制、粘贴"等操作，对熟悉Windows的设计人员来说，十分方便，为设计节省了大量的时间。

2）直观的用户界面

直观的用户界面使设计过程变得非常轻松，动态控标用不同的颜色及说明提醒设计者目前的操作，可以使设计者清楚现在做什么；标注可以使设计者在图形区域就给定特征的有关参数；鼠标确认和丰富的右键菜单使得设计零件非常容易；建立特征时，无论鼠标在什么位置，都可以快速确定特征建立；图形区域动态的预览，使得在设计过程中就可以审视设计的合理性；利用特征管理器设计树，设计人员可以更好地通过管理和修改特征来控制零件、装配体和工程图；属性管理器提供了非常方便的查看和修改属性操作，同时减少了图形区域的对话框，使设计界面简洁、明快；利用配置管理器可以很容易地建立和修改零件或装配的不同形态，大大提高设计效率。

3）智能草图绘制

草图绘制状态和特征定义状态有明显的区分标志，设计者可以很容易清楚自己的操作状态；草图绘制更加容易，用户可以快速适应并掌握SolidWorks灵活的绘图方式：单击-单击式或单击-拖动式。单击-单击式的绘制方式非常接近 AutoCAD 软件；在绘制草图过程中，通过动态反馈和推理可以自动添加几何约束，使得绘图非常清楚和简单；在草图中采用不同的颜色显示草图的不同状态；拖动草图的图元，可以快速改变草图形状甚至几何关系或尺寸值，检查草图的合理性。利用"方程式编辑器"不仅可以建立尺寸之间的关系，而且可以设定尺寸的求解顺序视图。

4）强大的特征建立能力和零件与装配的控制功能

SolidWorks 软件具有强大的基于特征的实体建模功能。通过拉伸、旋转、创建薄壁特征、高级抽壳、特征阵列及打孔等操作来实现零件的设计；可以对特征和草图进行动态修改。利用零件和装配体的配置不仅可以利用现有的设计，建立企业的产品库，而且可以解决系列产品的设计问题；可以利用 Excel 软件驱动配置，从而自动生成零件或装配体；在装配中可以实现智能化装配，可以进行动态装配干涉检查和间隙检测以及静态干涉检查；可以进行动画式装配和动态查看装配体运动；SolidWorks 提供专业化的标准件库，引用和查询标准件库非常方便，系统提供清晰的组织层次，从标准件的大类、小类到具体规格和参数，同时还支持自定义设计扩充的标准件库。

5）可自动生成工程图

使用 SolidWorks 软件可以从三维模型中自动产生工程图，包括视图、尺寸、标注等。使用 RapidDraft 工程图技术，可以将工程图与三维模型单独进行操作，以加快工程图的操作，但仍然保持与三维模型的相关性；可以建立各种类型的投影视图、剖面视图和局部放大图。在装配图生成的过程中，零件序号可以在装配图上准确排列，自动生成 BOM 表，同时具有强大的表格编辑功能和模板定制功能，符合我国工程师的设计习惯和企业管理需求。

1.1.3 SolidWorks用户界面

SolidWorks 用户界面与设计模式有关，3 种设计模式下的用户界面菜单与工具栏的构成均有所不同。在 SolidWorks 中新建一个零件文件后，进入 SolidWorks 用户界面，零件设计模式的用户界面如图 1-1 所示。其中包括菜单栏、工具栏、管理区域、图形区域、任务窗格、版本提示、状态栏、特征管理器等。装配体文件和工程图文件与零件文件的用户界面类似，在此不再赘述。

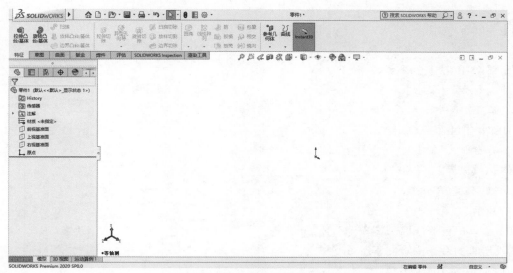

图 1-1　SolidWorks 用户界面

菜单栏中包含了所有 SolidWorks 命令，工具栏可根据文件类型（零件、装配体、工程图）来调整，而 SolidWorks 窗口底部的状态栏则可以提供设计人员正执行的有关功能的信息。接下来介绍 SolidWorks 用户界面常用的基本功能。

1. 菜单栏

菜单栏位于 SolidWorks 用户界面的顶部，在默认情况下菜单栏是被隐藏的，只显示【标准】工具栏，如图 1-2 所示。

图 1-2 【标准】工具栏

如果想要显示菜单栏，就必须将鼠标光标移动至【SolidWorks】图标 上，这样在鼠标光标移开【SolidWorks】图标前，菜单栏将持续地显示在 SolidWorks 用户界面的顶部。单击【SolidWorks】图标，也可以使菜单栏持续显示在 SolidWorks 用户界面的顶部。菜单栏如图 1-3 所示。

图 1-3 菜单栏

将【图钉】图标 状态更改为【钉住】图标 状态，就可以将菜单栏始终显示在 SolidWorks 用户界面的顶部。SolidWorks 菜单栏中的每一项都很重要，其中，【插入】菜单和【工具】菜单中包含了 SolidWorks 中最关键的功能。

- 【文件】菜单中包括【新建】、【打开】、【保存】、【关闭】等命令，如图 1-4 所示。
- 【编辑】菜单中包括【选择所有】、【重复上一命令】、【撤销】等命令，如图 1-5 所示。
- 【视图】菜单中包括【光源与相机】、【隐藏/显示】等命令，如图 1-6 所示。
- 【插入】菜单中包括建立模型几乎所有的命令，如【凸台/基体】、【切除】、【特征】、【阵列/镜像】等命令，如图 1-7 所示。
- 【工具】菜单中包括分析模型几乎所有的命令，如【尺寸】、【关系】、【几何分析】、【评估】等命令，如图 1-8 所示。

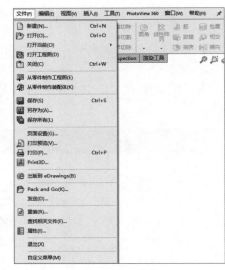

图 1-4 【文件】菜单

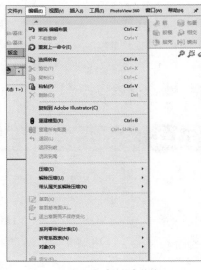

图 1-5 【编辑】菜单

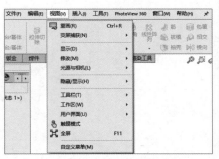

图 1-6 【视图】菜单

图 1-7 【插入】菜单

---

*注：本书截图中的"镜向"应为"镜像"，后文同。

- 【PhotoView 360】菜单中包括与渲染相关的全部命令，如【编辑外观】、【编辑布景】、【编辑贴图】等命令，如图 1-9 所示。

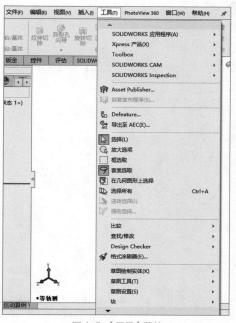

图 1-8 【工具】菜单

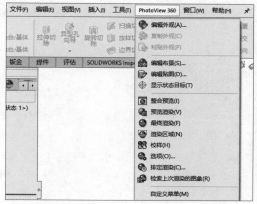

图 1-9 【PhotoView 360】菜单

- 【窗口】菜单中包括【视口】、【层叠】等命令，如图 1-10 所示。
- 【帮助】菜单中包括【API 帮助】、【搜索】等命令，如图 1-11 所示。

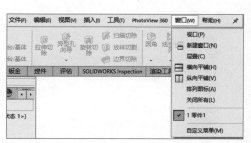

图 1-10 【窗口】菜单

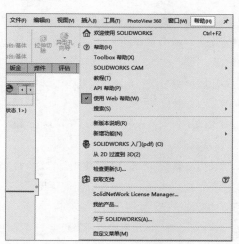

图 1-11 【帮助】菜单

在菜单栏的不同菜单中，有的功能为亮着的状态，而有的功能则为灰色的状态。在 SolidWorks 中，菜单栏中的功能会根据当前所处的工作环境进行调整，在当前工作环境下只可以选择亮着的功能。

2. 工具栏

SolidWorks 提供了丰富的工具栏，包括【标准】工具栏和【自定义】工具栏。SolidWorks 可以根据用户需要自行显示或者隐藏工具栏，在菜单栏中选择【视图】|【工具栏】命令，或者直接在工具栏区域单击鼠标右键，弹出快捷菜单，如图 1-12 所示。

在弹出的快捷菜单中选择【工具栏】命令，即可弹出【工具栏】菜单，如图 1-13 所示。

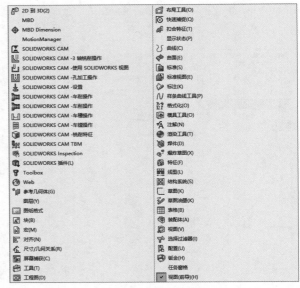

图 1-12 快捷菜单　　　　　　　　　　　　图 1-13 【工具栏】菜单

其中，最常用的工具栏为【视图（前导）】工具栏，其默认状态为选中状态，以固定工具栏的形式显示在绘图区域的正上方，如图 1-14 所示。

在【视图（前导）】工具栏中包括在建模过程中常用的功能命令，内容如下。

图 1-14 【视图（前导）】工具栏

- 【整屏显示全图】 ：用来缩放到所有可见项目。
- 【局部放大】 ：用来缩放到通过边界框选择的区域。
- 【上一个视图】 ：用来显示上一个视图。
- 【剖面视图】 ：使用基准面或面显示零件或装配体的剖面图。
- 【动态注解视图】 ：用来切换动态注解视图。
- 【视图定向】 ：用来更改当前视图方向或视口数。单击右侧的下拉箭头，将显示所有的功能按钮，如图 1-15 所示。
- 【显示类型】 ：用来更改活动视图的显示样式，例如"上色"或"线框"。单击右侧的下拉箭头，将显示所有的功能按钮，如图 1-16 所示。
- 【隐藏/显示】 ：用来控制所有类型的可见性。单击右侧的下拉箭头，将显示所有的功能按钮，如图 1-17 所示。
- 【编辑外观】 ：用来编辑模型中实体的外观。编辑分配给一组实体的外观时，所有实体的外观都会更新。可以用来编辑外观属性，比如纹理映射和颜色。
- 【应用布景】 ：用来将特定场景应用于模型，使用此工具可以将默认场景替换为另一场景。单击右侧的下拉箭头，将显示所有的功能按钮，如图 1-18 所示。

图 1-15 视图定向

图 1-16 显示类型

图 1-17 隐藏/显示

图 1-18 应用布景

- 【视图设定】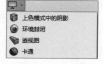：用来切换各种视图设定。单击右侧的下拉箭头，将显示所有的功能按钮，如图 1-19 所示。

图 1-19 视图设定

此外，可以通过选择 SolidWorks 中的工具栏，将其显示在用户界面中。以【MBD】工具栏为例，当选中【MBD】工具栏时，其将显示在用户界面的最左侧，如图 1-20 所示。

在使用工具栏或选择工具栏中的命令时，当鼠标光标移动到工具栏中的图标附近时，会弹出一个窗口来显示该工具的名称及相应的功能，该内容会显示一段时间，过后会自动消失，起到提示用户的作用，如图 1-21 所示。

可以将【MBD】工具栏拖动到图形区域的任意位置，当需要将其关闭时，可以使用打开的方式将其关闭，也可以直接在【MBD】工具栏中单击【关闭】按钮 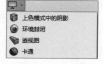，如图 1-22 所示。

当使用上述方法在 SolidWorks 用户界面中添加工具栏时，每当选择一个工具栏后，快捷菜单就会立即消失，如果再需要添加工具栏，那么必须重新操作才可以完成。而 SolidWorks 提供了【自定义】工具栏，用户可以在使用 SolidWorks 前，一次性添加多个工具栏。单击鼠标右键，在弹出的快捷菜单中选择【自定义】命令，弹出【自定义】工具栏，如图 1-23 所示。

图 1-20 【MBD】工具栏

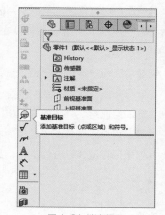

图 1-21 消息提示

图 1-22 关闭【MBD】工具栏

用户可以在【自定义】工具栏中工具栏前的方框口中打钩，可以选择多个工具栏，如图 1-24 所示。

图 1-23 【自定义】工具栏

图 1-24 选择多个工具栏

3. 状态栏

状态栏位于 SolidWorks 用户界面的底部区域。状态栏可以显示正在操作中的对象所处的状态，当前任务的文字说明、指针位置坐标，以及草图状态等参考信息，如图 1-25 所示。

| 97.66mm | -49.93mm | 0mm 欠定义 | 在编辑 草图1 | 🖉 🐀 | 自定义 ▲ |

图 1-25 状态栏

SolidWorks 的状态栏主要可以为用户提供如下信息。

- **草图状态**：在编辑草图的过程中，状态栏会出现完全定义、过定义、欠定义、没有找到解、发现无效的解 5 种状态。因此用户可以通过状态来判断草图是否为完全定义的草图。
- **【重建模型】**图标 🖉 可以在更改草图或零件（需要重建模型）时，显示在状态栏中，方便用户了解当前模型的状态。
- 显示当前鼠标所指的坐标值，方便用户在草图建模时选择位置。
- **单位系统**：在编辑草图的过程中，单击 ▔▔自定义▔▲ （单位系统）按钮，即可在弹出的【自定义单位系统】列表中选择当前绘制草图的文档单位，如图 1-26 所示。
- 显示用户正在装配中编辑的零件信息。
- 如果保存通知以分钟进行，那么可以显示出最近一次保存后至下次保存前之间的时间间隔。

4. 管理区域

管理区域包括特征管理器（Feature Manager）设计树 🖉、属性管理器（Property Manager）🖉、配置管理器（Configuration Manager）🖉、标注专家管理器（DimXpert Manager）🖉、外观管理器（Display Manager）🖉、SolidWorks CAM 特征树 🖉、SolidWorks CAM 操作树 🖉、SolidWorks CAM 刀具树 🖉 和 SolidWorks Inspection 🖉 9 种管理器，如图 1-27 所示。

单击管理区域窗口顶部的【展开】按钮 **>**，将其变成【收回】按钮 **<**，即可展开【显示窗格】，如图 1-28 所示。

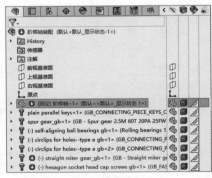

图 1-26 【自定义单位系统】列表　　　　图 1-27 管理区域　　　　图 1-28 展开【显示窗格】

- **【隐藏/显示】** 🖉：单击该按钮，可以将零件隐藏或显示。
- **【显示模式】** 🖉：单击该按钮，可以显示零件不同的样式，其中包括【线架图】🖉、【隐藏线可见】🖉、【消除隐藏线】🖉、【带边线上色】🖉、【上色】🖉 和【默认显示】🖉 6 种显示模式，如图 1-29 所示。
- **【外观】** 🖉：单击该按钮，可以编辑零件的外观（颜色）。
- **【透明度】** 🖉：单击该按钮，可以将零件用不同的透明度进行显示，方便用户观察模型内部的结构。

图 1-29 显示模式

在众多的管理区域中，用户常用的主要是特征管理器设计树，其次是属性管理器。

特征管理器设计树位于 SolidWorks 窗口的左侧，是 SolidWorks 窗口中比较常用的部分，可以提供激活零件、装配体或工程图的设计流程，可以从中清楚地看出设计者的意图，也便于在将来进行更改，如图 1-30 所示。

特征管理器设计树的功能主要有如下几种：

- 在特征管理器设计树中的各个特征可以相互调整顺序，按住设计树中的某个特征，将其拖动到另一个特征之上或之下，就可以调整设计树的特征顺序（这将基于模型可以相互调整顺序的前提），若下面的特征是基于上面的特征而建立的，则不允许将其拖动至上面的特征之上，不然会报错。

- 特征管理器设计树的下方有一个"控制棒"，这类似于计算机中的光标，建模型时是在"控制棒"的后面进行的，将"控制棒"向前拖动，即可在中间添加特征，如图 1-31 所示。待添加完毕后，再将"控制棒"拖回到最后即可。

- 按住【Shift】键，选择想选取的第一个特征，再选择想选取的最后一个特征，即可将其中间的所有特征进行选取；若想选取多个不连续的特征，则可以在选择的同时按住【Ctrl】键。

- 双击特征，可以在图形区域显示当前特征的尺寸信息。

- 选择特征后，再单击一次该特征，可以将当前的特征重命名，如图 1-32 所示。

图 1-30 特征管理器设计树

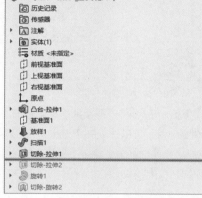
图 1-31 退回"控制棒"

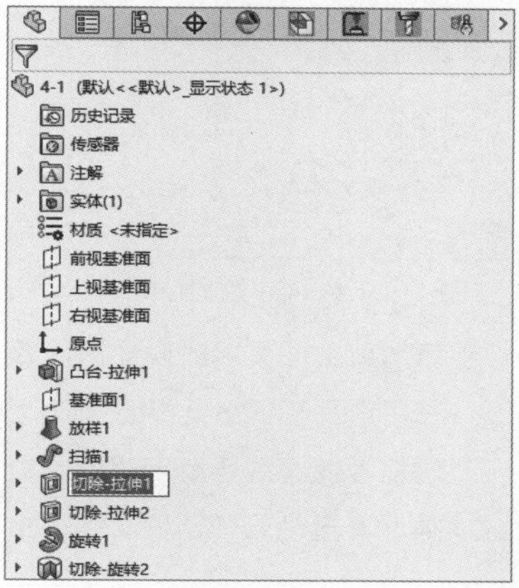

图 1-32 将当前的特征重命名

- 在特征管理器设计树中的特征上单击鼠标右键，在弹出的快捷菜单中可以选择用于该特征的多个命令，其中主要包括【编辑特征】、【压缩】、【隐藏 / 显示】等，如图 1-33 所示。

- 在特征管理器设计树的【注解】文件夹上单击鼠标右键，系统自动弹出【注解】快捷菜单，通过其中的命令可以控制尺寸和注解的显示，如图 1-34 所示。

图 1-33 用于该特征的多个操作

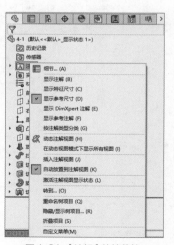
图 1-34 【注解】快捷菜单

- 在特征管理器设计树的【材质】文件夹上单击鼠标右键，在弹出的【材质】快捷菜单中可以选择所需命令来添加或修改应用到零件的材质，如图 1-35 所示。
- 在特征管理器设计树的【传感器】文件夹上单击鼠标右键，在弹出的【传感器】快捷菜单中可以添加新文件夹，如图 1-36 所示。
- 添加用户的自定义文件夹，并将特征拖入文件夹中以缩短特征管理器设计树的长度，如图 1-37 所示。

图 1-35 【材质】快捷菜单

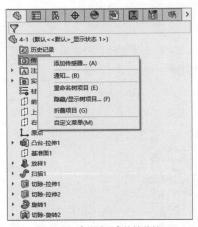

图 1-36 【传感器】快捷菜单

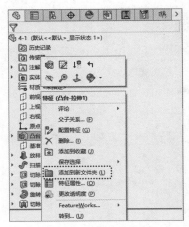

图 1-37 添加新文件夹

添加新文件夹后的设计树如图 1-38 所示，可以将一些特征移至新建的文件夹中。

当用户暂时不需要特征管理器设计树显示时，可以按【F9】键来将其隐藏。

属性管理器主要用于草图或实体的定义，也可以用于将多个特征进行约束。当用户用鼠标选择所要定义的草图或实体时，属性管理器中会弹出相应的信息，用户可以对其进行定义或修改，如图 1-39 所示。

5. 任务窗格

任务窗格通常显示在 SolidWorks 用户界面的右侧，包括【SolidWorks 资源】🏠、【设计库】📁、【文件检索库】📂、【查看调色板】🖼、【外观、布景和贴图】🎨、【自定义属性】📋和【SolidWorks 论坛】📧 7 种任务，如图 1-40 所示。

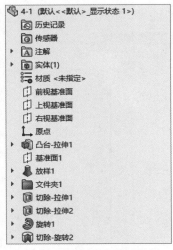

图 1-38 添加新文件夹后的设计树

图 1-39 属性管理器

图 1-40 任务窗格

如果 SolidWorks 的用户界面右侧没有任务窗格，那么可以在菜单栏中选择【视图】|【工具栏】命令，或者直接在工具栏区域单击鼠标右键，在弹出的快捷菜单中选择【工具栏】|【任务窗格】命令，即可在用户界面右侧显示任务窗格，如图 1-41 所示。

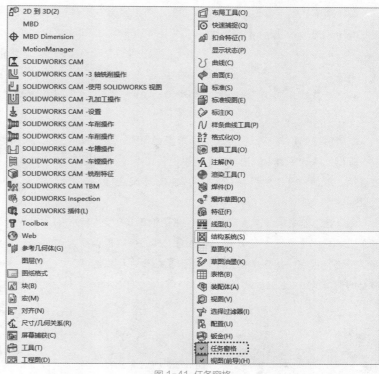

图 1-41 任务窗格

其中，【设计库】和【外观、布景和贴图】为用户主要使用的任务窗格。

- 在【设计库】中提供了 SolidWorks 的标准件或者典型结构，其中主要包括螺钉、螺母，以及齿轮、齿条等标准件，如图 1-42 所示。

- 【外观、布景和贴图】为常用的渲染库，可以为模型添加颜色或者材质，也可以将模型放置在指定的区域，还可以在模型上贴上合适的图案，如图 1-43 所示。

图 1-42 设计库

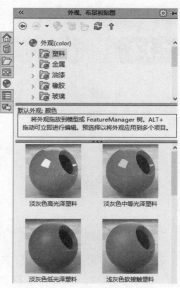

图 1-43 外观、布景和贴图

6. 命令管理器（Command Manager）

命令管理器一般位于菜单栏的下方，它几乎包含了建模的所有功能，为 SolidWorks 的核心窗口。命令管理器中的命令有亮着的，也有灰色的，只有亮着的命令当前才可以使用，而灰色的命令不可以使用。可以使用的命令会根据当前所处的状态进行动态更新，如图 1-44 所示。

当在菜单栏的下方没有命令管理器时，可以直接在工具栏区域单击鼠标右键，在弹出的快捷菜单中勾选【启用 Command Manager】复选框，如图 1-45 所示，即可在菜单栏下方显示命令管理器。

图 1-44 命令管理器

图 1-45 勾选【启用 Command Manager】复选框

如果熟练的用户不需要使用文本来提示操作，那么可以在弹出的快捷菜单中取消勾选【使用带有文本的大按钮】复选框。取消勾选【使用带有文本的大按钮】复选框后，效果如图 1-46 所示。

命令管理器中包含了很多选项卡，常用的工具栏为【特征】工具栏和【草图】工具栏，其余的工具栏可以根据需要进行选择，在快捷菜单中的【选项卡】命令中可以选择需要的选项卡，如图 1-47 所示。

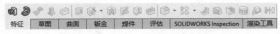

图 1-46 取消勾选【使用带有文本的大按钮】复选框后的效果

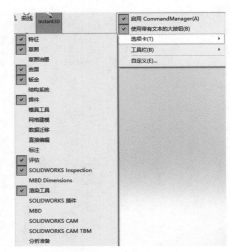

图 1-47 【选项卡】命令

1.1.4 SolidWorks 2021新功能介绍

2020 年 9 月 18 日，SolidWorks 发布了 SolidWorks 2021 版本，并在 SolidWorks 2020 版本的基础上增加了如下十大功能。

1. 生成大型装配体工程图，提高工作效率

在详图模式下只需几秒钟即可打开工程图，同时依然能添加和编辑注解。此功能适用于工程图的图形加速功能：利用基于硬件加速的渲染工具， 提高平移和缩放工程图时的帧速率。其优势在于能更快速地处理带有多张图纸、配置和资源密集型视图的工程图。

2. 加快装配体设计

将顶级装配体中的零部件作为封套纳入子装配体中，并且可以针对零部件参考几何体创建配合，创建并编辑线性和圆形零部件阵列，编辑阵列驱动和草图驱动的零部件阵列。其优势在于能加快装配体设计并减少视觉混乱。

3. 柔性零部件

显示不同条件下同一装配体的同一零件。例如，在同一装配体中显示处于压缩状态和伸展状态的弹簧。其优势在于能更快地生成强大的草图。

4. 更快地绘制草图

通过将零件实体的侧影轮廓投影到平行草图基准面，来创建多个草图实体并且可以实现草图曲线之间的 G3 曲

率连续，从而实现无缝过渡。其优势在于能通过支持新文件格式与可自定义的材料和照明，来提高灵活性。

5. 提高仿真流程的计算速度和准确性

通过在同一仿真算例中结合使用线性单元和二次单元，加快分析速度并提高准确性。允许所有与销钉和螺栓接头接触的面变形，并且在对横梁模型进行热分析之后，导入温度以进行应力分析。其优势在于能提高计算速度，并更好地运行真实行为的仿真。

6. 改进设计体验

访问丰富的商用 3D 打印机列表，并基于 SolidWorks 几何体，直接创建切片用于 3D 打印。其优势在于能节省时间并简化设计任务。

7. 提高与 3D INTERCONNECT 的互操作性

能将非本地 SolidWorks 文件拖动至活动零件或装配体中，并且可处理来自 DXF/DWG 文件、IFC 文件的 BREP 数据。其优势在于能轻松采用更多数据源。

8. 更灵活地处理曲面

能识别曲面上不能等距的面，并创建没有这些面的等距曲面，并且在加厚功能上为面指定更多类型的（非法向）曲面方向矢量。其优势在于能利用更强大、更灵活的曲面选项，简化和加速用户的设计。

9. 改进 SolidWorks VISUALIZE

在 XRExporter 中，可以轻松地将可视化文件转换为 AR/VR 体验。在 PDM 集成中使用 SolidWorks PDM 集成功能，可以更轻松地管理文件。其优势在于能通过支持新文件格式与可自定义的材料，来提高灵活性。

10. 云端连接从设计到制造生态系统

通过基于云的 3DEXPERIENCE 平台，轻松地将 SolidWorks 2021 与关键工具连接起来。在 SolidWorks 和 3DEXPERIENCE 工具之间来回共享模型。在世界各地通过任何设备实时协作，并且可以在云端使用新功能轻松扩展设计生态系统，如细分建模、概念设计、产品生命周期、项目管理等功能。其优势在于能构建无缝的产品开发工作流程，并随着业务需求的变化，使用新工具轻松扩展这些工作流程。

本书将从模块的角度来介绍 SolidWorks 2021 的主要使用方法。

1.2 SolidWorks的基本操作

本节对 SolidWorks 的基本操作进行简单介绍。要熟练地使用一套软件，必须先学会该软件的基本操作，其中包括启动软件、新建文件、保存文件、退出软件等操作。在学会上述操作后再学会在 SolidWorks 中如何运用鼠标和键盘来进行快捷操作。

1.2.1 启动SolidWorks 2021

在计算机中安装 SolidWorks 2021 后，启动软件的方法主要有如下两种。

方法一： 双击 Windows 桌面上的 SolidWorks 2021 软件快捷图标。

说明：只要是正常安装，Windows 桌面上就会显示 SolidWorks 2021 软件快捷图标。对于快捷图标的名称，可根据需要进行修改。

方法二：从 Windows 系统的【开始】菜单进入 SolidWorks 2021，操作方法如下。

Step 01 单击 Windows 桌面左下角的【开始】按钮。

Step 02 在【所有程序】中找到 "SolidWorks 2021" 文件夹，在 "SolidWorks 2021" 文件夹中找到 "SolidWorks 2021" 文件，并打开。

启动 SolidWorks 2021 时，系统会显示启动界面，如图 1-48 所示。

启动 SolidWorks 2021 后，系统进入 SolidWorks 2021 欢迎界面，如图 1-49 所示。

如果勾选左下角的【启动时不显示】复选框，那么在打开 SolidWorks 2021 后会直接显示 SolidWorks 2021 主页面，如图 1-50 所示。

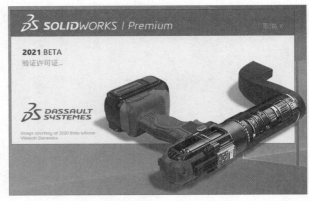
图 1-48 SolidWorks 2021 启动界面

图 1-49 SolidWorks 2021 欢迎界面

图 1-50 SolidWorks 2021 主页面

1.2.2 新建文件

新建 SolidWorks 2021 文件的方法主要有如下 4 种。

方法一：在 SolidWorks 2021 欢迎界面的【新建】选项中直接新建文件。

方法二：在 SolidWorks 2021 的【标准】工具栏中单击【新建】按钮 。

方法三：在 SolidWorks 2021 的菜单栏中选择【文件】|【新建】命令 。

方法四：直接按【Ctrl+N】组合键新建文件。

打开 SolidWorks 2021 后，即可弹出【新建 SOLIDWORKS 文件】新手对话框，如图 1-51 所示。

● 【零件】 ：双击【零件】按钮 ，或者单击【零件】按钮 后单击【确定】按钮，可以生成一个三维零件文件。学习任何一款三维软件都是从新建零件文件开始的。

● 【装配体】 ：双击【装配体】按钮 ，或者单击【装配体】按钮 后单击【确定】按钮，可以生成一个装配体文件。装配体文件是由多个零件以特定的排列方式组成的，建立零件可以为建立装配体打基础。

- 【工程图】 ：双击【工程图】按钮 ，或者单击【工程图】按钮 后单击【确定】按钮，可以生成一个工程图文件。零件和装配体都可以生成工程图，只有将三维模型投影成二维模型并标注尺寸才可以由机加工设备加工成实体。

上述 3 种方法一般用来为新手提供用户界面，单击【高级】按钮 **高级** ，即可弹出【新建 SOLIDWORKS 文件】高级对话框，如图 1-52 所示。

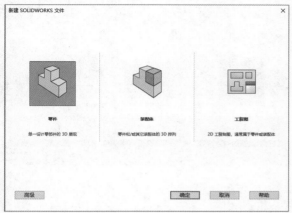

图 1-51 【新建 SOLIDWORKS 文件】新手对话框

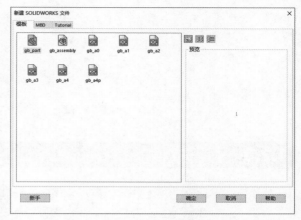

图 1-52 【新建 SOLIDWORKS 文件】高级对话框

【新建 SOLIDWORKS 文件】高级对话框中的【gb_part】按钮 和【gb_assembly】按钮 与【新建 SolidWorks 文件】新手对话框中的【零件】按钮 和【装配体】按钮 相同。

【新建 SOLIDWORKS 文件】高级对话框中的【工程图】模块由许多图标组成，其中包含【gb_a0】 、【gb_a1】 、【gb_a2】 、【gb_a3】 、【gb_a4】 和【gb_a4p】 。单击【gb_a0】图标 后，即可生成一张 A0 图纸大小的工程图；单击【gb_a0】图标 后，即可生成一张 A0 图纸大小的工程图；单击【gb_a1】图标 后，即可生成一张 A1 图纸大小的工程图；单击【gb_a3】图标 后，即可生成一张 A3 图纸大小的工程图；单击【gb_a4】图标 后，即可生成一张 A4 图纸大小的横版的工程图；单击【gb_a4p】图标 后，即可生成一张 A4 图纸大小的竖版的工程图。【新建 SOLIDWORKS 文件】新手对话框中的【工程图】按钮 只用于新建一个最普通的工程图，而在【新建 SOLIDWORKS 文件】高级对话框中可以用来直接新建指定大小图纸的工程图。

新建【零件】文件后，系统默认的扩展名为 .sldprt；新建【装配体】文件后，系统默认的扩展名为 .sldasm；新建【工程图】文件后，系统默认的扩展名为 .slddrw。

新建【零件】文件后，SolidWorks 2021 将会显示零件窗口界面，如图 1-53 所示。

新建【装配体】文件后，SolidWorks 2021 将会显示装配体窗口界面，如图 1-54 所示。

新建【工程图】文件后，SolidWorks 2021 将会显示工程图窗口界面，如图 1-55 所示。

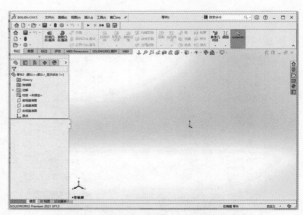

图 1-53 SolidWorks 2021 零件窗口界面

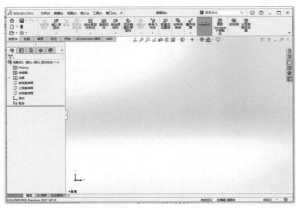
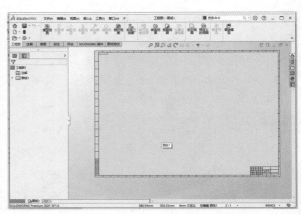

图 1-54 SolidWorks 2021 装配体窗口界面　　　　图 1-55 SolidWorks 2021 工程图窗口界面

打开文件

打开 SolidWorks 2021 文件的方法主要有如下 5 种。

方法一：在本地中直接双击 SolidWorks 图标，无论是【零件】文件、【装配体】文件，还是【工程图】文件，都可以直接打开。

方法二：在 SolidWorks 2021 欢迎界面单击【打开】按钮 。

方法三：在 SolidWorks 2021 的【标准】工具栏中单击【打开】按钮 。

方法四：在 SolidWorks 2021 的菜单栏中选择【文件】|【打开】命令。

方法五：直接按【Ctrl+O】组合键打开文件。

利用上述 5 种方法均可弹出【打开】对话框，如图 1-56 所示。

在【打开】对话框中，系统会默认前一次读取的文件格式，如果想要打开不同格式的文件，那么打开【文件类型】列表框，然后选择适当的文件类型即可。不仅可以选择 SolidWorks 类型的文件，还可以调用其他软件（如 Pro/E、CATIA、UG 等）所形成的图形并对其进行编辑。【文件类型】列表框如图 1-57 所示。

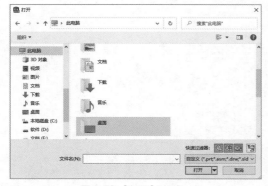

图 1-56 【打开】对话框

图 1-57 【文件类型】列表框

对于 SolidWorks 软件可以读取的文件格式及允许的数据转换方式，综合归类如下：

（1）SolidWorks 零件文件，扩展名为 .prt 或 .sldprt 的文件格式。

（2）SolidWorks 装配体文件，扩展名为 .asm 或 .sldasm 的文件格式。

（3）SolidWorks 工程图文件，扩展名为 .drw 或 .slddrw 的文件格式。

（4）DXF 文件，AutoCAD 格式，包括 DXF3D 文件，扩展名为 .dxf 的文件格式。在工程图文件中，使用 AutoCAD 格式可以将几何体输入到工程图纸或工程图纸模板中。

（5）DWG 文件，AutoCAD 格式，扩展名为 .dwg 的文件格式。

（6）Adobe Illustrator 文件，扩展名为 .ai 的文件格式。使用此格式可以输入到零件文件，但不能输入到装配体草图。

（7）Lib Feat Part 文件，扩展名为 .lfp 或 .sldfp 的文件格式。

（8）IGES 文件，扩展名为 .igs 的文件格式。可以输入 IGES 文件中的 3D 曲面作为 SolidWorks 3D 草图实体。

（9）STEP AP 203/214 文件，扩展名为 .step 或 .stp 的文件格式。SolidWorks 软件支持 STE AP 214 文件的实体、面及曲线颜色转换。

（10）ACIS 文件，扩展名为 .sat 的文件格式。

（11）VDAFS 文件，扩展名为 .vda 的文件格式。VDAFS 是曲面几何交换的中间文件格式，VDAFS 零件文件可转换为 SolidWorks 零件文件。

（12）VRML 文件，扩展名为 .wrl 的文件格式。VRML 文件可在 Internet 上显示 3D 图像。

（13）Parasolid 文件，扩展名为 . x_t、. x_b、. xmt_txt 或 .xmt_bin 的文件格式。

（14）ENGINEER 17 到 Pro/ENGINEER 2001 的版本，以及 Wildfire 1 和 Wildfire 2 版本。

（15）Unigraphics II 文件，扩展名为 .prt 的文件格式。SolidWorks 支持 Unigraphics II 10 及以上版本输入零件和装配体。

1.2.4　保存文件

若想将绘制好的图形在计算机中永久保留，则需要将其进行保存。

保存 SolidWorks 2021 文件的方法主要有如下 3 种。

方法一：在 SolidWorks 2021 的【标准】工具栏中单击【保存】按钮 。

方法二：在 SolidWorks 2021 的菜单栏中选择【文件】|【保存】命令。

方法三：直接按【Ctrl+S】组合键保存文件。

利用上述 3 种方法均可打开【另存为】对话框，如图 1-58 所示。

在该对话框中的【保存在】下拉列表框中选择文件存放的文件夹，在【文件名】文本框中输入要保存的文件名称，在【保存类型】下拉列表中选择所保存文件的类型。在通常情况下，在不同的工作模式下，系统会自动设置文件的保存类型，也可以将文件保存为用户需要的其他格式，比如 dwg 或 pdf 等。

图 1-58 【另存为】对话框

1.2.5 另存文件

用户有时需要将绘制的文档不保存至当前位置，而是另存为其他位置。例如，借用其他人的模型，并在其上继续编辑后，如果单击【保存】按钮，那么会将他人的文档进行替换，而单击【另存为】按钮则不会替换他人的文档，并且将在他人模型的基础上继续绘制的文档保存下来。

另存文件的方法主要有如下两种。

方法一：在 SolidWorks 2021 的【标准】工具栏中单击【保存】按钮 💾 右侧的下拉箭头，在弹出的下拉列表中选择【另存为】选项，如图 1-59 所示。

方法二：在 SolidWorks 2021 的菜单栏中选择【文件】|【另存为】命令。

利用上述两种方法均可打开【另存为】对话框。打开的【另存为】对话框与首次进行文件保存的窗口相同，这里不再赘述。

图 1-59 【保存】下拉菜单

1.2.6 退出文件

当绘制完成后可以将文件退出，退出 SolidWorks 2021 文件的方法主要有如下 3 种。

方法一：直接单击界面右上角的【关闭】按钮 ✕ 。

方法二：在 SolidWorks 2021 的菜单栏中选择【文件】|【退出】命令。

方法三：直接按【Ctrl+W】组合键保存文件。

利用上述 3 种方法均可将 SolidWorks 文件退出，如果对文件进行了编辑而没有保存，或者在操作过程中不小心选择了退出命令，就会弹出【系统提示】对话框，如图 1-60 所示。如果要保存对文件的修改，那么单击【全部保存】按钮，系统会保存修改后的文件，并退出 SolidWorks 系统；如果不保存对文件的修改，那么单击【不保存】按钮，系统将不保存修改后的文件，并退出 SolidWorks 系统。单击【取消】按钮，则取消退出操作，回到原来的操作界面。

图 1-60 【系统提示】对话框

1.2.7 鼠标的基本操作

1. 鼠标左键

单击时用于选择对象、菜单项目、图形区域中的实体；双击时则对操作对象进行属性管理。

2. 鼠标中键

（1）旋转：按住中键，光标变为 ↻，拖动鼠标可旋转画面（在工程图中为平移画面）。

（2）平移：先按住【Ctrl】键，再按住中键，光标变为 ✛，拖动鼠标可平移画面（待光标改变后，即激活了平移功能，此时松开【Ctrl】键即可）。

（3）缩放：分为粗略缩放和精确缩放两种。粗略缩放的方式为滚动中键，向前滚动为缩小画面，向后滚动为放大画面（在缩放画面时是以鼠标光标位置为中心的，因此，要近距离观察目标时，尽量使鼠标光标置于目标位置）。

精确缩放的方式为先按住【Ctrl】键，再按住中键，光标变为 ，拖动鼠标可缩放画面（待光标改变后，即激活了缩放功能，此时松开【Ctrl】键即可）。

（4）居中并整屏显示：双击中键即可。

3. 鼠标右键

单击鼠标右键，可以弹出关联的快捷菜单。

1.2.8 常用快捷键

SolidWorks 的快捷键和鼠标的操作与 Windows 操作系统基本相同。单击，即可选择实体或取消选择实体。按【Ctrl】键＋单击，可以选择多个实体或取消选择多个实体。按【Ctrl】键＋拖动鼠标，可以复制所选的实体。按【Shift】键＋拖动鼠标，可以移动所选的实体。除上述基本操作外，使用如下常用的快捷键组合，也可以方便、快捷地操作软件。

- Ctrl ＋方向键：用来向指定的方向平移模型（或者按【Ctrl】键＋鼠标中键）。
- 方向键：用来向指定的方向旋转模型（或者按住鼠标中键移动）。
- Shift ＋方向键：用来向指定的方向旋转 90°。
- Alt ＋左或右方向键：用来顺时针或逆时针旋转模型。
- Shift ＋ Z：用来放大模型（或者将鼠标中键向靠近手心的方向滚动）。
- Z：用来缩小模型（或者将鼠标中键向远离手心的方向滚动）
- F：用来全屏显示模型。
- Ctrl ＋ Shift ＋ Z：用来显示上一视图。
- Space（空格键）：用来显示视图定向菜单。
- Ctrl ＋1：用来显示前视图。
- Ctrl ＋2：用来显示后视图。
- Ctrl ＋3：用来显示左视图。
- Ctrl ＋4：用来显示右视图。
- Ctrl ＋5：用来显示上视图。
- Ctrl ＋6：用来显示下视图。
- Ctrl ＋7：用来显示等轴测视图。
- Ctrl ＋N：用来新建文件。
- Ctrl ＋O：用来打开文件。
- Ctrl ＋W：用来从 Web 文件夹中打开文件。
- Ctrl ＋S：用来保存文件。
- Ctrl ＋P：用来打印文件。
- F1：用来在属性管理器或对话框中访问在线帮助。
- F2：用来在特征管理器设计树中重新命名项目（对大部分项目适用）。
- a：直线到圆弧／圆弧到直线（草图绘制模式）。
- Ctrl ＋ Z：用来撤销操作。
- Ctrl ＋ Y：用来反撤销操作。

- Ctrl + C：复制。
- Ctrl + X：剪切。
- Ctrl + V：粘贴。
- Delete：删除。

1.3 工作环境设置

要熟练地使用一套软件，必须先熟悉软件的工作环境，然后设置适合自己的使用环境，这样可以使设计更加便捷。SolidWorks 软件同其他软件一样，用户可以根据自己的需要显示或者隐藏工具栏，以及添加或者删除工具栏中的按钮，还可以根据需要设置零件、装配体、工程图的工作界面等。

1.3.1 SolidWorks单位设置

SolidWorks 2021 为用户提供了丰富的单位，用户可以根据不同工作环境的需求进行设置。在对 SolidWorks 2021 工作环境中的单位进行设置时，首先需要进入【选项】对话框。进入【选项】对话框的方法有如下两种。

方法一： 在 SolidWorks 2021 的【标准】工具栏中单击【选项】按钮 ⚙。

方法二： 在 SolidWorks 2021 的菜单栏中选择【工具】|【选项】命令。

利用上述两种方法均可弹出【选项】对话框，如图 1-61 所示。

打开【选项】对话框时，系统将默认显示【系统选项】选项卡，而设置 SolidWorks 单位是在【文档属性】选项卡中进行的。单击【文档属性】选项卡，将显示【文档属性】选项卡，如图 1-62 所示。

图 1-61 【选项】对话框

图 1-62 【文档属性】选项卡

在【单位】设置中，可以设置【单位系统】，其中包含【MKS（米、公斤、秒）（M）】、【CGS（厘米、克、秒）（C）】、【MMGS（毫米、克、秒）（G）】、【IPS（英寸、磅、秒）（I）】和【自定义（U）】5 个选项，如图 1-63 所示。用户可以根据设计的需求自行选择，通常使用【MMGS（毫米、克、秒）（G）】选项，用户也可以选择【自定义（U）】选项自行设置。

如果在【单位系统】选项中选择【（自定义）（U）】选项，那么可以在如图 1-64 所示的列表中进行单位调整。除此之外，还可以设置精度，直接在【小数】选项中设置每一项的精确度。

在设置单位时，也可以设置【小数取整】，其中包含【舍零取整】、【取整添零】、【取整凑偶】和【截断而不取整】4 个选项，如图 1-65 所示。

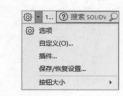

类型	单位	小数	分数	更多
基本单位				
长度	米	.12		
双尺寸长度	英寸	.123		...
角度	度	.12		...
质量/截面属性				
长度	米	.123		
质量	公斤			
单位体积	米^3			
运动单位				
时间	秒	.12		
力	牛顿	.12		
力量	瓦	.12		
能量	焦耳	.12		

单位系统
○ MKS (米、公斤、秒)(M)
○ CGS (厘米、克、秒)(C)
◉ MMGS (毫米、克、秒)(G)
○ IPS (英寸、磅、秒)(I)
○ 自定义(U)

图 1-63 【单位系统】

图 1-64 进行单位调整

小数取整
◉ 舍零取整
○ 取整添零
○ 取整凑偶
○ 截断而不取整

图 1-65 设置【小数取整】

1.3.2 SolidWorks快捷键设置

在前文的基本操作中已经介绍过部分常用的默认快捷键，除此之外，用户还可以根据自身使用习惯来设置快捷键。在对 SolidWorks 2021 的快捷键进行设置时，首先需要进入【自定义】对话框。进入【自定义】对话框的方法有如下两种。

方法一： 在 SolidWorks 2021 的【标准】工具栏中单击【选项】按钮 ⚙▾ 右侧的下拉箭头，在弹出的下拉列表中选择【自定义】选项，如图 1-66 所示。

方法二： 在 SolidWorks 2021 的菜单栏中选择【工具】|【自定义】命令。

利用上述两种方法均可弹出【自定义】对话框，如图 1-67 所示。

打开【自定义】对话框时，系统将默认显示【工具栏】选项卡，而设置 SolidWorks 快捷键是在【键盘】选项卡中进行的。单击【键盘】选项卡，将显示【键盘】选项卡，如图 1-68 所示。

图 1-66 【选项】下拉菜单

图 1-67 【自定义】对话框

图 1-68 【键盘】选项卡

在【键盘】选项卡中，选择需要修改的命令，按相应的快捷键，即可进行修改。注意：当该快捷键被其他命令使用时，会弹出警告对话框，如图 1-69 所示。

在【键盘】选项卡中包含大量的命令，这使得很难在其中找到想要设置的快捷键，选择【类别】选项，则可以快速查找想要的类别，如图 1-70 所示。

在【键盘】选项卡中，也可以显示当前命令是【带键盘快捷键的命令】，是【带搜索快捷键的命令】，还是【带搜索或键盘快捷键的命令】，如图 1-71 所示。

图 1-69 警告对话框

图 1-70 【类别】选项

图 1-71 【显示】选项

1.3.3 SolidWorks布景设置

为了得到更真实的视觉效果，在 SolidWorks 2021 中可以为模型设置布景，进入【编辑布景】属性管理器的方法有如下 3 种。

方法一： 直接在 SolidWorks 2021 的图形区域单击鼠标右键，在弹出的快捷菜单中选择【编辑布景】命令，如图 1-72 所示。

方法二： 在 SolidWorks 2021 的菜单栏中选择【PhotoView 360】|【编辑布景】命令。

方法三： 在 SolidWorks 2021 的【渲染工具】菜单栏中选择 |【编辑布景】命令。

利用上述 3 种方法均可打开【编辑布景】属性管理器，如图 1-73 所示。

在【编辑布景】属性管理器中可以选择其【背景】为【颜色】、【梯度】、【图像】、【使用环境】或【无】，如图 1-74 所示。

图 1-72 快捷菜单

图 1-73 【编辑布景】属性管理器

图 1-74 【背景】选项

● 【无】选项为 SolidWorks 2021 默认的背景选项。

- 选择【颜色】选项，再单击【颜色】选项下的【白色】框格，系统弹出可供用户选择的颜色列表，如图 1-75 所示。当选择其中一种颜色后，单击【确定】按钮，SolidWorks 会在图形区域显示用户所选择的颜色。
- 选择【梯度】选项，并在【顶部渐变颜色】和【底部渐变颜色】中分别选择用户需要的颜色，SolidWorks 2021 会在图形区域显示用户所选择的【梯度】颜色，如图 1-76 所示。

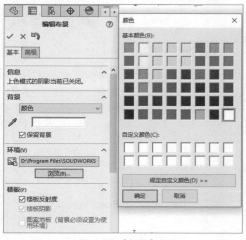

图 1-75 【颜色】选项

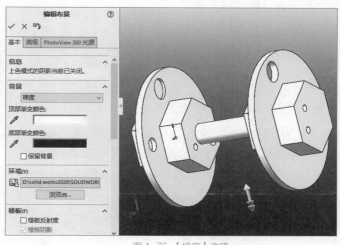

图 1-76 【梯度】选项

- 选择【图像】选项，并单击【浏览】按钮，选择需要的图像，如果图像的宽度不足，那么可以勾选【伸展图像以适合 SOLIDWORKS 窗口】复选框，如图 1-77 所示，这时 SolidWorks 2021 会在图形区域显示用户所选择的图像。
- 选择【使用环境】选项，用户可以在 SolidWorks 提供的环境中选择一款合适的，如图 1-78 所示。

图 1-77 【图像】选项

图 1-78 【使用环境】选项

1.4 基准面

使用【基准面】特征 ■ 可以在默认提供的前视、上视及右视基准面外，生成参考基准面。

实例素材	课堂案例 / 第 01 章 /1.4
视频教学	录屏 / 第 01 章 /1.4
案例要点	掌握基准面特征功能的使用方法

扫码观看视频

操作步骤

Step 01 打开实例素材中的零件模型，如图 1-79 所示。

Step 02 单击【特征】工具栏中的【基准面】按钮 📄，或者选择【插入】|【参考几何体】|【基准面】命令，打开【基准面】属性管理器。在【基准面】属性管理器的【第一参考】选项栏 📦 中选择零件模型的上表面，在【偏移距离】📐 文本框中输入 "50.00mm"，在【要生成的基准面数】📑 文本框中输入 "3"，单击【确定】按钮，完成【基准面】特征的设置。设置完成的【基准面】属性管理器如图 1-80 所示，选择的零件表面如图 1-81 所示。

Step 03 【基准面】特征设置完成后生成的图形如图 1-82 所示。

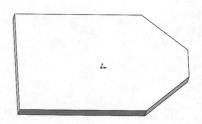

图 1-79 打开零件模型

图 1-80 【基准面】属性管理器

💡 **技巧**

在建立【基准面】时，巧妙地运用【要生成的基准面数】📑 选项，可以快速地创建【基准面】。

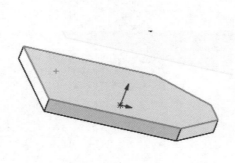

图 1-81 选择的零件表面

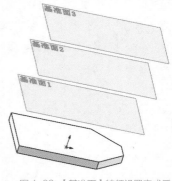

图 1-82 【基准面】特征设置完成后生成的图形

Step 04 单击【特征】工具栏中的【基准面】按钮 📄，或者选择【插入】|【参考几何体】|【基准面】命令，打开【基准面】属性管理器。在【基准面】属性管理器的【第一参考】选项栏 📦 中选择零件模型的左侧表面，单击【两侧对称】图标 ☰；在【第二参考】选项栏 📦 中选择零件模型的前侧表面，单击【两侧对称】图标 ☰，单击【确定】按钮，完成【基准面】特征的设置。设置完成的【基准面】属性管理器如图 1-83 所示，选择的零件表面如图 1-84 所示。

Step 05 【基准面】特征设置完成后生成的图形如图 1-85 所示。

Step 06 单击【特征】工具栏中的【基准面】按钮 📄，或者选择【插入】|【参考几何体】|【基准面】命令，打开【基准面】属性管理器。在【基准面】属性管理器的【第一参考】选项栏 📦 中选择零件模型的上表面，在【两面夹角】

文本框中输入"45.00 度"，勾选【反转等距】复选框，在【要生成的基准面数】 文本框中输入"1"；在【第二参考】选项栏 中选择零件模型的左上边线，单击【确定】按钮，完成【基准面】特征的设置。设置完成的【基准面】属性管理器如图 1-86 所示，选择的零件表面如图 1-87 所示。

图 1-83 【基准面】属性管理器

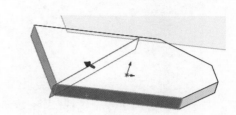

图 1-84 选择的零件表面

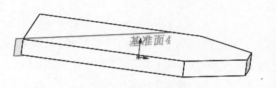

图 1-85 【基准面】特征设置完成后生成的图形

Step 07 【基准面】特征设置完成后生成的图形如图 1-88 所示。

图 1-86 【基准面】属性管理器

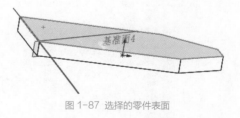

图 1-87 选择的零件表面

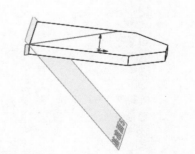

图 1-88 【基准面】特征设置完成后生成的图形

Step 08 单击【特征】工具栏中的【基准面】按钮 ，或者选择【插入】|【参考几何体】|【基准面】命令，打开【基准面】属性管理器。在【基准面】属性管理器的【第一参考】选项栏 中选择零件模型的右前侧斜面，并单击【平行】

图标■；在【第二参考】选项栏■中选择零件模型的一个顶点，并单击【重合】图标■，单击【确定】按钮，完成【基准面】特征的设置。设置完成的【基准面】属性管理器如图 1-89 所示，选择的零件表面如图 1-90 所示。

Step 09 【基准面】特征设置完成后生成的图形如图 1-91 所示。

图 1-89 【基准面】属性管理器

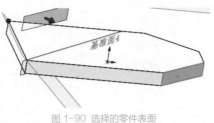

图 1-90 选择的零件表面

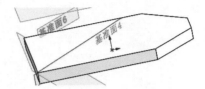

图 1-91 【基准面】特征设置完成后生成的图形

Step 10 单击【特征】工具栏中的【基准面】按钮■，或者选择【插入】|【参考几何体】|【基准面】命令，打开【基准面】属性管理器。在【基准面】属性管理器的【第一参考】选项栏■中选择零件模型的一个顶点，并单击【重合】图标■；在【第二参考】选项栏■中选择零件模型的一个顶点，并单击【重合】图标■；在【第三参考】选项栏■中选择零件模型的一个顶点，并单击【重合】图标■，单击【确定】按钮，完成【基准面】特征的设置。设置完成的【基准面】属性管理器如图 1-92 所示，选择的零件表面如图 1-93 所示。

Step 11 【基准面】特征设置完成后生成的图形如图 1-94 所示。

图 1-92 【基准面】属性管理器

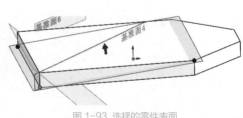

图 1-93 选择的零件表面

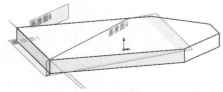

图 1-94 【基准面】特征设置完成后生成的图形

Step 12 单击【特征】工具栏中的【基准面】按钮 █，或者选择【插入】|【参考几何体】|【基准面】命令，打开【基准面】属性管理器。在【基准面】属性管理器的【第一参考】选项栏 █ 中选择零件模型的右上斜边，并单击【重合】图标 █；在【第二参考】选项栏 █ 中选择零件模型的底面，并单击【重合】图标 █，单击【确定】按钮，完成【基准面】特征的设置。设置完成的【基准面】属性管理器如图 1-95 所示，选择的零件表面如图 1-96 所示。

Step 13 【基准面】特征设置完成后生成的图形如图 1-97 所示。

图 1-95 【基准面】属性管理器

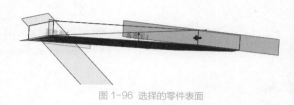

图 1-96 选择的零件表面

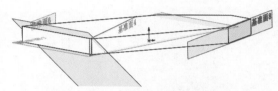

图 1-97 【基准面】特征设置完成后生成的图形

1.5 基准轴

使用【基准轴】特征 █ 可以根据零件模型的条件建立自定义基准轴，方便在建立模型的过程中选取轴线。

课堂案例 在实体零件上创建基准轴

实例素材	课堂案例 / 第 01 章 /1.5
视频教学	录屏 / 第 01 章 /1.5
案例要点	掌握基准轴特征功能的使用方法

扫码观看视频

操作步骤

Step 01 打开实例素材中的零件模型，如图 1-98 所示。

Step 02 单击【特征】工具栏中的【基准轴】按钮 █，或者选择【插入】|【参考几何体】|【基准轴】命令，打开【基准轴】属性管理器。在【基准轴】属性管理器中选择【一直线 / 边线 / 轴】选项 █，并在【参考实体】选项 █ 中选择零件模型的底部斜边，单击【确定】按钮，完成【基准轴】特征的设置。设置完成的【基准轴】属性管理器如图 1-99 所示。

Step 03 【基准轴】特征设置完成后生成的图形如图 1-100 所示。

图 1-98 打开零件模型　　　　　图 1-99 【基准轴】属性管理器　　　　图 1-100 【基准轴】特征设置完成
后生成的图形

Step 04 单击【特征】工具栏中的【基准轴】按钮 ✐，或者选择【插入】|【参考几何体】|【基准轴】命令，在打开的【基准轴】属性管理器中选择【两平面】选项 ✇，并在【参考实体】选项 ⬡ 中选择零件模型的两个平面，单击【确定】按钮，完成【基准轴】特征的设置。设置完成的【基准轴】属性管理器如图 1-101 所示，选择零件模型的平面如图 1-102 所示。

Step 05 【基准轴】特征设置完成后生成的图形如图 1-103 所示。

图 1-101 【基准轴】属性管理器　　　图 1-102 选择零件模型的平面　　　图 1-103 【基准轴】特征设置完成
后生成的图形

Step 06 单击【特征】工具栏中的【基准轴】按钮 ✐，或者选择【插入】|【参考几何体】|【基准轴】命令，在打开的【基准轴】属性管理器中选择【两点/顶点】选项 ✇，并在【参考实体】选项 ⬡ 中选择零件模型的两个顶点，单击【确定】按钮，完成【基准轴】特征的设置。设置完成的【基准轴】属性管理器如图 1-104 所示，选择零件模型的平面如图 1-105 所示。

Step 07 【基准轴】特征设置完成后生成的图形如图 1-106 所示。

图 1-104 【基准轴】属性管理器　　　图 1-105 选择零件模型的平面　　　图 1-106 【基准轴】特征设置完成后
生成的图形

Step 08 单击【特征】工具栏中的【基准轴】按钮 ✏，或者选择【插入】|【参考几何体】|【基准轴】命令，在打开的【基准轴】属性管理器中选择【圆柱 / 圆锥面】选项 ⬚，并在【参考实体】选项 ⬚ 中选择零件模型的圆柱面，单击【确定】按钮，完成【基准轴】特征的设置。设置完成的【基准轴】属性管理器如图 1–107 所示。

Step 09 【基准轴】特征设置完成后生成的图形如图 1–108 所示。

图 1–107 【基准轴】属性管理器

图 1–108 【基准轴】特征设置完成后生成的图形

Step 10 单击【特征】工具栏中的【基准轴】按钮 ✏，或者选择【插入】|【参考几何体】|【基准轴】命令，在打开的【基准轴】属性管理器中选择【点和面 / 基准面】选项 ⬚，并在【参考实体】选项 ⬚ 中选择零件模型的顶点和斜面，单击【确定】按钮，完成【基准轴】特征的设置。设置完成的【基准轴】属性管理器如图 1–109 所示，选择零件模型的点和平面如图 1–110 所示。

Step 11 【基准轴】特征设置完成后生成的图形如图 1–111 所示。

图 1–109 【基准轴】属性管理器

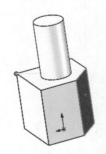

图 1–110 选择零件模型的点和平面

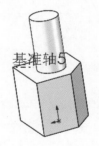

图 1–111 【基准轴】特征设置完成后生成的图形

 技巧

在建立【基准轴】时，除了选择零件模型上的平面，还可以选择基本坐标平面。

坐标系

使用【坐标系】特征 ⚡ 可以为坐标系原点选择顶点、点、中点，以及零件或装配体上默认的原点。

实例素材	课堂案例 / 第 01 章 /1.6
视频教学	录屏 / 第 01 章 /1.6
案例要点	掌握坐标系特征功能的使用方法

操作步骤

Step 01 打开实例素材中的零件模型，如图 1-112 所示。

Step 02 单击【特征】工具栏中的【坐标系】按钮，或者选择【插入】|【参考几何体】|【坐标系】命令，在打开的【坐标系】属性管理器中的【原点】选项中选择坐标原点，单击【确定】按钮，完成【坐标系】特征的设置。设置完成的【坐标系】属性管理器如图 1-113 所示。

Step 03 【坐标系】特征设置完成后生成的图形如图 1-114 所示。

图 1-112 打开零件模型

图 1-113 【坐标系】属性管理器

图 1-114 【坐标系】特征设置完成后生成的图形

Step 04 单击【特征】工具栏中的【坐标系】按钮，或者选择【插入】|【参考几何体】|【坐标系】命令，在打开的【坐标系】属性管理器中的【原点】选项中选择零件模型的顶点，在【X 轴】选项中选择零件模型的斜边，并单击【反转 X 轴方向】按钮，单击【确定】按钮，完成【坐标系】特征的设置。设置完成的【坐标系】属性管理器如图 1-115 所示，选择零件模型的点和边如图 1-116 所示。

Step 05 【坐标系】特征设置完成后生成的图形如图 1-117 所示。

图 1-115 【坐标系】属性管理器

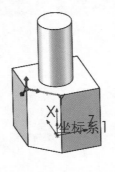

图 1-116 选择零件模型的点和边

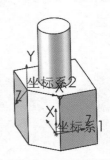

图 1-117 【坐标系】特征设置完成后生成的图形

技巧

在单击【反转 X 轴方向】按钮时可以选择新建坐标系的正方向。

1.7 点

使用【点】特征可以生成多种类型的参考点以用来构造对象，还可以在彼此间已指定距离分割的曲线上生成指定数量的参考点。

课堂案例 **在实体零件上创建基准系**

实例素材	课堂案例 / 第 01 章 /1.7
视频教学	录屏 / 第 01 章 /1.7
案例要点	掌握点特征功能的使用方法

扫码观看视频

操作步骤

Step 01 打开实例素材中的零件模型，如图 1–118 所示。

Step 02 单击【特征】工具栏中的【点】按钮，或者选择【插入】|【参考几何体】|【点】命令，在打开的【点】属性管理器中选择【圆弧中心】选项，并在【参考实体】选项中选择图形的圆弧。设置完成的【点】属性管理器如图 1–119 所示。

Step 03 【点】特征设置完成后生成的图形如图 1–120 所示。

图 1-118 打开零件模型

图 1-119 【点】属性管理器

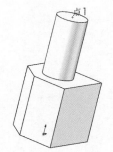

图 1-120 【点】特征设置完成后生成的图形

Step 04 单击【特征】工具栏中的【点】按钮，或者选择【插入】|【参考几何体】|【点】命令，在打开的【点】属性管理器中选择【面中心】选项，并在【参考实体】选项中选择图形的斜面。设置完成的【点】属性管理器如图 1–121 所示。

Step 05 【点】特征设置完成后生成的图形如图 1-122 所示。

图 1-121 【点】属性管理器

图 1-122 【点】特征设置完成后生成的图形

Step 06 单击【特征】工具栏中的【点】按钮 ●，或者选择【插入】|【参考几何体】|【点】命令，在打开的【点】属性管理器中选择【交叉点】选项 ⊠，并在【参考实体】选项 ⓒ 中选择图形中的两条边线，设置完成的【点】属性管理器如图 1-123 所示，选择零件模型的边线如图 1-124 所示。

Step 07 【点】特征设置完成后生成的图形如图 1-125 所示。

图 1-123 【点】属性管理器

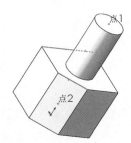

图 1-124 选择零件模型的边线

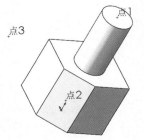

图 1-125 【点】特征设置完成后
生成的图形

Step 08 单击【特征】工具栏中的【点】按钮 ●，或者选择【插入】|【参考几何体】|【点】命令，在打开的【点】属性管理器中选择【投影】选项 ⬇，并在【参考实体】选项 ⓒ 中选择图形中的一个顶点和圆形顶面，设置完成的【点】属性管理器如图 1-126 所示，选择零件模型的点和面如图 1-127 所示。

Step 09 【点】特征设置完成后生成的图形如图 1-128 所示。

图 1-126 【点】属性管理器

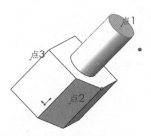

图 1-127 选择零件模型的点和面

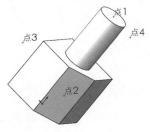

图 1-128 【点】特征设置完成后
生成的图形

Step 10 单击【特征】工具栏中的【点】按钮 • ，或者选择【插入】|【参考几何体】|【点】命令，在打开的【点】属性管理器中选择【在点上】选项 ，并在【参考实体】选项 中选择坐标原点，设置完成的【点】属性管理器如图 1-129 所示。

Step 11 【点】特征设置完成后生成的图形如图 1-130 所示。

图 1-129 【点】属性管理器

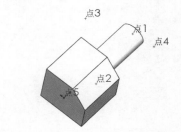

图 1-130 【点】特征设置完成后生成的图形

💡 **技巧**

选择【在点上】选项 创建参考点时，不能选择零件的顶点，而必须选择草图中的点或者坐标原点。

Step 12 单击【特征】工具栏中的【点】按钮 • ，或者选择【插入】|【参考几何体】|【点】命令，在打开的【点】属性管理器中选择【沿曲线距离或多个参考点】选项 ，并在【参考实体】选项 中选择一条边线，选中【距离】单选按钮，在【根据距离输入距离 / 百分比数值】 文本框中输入"15.00mm"，在【输入要沿所选实体所生成的参考点数】 文本框中输入"3"，设置完成的【点】属性管理器 • 如图 1-131 所示。

Step 13 【点】特征设置完成后生成的图形如图 1-132 所示。

图 1-131 【点】属性管理器

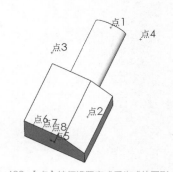

图 1-132 【点】特征设置完成后生成的图形

Step 14 单击【特征】工具栏中的【点】按钮 • ，或者选择【插入】|【参考几何体】|【点】命令，在打开的【点】属性管理器中选择【沿曲线距离或多个参考点】选项 ，并在【参考实体】选项 中选择一条边线，选中【百分比】

单选按钮，在【根据距离输入距离 / 百分比数值】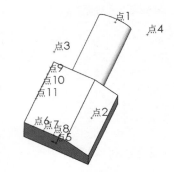文本框中输入"20.00%"，在【输入要沿所选实体所生成的参考点数】文本框中输入"3"，设置完成的【点】属性管理器如图 1-133 所示。

Step 15 【点】特征设置完成后生成的图形如图 1-134 所示。

图 1-133 【点】属性管理器

图 1-134 【点】特征设置完成后生成的图形

Step 16 单击【特征】工具栏中的【点】按钮 •，或者选择【插入】|【参考几何体】|【点】命令，在打开的【点】属性管理器中选择【沿曲线距离或多个参考点】选项 ，并在【参考实体】选项 中选择一条边线，选中【均匀分布】单选按钮，在【输入要沿所选实体所生成的参考点数】文本框中输入"4"，设置完成的【点】属性管理器如图 1-135 所示。

Step 17 【点】特征设置完成后生成的图形如图 1-136 所示。

图 1-135 【点】属性管理器

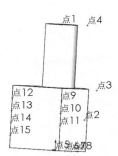

图 1-136 【点】特征设置完成后生成的图形

课后习题

一、选择题

下面哪个选项是 SolidWorks 提供的参考几何体?(　　　)

A. 基准面　　　　　　　　B. 基准轴　　　　　　C. 坐标系　　　　　　D. 以上都是

二、案例习题 1

案例要求:在给定的素材上生成一个和上表面等距(距离为 25mm)的基准面,如图 1-137 所示。

案例习题文件:课后习题 / 第 01 章 /1.sldprt

视频教学:录屏 / 第 01 章 /1.mp4

习题要点:

(1)使用基准面菜单命令。

(2)设置等距距离。

三、案例习题 2

案例要求:在给定的素材上生成一个通过对角点的基准轴,如图 1-138 所示。

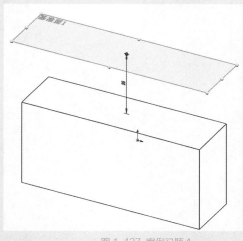

图 1-137 案例习题 1

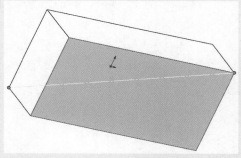

图 1-138 案例习题 2

案例习题文件:课后习题 / 第 01 章 /2.sldprt

视频教学:录屏 / 第 01 章 /2.mp4

习题要点:

(1)使用基准面菜单命令。

(2)选择关键点。

Chapter

02

草图绘制

在进行 SolidWorks 零件设计时，绝大多数的特征命令需要建立相应的草图。因此，草图绘制在 SolidWorks 三维零件的模型生成中非常重要。SolidWorks 的参变量式设计特性也是在草图绘制中通过指定参数来体现的。

SOLIDWORKS

学习要点

- 绘制草图基础知识
- 草图绘制工具
- 绘制草图的流程
- 图形元素
- 草图编辑
- 几何关系
- 尺寸标注

技能目标

- 使用【直线】命令的方法
- 使用【圆弧】命令的方法
- 使用【椭圆】命令的方法
- 使用【矩形】命令的方法
- 使用【多边形】命令的方法
- 使用【槽口】命令的方法
- 使用草图编辑的方法
- 使用尺寸标注的方法

2.1 绘制草图基础知识

草图是三维造型设计的基础，是由直线、圆弧、曲线等基本几何元素组成的几何图形，任何模型都是先从草图开始生成的。草图分为二维和三维两种，其中大部分 SolidWorks 特征是从二维草图绘制开始的。

2.1.1 图形区域

1.【草图】工具栏

【草图】工具栏中的工具按钮作用于图形区域中的整个草图，其中的按钮为常用的绘图命令，如图 2-1 所示。

图 2-1 【草图】工具栏

2. 状态栏

当草图处于激活状态时，在图形区域底部的状态栏中会显示有关草图状态的帮助信息，如图 2-2 所示。

| 19.37mm | 26.1mm | 0mm | 欠定义 | 正在编辑：草图1 |

图 2-2 状态栏

（1）绘制实体时显示鼠标光标位置的坐标。

（2）显示"过定义""欠定义""完全定义"等草图状态。

（3）如果在工作时草图网格线为关闭状态，那么信息提示正处于草图绘制状态，例如，"正在编辑：草图 n"（n 为绘制草图时的标号）。

2.1.2 草图绘制工具

与草图绘制相关的工具有【草图绘制实体】、【草图工具】、【草图设定】等，可通过如下 3 种方法使用这些工具：

（1）在【草图】工具栏中单击相应的按钮。

（2）选择【工具】|【草图绘制实体】菜单命令。

（3）在草图绘制状态中使用快捷菜单。在单击鼠标右键时，只有适用的草图绘制工具和标注几何关系工具才会显示在快捷菜单中。

2.1.3 绘制草图的流程

绘制草图的流程很重要，必须考虑先从哪里入手开始绘制复杂的草图，在基准面或者平面上绘制草图时如何选择基准面等因素。绘制草图的大体流程如下。

（1）选择基准面或者某一面后，单击【草图】工具栏中的【草图绘制】按钮 🖉，或者选择【插入】|【草图绘制】菜单命令。

（2）绘制草图实体。使用各种草图绘制工具生成草图实体，如直线、矩形、圆、样条曲线等。

（3）在属性管理器中对所绘制的草图设置属性，或者单击【草图】工具栏中的【智能尺寸】按钮 🖈 和【添加几何关系】按钮 ⊥，添加尺寸和几何关系。

（4）关闭草图。完成草图绘制后检查草图，然后单击【草图】工具栏中的【退出草图】按钮 🖉，退出草图绘制状态。

草图图形元素

下面介绍在绘制草图时常用的几种几何图形元素的使用方法。

2.2.1 直线

单击【草图】工具栏中的【直线】按钮 ╱，或者选择【工具】|【草图绘制实体】|【直线】菜单命令，弹出【插入线条】属性管理器，如图 2-3 所示，鼠标光标变为 ✎ 形状。在【插入线条】的属性设置中可以编辑所绘制直线的属性。

课堂案例 绘制直线草图

实例素材	课堂案例 / 第 02 章 /2.2.1
视频教学	录屏 / 第 02 章 /2.2.1
案例要点	掌握绘制直线的方法

扫码观看视频

图 2-3 【插入线条】属性管理器

操作步骤

Step 01 单击【草图】工具栏中的【直线】按钮 ╱，鼠标光标变为 ➤ 形状。

Step 02 在图形区域中单击以放置直线的起点，移动鼠标光标到其他位置，再次单击，放置直线的终点。此点将作为下一条直线的起点。

Step 03 移动鼠标光标到其他位置，再次单击，放置第二条直线的终点。以此类推，直到按【ESC】键，直线绘制完成。

2.2.2 圆

单击【草图】工具栏中的【圆】按钮 ⊙，或者选择【工具】|【草图绘制实体】|【圆】菜单命令，在属性管

理器中弹出【圆】的属性设置，如图 2-4 所示，鼠标光标变为 形状。

课堂案例　绘制圆草图

实例素材	课堂案例 / 第 02 章 /2.2.2	扫码观看视频
视频教学	录屏 / 第 02 章 /2.2.2	
案例要点	掌握绘制圆的方法	

图 2-4 【圆】的属性设置

操作步骤

Step 01 单击【草图】工具栏中的【圆】按钮 ，鼠标光标变为 形状。

Step 02 在图形区域中单击以放置圆的中心，移动鼠标光标到其他位置，再次单击，放置圆的边线，完成圆的绘制。

2.2.3　圆弧

　　圆弧有【圆心/起点/终点画弧】、【切线弧】和【3点圆弧】3种类型。

　　单击【草图】工具栏中的【圆弧】按钮 ，或者选择【工具】|【草图绘制实体】|【圆弧】菜单命令，打开【圆弧】属性管理器，如图 2-5 所示，鼠标光标变为 形状。

课堂案例　绘制圆心/起点/终点画弧

实例素材	课堂案例 / 第 02 章 /2.2.3	扫码观看视频
视频教学	录屏 / 第 02 章 /2.2.3	
案例要点	掌握绘制圆心 / 起点 / 终点画弧的方法	

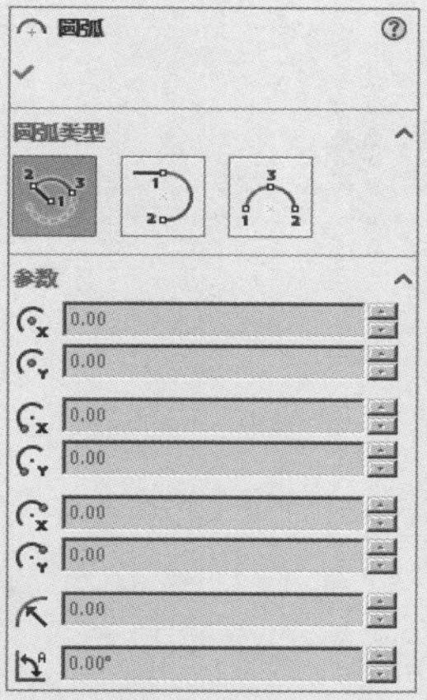

图 2-5 【圆弧】属性管理器

操作步骤

Step 01 单击【草图】工具栏中的【圆心/起点/终点画弧】按钮 ，或者选择【工具】|【草图绘制实体】|【圆心/起点/终点画弧】菜单命令，鼠标光标变为 形状。

Step 02 确定圆心，在图形区域中单击以放置圆弧的圆心，拖动鼠标光标放置起点和终点。单击，显示圆周参考线。拖动鼠标光标以确定圆弧的长度和方向，单击。

Step 03 设置圆弧的属性，单击【确定】按钮 ，完成圆弧的绘制。

课堂案例 绘制切线弧

实例素材	课堂案例 / 第 02 章 /< 课堂案例 -1. 在实体零件上创建简单直孔 >
视频教学	录屏 / 第 02 章 /< 课堂案例 -1. 在实体零件上创建简单直孔 >
案例要点	掌握绘制切线弧的方法

操作步骤

Step 01 单击【草图】工具栏中的【切线弧】按钮，或者选择【工具】|【草图绘制实体】|【切线弧】菜单命令。

Step 02 在直线、圆弧、椭圆或样条曲线的端点处单击，打开【圆弧】属性管理器，鼠标光标变为形状。拖动鼠标光标以绘制需要的形状，单击。

Step 03 设置圆弧的属性，单击【确定】按钮，完成圆弧的绘制。

课堂案例 绘制3点圆弧

实例素材	课堂案例 / 第 02 章 /< 课堂案例 -1. 在实体零件上创建简单直孔 >
视频教学	录屏 / 第 02 章 /< 课堂案例 -1. 在实体零件上创建简单直孔 >
案例要点	掌握绘制 3 点圆弧的方法

操作步骤

Step 01 单击【草图】工具栏中的【3 点圆弧】按钮，或者选择【工具】|【草图绘制实体】|【3 点圆弧】菜单命令，打开【圆弧】属性管理器，鼠标光标变为形状。

Step 02 在图形区域中单击以确定圆弧的起点位置。将鼠标光标拖动到圆弧结束处，再次单击以确定圆弧的终点位置。拖动圆弧以设置圆弧的半径，必要时可以反转圆弧的方向，单击。

Step 03 设置圆弧的属性，单击【确定】按钮，完成圆弧的绘制。

2.2.4 椭圆

使用【椭圆（长短轴）】命令可以生成一个完整椭圆；使用【部分椭圆】命令可以生成一条椭圆弧。

单击【草图】工具栏中的【椭圆】按钮，或者选择【工具】|【草图绘制实体】|【椭圆】菜单命令，打开【椭圆】属性管理器，如图 2-6 所示，鼠标光标变为形状。

图 2-6 【椭圆】的属性设置

课堂案例 绘制椭圆

实例素材	课堂案例 / 第 02 章 /2.2.4
视频教学	录屏 / 第 02 章 /2.2.4
案例要点	掌握绘制椭圆的方法

扫码观看视频

Step 01 选择【工具】|【草图绘制实体】|【椭圆（长短轴）】菜单命令，打开【椭圆】属性管理器，鼠标光标变为 ⯅ 形状。

Step 02 在图形区域中单击以放置椭圆中心。拖动鼠标光标并单击以定义椭圆的长轴（或者短轴）。拖动鼠标光标并再次单击以定义椭圆的短轴（或者长轴）。

Step 03 设置椭圆的属性，单击【确定】按钮 ✓，完成椭圆的绘制。

2.2.5 矩形

使用【矩形】命令可以生成水平或竖直的矩形；使用【平行四边形】命令可以生成任意角度的平行四边形。

单击【草图】工具栏中的【矩形】按钮 ▣，或者选择【工具】|【草图绘制实体】|【矩形】菜单命令，打开【矩形】属性管理器，如图 2-7 所示，鼠标光标变为 ⯅ 形状。

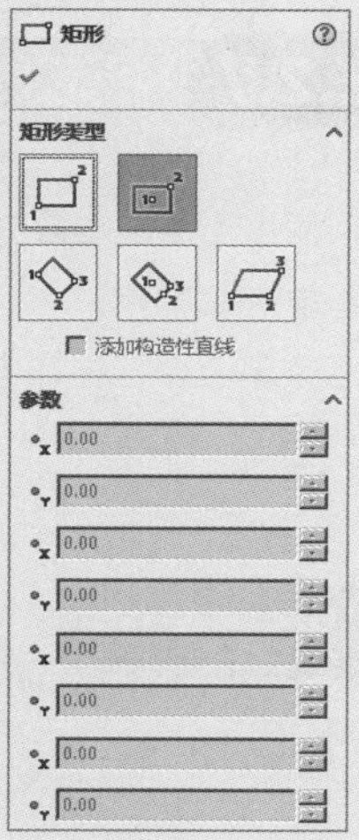

图 2-7 【矩形】属性管理器

课堂案例 绘制中心矩形

实例素材	课堂案例 / 第 02 章 /2.2.5
视频教学	录屏 / 第 02 章 /2.2.5
案例要点	掌握绘制中心矩形的方法

扫码观看视频

操作步骤

Step 01 单击【草图】工具栏中的【矩形】按钮 ▣，鼠标光标变为 ⯅ 形状。

Step 02 在图形区域中单击以放置矩形的中心，移动鼠标光标到其他位置，再次单击，放置矩形右上方的端点，完成矩形的绘制。

2.2.6 多边形

　　使用【多边形】命令可以生成带有任何数量边的等边多边形。利用内切圆或外接圆的直径可以定义多边形的大小，还可以指定旋转角度。选择【工具】|【草图绘制实体】|【多边形】菜单命令，鼠标光标变为 形状，打开【多边形】属性管理器，如图 2-8 所示。

图 2-8 【多边形】属性管理器

课堂案例　绘制多边形

实例素材	课堂案例 / 第 02 章 /2.2.6
视频教学	录屏 / 第 02 章 /2.2.6
案例要点	掌握绘制多边形的方法

扫码观看视频

操作步骤

Step 01 选择【工具】|【草图绘制实体】|【多边形】菜单命令，鼠标光标变为 形状，打开【多边形】属性管理器。

Step 02 在【参数】选项栏中的【边数】 文本框中设置多边形的边数，或者在绘制多边形后修改其边数，选中【内切圆】或者【外接圆】单选按钮，并在【圆直径】 文本框中设置圆直径。在图形区域中单击以放置多边形的中心，然后拖动鼠标光标定义多边形。

Step 03 设置多边形的属性，单击【确定】按钮 ，完成多边形的绘制。

2.2.7 槽口

　　使用【槽口】命令，可以将槽口插入草图和工程图中。

　　单击【草图】工具栏中的【槽口】按钮 ，或者选择【工具】|【草图绘制实体】|【槽口】菜单命令，打开【槽口】属性管理器，如图 2-9 所示。

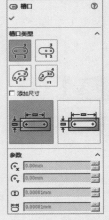

图 2-9 【槽口】属性管理器

课堂案例　绘制槽口草图

实例素材	课堂案例 / 第 02 章 /2.2.7
视频教学	录屏 / 第 02 章 /2.2.7
案例要点	掌握绘制槽口的方法

扫码观看视频

操作步骤

Step 01 单击【草图】工具栏中的【槽口】按钮 ，鼠标光标变为 ⟩ 形状。

Step 02 在图形区域中单击以放置槽口的左端点，移动鼠标光标到其他位置，再次单击，放置槽口的右端点，朝垂直的方向移动鼠标，单击以确定槽口的外轮廓。

草图编辑

SolidWorks 为用户提供了比较完整的辅助绘图工具，使草图的后期修改更为方便。

如果要移动、旋转、按比例缩放草图，那么可以选择【工具】|【草图工具】菜单命令，然后选择如下命令。

（1）【移动】 ：用来移动草图。

（2）【旋转】 ：用来旋转草图。

（3）【缩放比例】 ：用来按比例缩放草图。

下面进行详细的介绍。

2.3.1 移动

使用【移动】命令 可以将实体移动一定距离，或者以实体上的某一点为基准，将实体移动至已有的草图点。使用【移动】命令的方法如下：

课堂案例 移动草图实体

实例素材	课堂案例 / 第 02 章 /2.3.1
视频教学	录屏 / 第 02 章 /2.3.1
案例要点	掌握移动草图的方法

扫码观看视频

操作步骤

Step 01 选择要移动的草图。

Step 02 选择【工具】|【草图工具】|【移动】菜单命令，打开【移动】属性管理器。在【参数】选项栏中，选中【从 / 到】单选按钮，再单击【起点】下的【基准点】 选择框，在图形区域中选择移动的起点，拖动鼠标光标定义草图实体要移动到的位置，如图 2-10 所示。

Step 03 单击【确定】按钮 ，草图实体被移动。

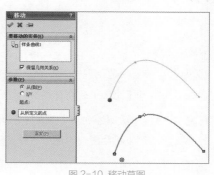

图 2-10 移动草图

2.3.2 旋转

使用【旋转】命令 可以使实体沿旋转中心旋转一定角度。使用【旋转】命令的方法如下：

课堂案例　旋转草图实体

实例素材	课堂案例 / 第 02 章 /2.3.2
视频教学	录屏 / 第 02 章 /2.3.2
案例要点	掌握旋转草图的方法

扫码观看视频

操作步骤

Step 01 选择要旋转的草图。选择【工具】|【草图绘制工具】|【旋转】菜单命令。

Step 02 打开【旋转】属性管理器，如图 2-11 所示。在【参数】选项栏中，单击【旋转中心】下的【基准点】■选择框，然后在图形区域中单击以放置旋转中心。在【基准点】■选择框中显示【旋转所定义的点】。

Step 03 在【角度】数值框中设置旋转角度，或者将鼠标光标在图形区域中任意拖动，单击【确定】按钮✔，草图实体被旋转。

图 2-11 【旋转】属性管理器

2.3.3 按比例缩放

使用【按比例缩放】命令 可以将实体放大或者缩小一定的倍数，或者生成一系列尺寸成等比例的实体。使用【按比例缩放】命令的方法如下：

课堂案例　按比例缩放草图

实例素材	课堂案例 / 第 02 章 /2.3.3
视频教学	录屏 / 第 02 章 /2.3.3
案例要点	掌握按比例缩放草图的方法

扫码观看视频

操作步骤

Step 01 选择要按比例缩放的草图。选择【工具】|【草图绘制工具】|【缩放比例】菜单命令，打开【比例】属性管理器，如图 2-12 所示。

Step 02 单击【比例缩放点】下的【基准点】选择框，在【比例因子】数值框中设定比例大小，可以将草图按比例缩放并复制。

Step 03 单击【确定】按钮✔，可以将草图按比例缩放。

图 2-12 【比例】属性管理器

几何关系

绘制草图时使用几何关系可以更容易地控制草图形状、表达设计意图，充分体现人机交互的便利。几何关系与捕捉是相辅相成的，捕捉到的特征就是具有某种几何关系的特征。表2-1详细说明了各种几何关系、要选择的草图实体及使用后的效果。

表 2-1　几何关系、要选择的草图实体及使用后的效果

几何关系	要选择的草图实体	使用后的效果
水平	一条或者多条直线，两个或者多个点	使直线水平，使点水平对齐
竖直	一条或者多条直线，两个或者多个点	使直线竖直，使点竖直对齐
共线	两条或者多条直线	使草图实体位于同一条无限长的直线上
全等	两段或者多段圆弧	使草图实体位于同一个圆周上
垂直	两条直线	使草图实体相互垂直
平行	两条或者多条直线	使草图实体相互平行
相切	直线和圆弧、椭圆弧或者其他曲线，曲面和直线，曲面和平面	使草图实体保持相切
同心	两段或者多段圆弧	使草图实体共用一个圆心
中点	一条直线或者一段圆弧和一个点	使点位于圆弧或者直线的中心
交叉点	两条直线和一个点	使点位于两条直线的交叉点处
重合	一条直线、一段圆弧或者其他曲线和一个点	使点位于直线、圆弧或者曲线上
相等	两条或者多条直线，两段或者多段圆弧	使草图实体的所有尺寸参数保持相等
对称	两个点、两条直线、两个圆、椭圆或者其他曲线和一条中心线	使草图实体保持相对于中心线对称
固定	任何草图实体	使草图实体的尺寸和位置保持固定，不可更改
穿透	一个基准轴、一条边线、直线或者样条曲线和一个草图点	草图点与基准轴、边线或者曲线在草图基准面上穿透的位置重合
合并	两个草图点或者端点	使两个点合并为一个点

尺寸标注

通常在绘制草图实体时标注尺寸数值，按照此尺寸数值生成零件特征，然后将这些尺寸数值插入各个工程视图中。工程图中的尺寸标注是与模型相关联的，模型中的更改会反映在工程图中，在工程图中更改插入的尺寸也会改变模型，还可以在工程图文件中添加尺寸数值，但这些尺寸数值是"参考"尺寸，并且是"从动"尺寸，不能通过编辑其数值来改变模型。然而当更改模型的标注尺寸数值时，参考尺寸的数值也会随之发生改变。

使用【智能尺寸】命令 可以为草图实体和其他对象标注尺寸。智能尺寸的形式取决于所选定的实体项目。对于某些形式的智能尺寸（如点到点、角度、圆等），尺寸所放置的位置也会影响其形式。在【智能尺寸】命令 被激活时，可以拖动或者删除尺寸。

课堂案例 标注线性尺寸

实例素材	课堂案例 / 第 02 章 /2.5.1
视频教学	录屏 / 第 02 章 /2.5.1
案例要点	掌握标注线性尺寸的方法

扫码观看视频

操作步骤

Step 01 单击【尺寸 / 几何关系】工具栏中的【智能尺寸】按钮 ，或者选择【工具】|
【标注尺寸】|【智能尺寸】菜单命令，也可以在图形区域中单击鼠标右键，然后
在弹出的快捷菜单中选择【智能尺寸】命令。默认尺寸类型为平行尺寸。

Step 02 定位智能尺寸项目。移动鼠标光标时，智能尺寸会自动捕捉到最近的方位。
当预览显示想要的位置及类型时，可以单击鼠标右键，锁定该尺寸。

Step 03 单击，确定尺寸数值所要放置的位置，生成如图 2-13 所示的距离尺寸。

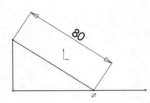

图 2-13 生成点到点的距离尺寸

　　要生成两条直线之间的角度尺寸，可以先选择两条草图直线，然后为每个尺寸选择不同的位置。要在两条直线
或者一条直线和模型边线之间放置角度尺寸，可以先选择两个草图实体，然后在其周围拖动鼠标光标，预览显示
智能尺寸。由于鼠标光标位置改变，要标注的角度尺寸数值也会随之改变。

课堂案例 标注角度尺寸

实例素材	课堂案例 / 第 02 章 /2.5.2
视频教学	录屏 / 第 02 章 /2.5.2
案例要点	掌握标注角度尺寸的方法

扫码观看视频

操作步骤

Step 01 单击【尺寸 / 几何关系】工具栏中的【智能尺寸】按钮 。

Step 02 单击其中一条直线，单击另一条直线或者模型边线。拖动鼠标光标，预
览显示角度尺寸。

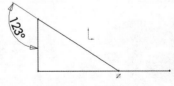

图 2-14 生成角度尺寸

Step 03 单击，确定尺寸数值所需放置的位置，生成如图 2-14 所示的角度尺寸。

　　标注圆弧尺寸时，默认尺寸类型为半径。如果要标注圆弧的实际长度，那么可以选择圆弧及其两个端点。

课堂案例 标注圆弧尺寸

实例素材	课堂案例 / 第 02 章 /2.5.3
视频教学	录屏 / 第 02 章 /2.5.3
案例要点	掌握标注圆弧尺寸的方法

扫码观看视频

操作步骤

Step 01 单击【尺寸/几何关系】工具栏中的【智能尺寸】按钮 ↙。

Step 02 单击圆弧。单击圆弧的两个端点。拖动鼠标光标，预览显示圆弧长度。

Step 03 单击，确定尺寸数值所需放置的位置，生成如图 2-15 所示的圆弧尺寸。

　　以一定角度放置圆形尺寸，尺寸数值显示为直径尺寸。将尺寸数值竖直或水平放置，尺寸数值会显示为线性尺寸。如果要修改线性尺寸的角度，那么单击该尺寸数值，然后拖动文字上的控标，尺寸将以 15° 的增量进行捕捉。

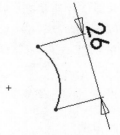

图 2-15 生成圆弧尺寸

课堂案例 标注圆形尺寸

实例素材	课堂案例 / 第 02 章 /2.5.4
视频教学	录屏 / 第 02 章 /2.5.4
案例要点	掌握标注圆形尺寸的方法

扫码观看视频

操作步骤

Step 01 单击【尺寸/几何关系】工具栏中的【智能尺寸】按钮 ↙。

Step 02 选择圆形。拖动鼠标光标，预览显示圆形直径。

Step 03 单击，确定尺寸数值所需放置的位置，生成如图 2-16 所示的圆形尺寸。

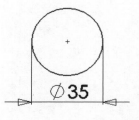

图 2-16 生成圆形尺寸

2.6 课堂习题1

课堂案例 绘制草图

实例素材	课堂习题 / 第 02 章 /2.6
视频教学	录屏 / 第 02 章 /2.6
案例要点	掌握草图功能的使用方法

扫码观看视频

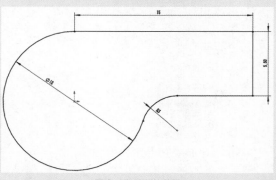

　　绘制草图，本案例最终效果如图 2-17 所示。

图 2-17 绘制的草图

1. 进入草图绘制状态

Step 01 启动中文版 SolidWorks，单击【标准】工具栏中的【新建】按钮 ，打开【新建 SolidWorks 文件】对话框，单击【零件】按钮，单击【确定】按钮，生成新文件。

Step 02 单击【草图】工具栏中的【草图绘制】按钮 ，进入草图绘制状态。在特征管理器设计树中单击【前视基准面】图标，使【前视基准面】成为草图绘制平面。

2. 绘制草图

Step 01 单击【草图】工具栏中的【圆】按钮 ，在所选的【前视基准面】上，选中坐标原点单击，生成圆心，向外拖动鼠标画圆，输入直径为"12mm"。再次单击鼠标右键，在弹出的快捷菜单中选择【选择】命令，完成圆形草图的绘制，如图 2-18 所示。

Step 02 单击【草图】工具栏中的【直线】按钮 ，在与上半圆弧相切处，绘制一条水平直线，输入距离为"15mm"，再次单击，完成水平直线的绘制，如图 2-19 所示。

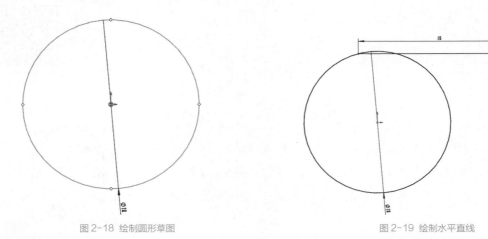

图 2-18 绘制圆形草图   图 2-19 绘制水平直线

Step 03 单击【显示/删除几何关系】 的下拉按钮，选择【添加几何关系】选项 ，打开【添加几何关系】属性管理器，如图 2-20 所示，在【所选实体】选项栏中，能看到所选择的两个对象，即圆弧和直线。然后在【添加几何关系】选项栏中选择【相切】选项 ，单击【确认】按钮 ，结果如图 2-21 所示。

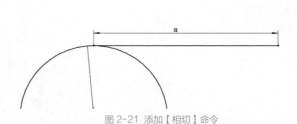

图 2-20 【添加几何关系】属性管理器   图 2-21 添加【相切】命令

Step 04 再次单击【草图】工具栏中的【直线】按钮 ✎，以右侧水平直线端点为起点，向下绘制一条垂直直线，输入直线距离为"5.5mm"，单击鼠标右键，在弹出的快捷菜单中选择【选择】命令，完成该直线的绘制，如图 2-22 所示。

Step 05 再次单击【草图】工具栏中的【直线】按钮 ✎，以右侧竖直直线端点为起点，向左绘制一条水平直线，穿过左侧的圆，单击鼠标右键，在弹出的快捷菜单中选择【选择】命令，完成该直线的绘制，如图 2-23 所示。

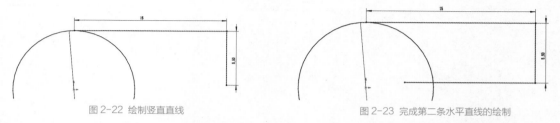

图 2-22 绘制竖直直线　　　　　　　　　　　　　　图 2-23 完成第二条水平直线的绘制

Step 06 最后单击【草图】工具栏中的【圆心 / 起点 / 终点画弧】按钮 ◝，在第二条水平直线和圆的右下方绘制一段圆弧，并使其不要与直线和圆有任何约束。具体操作步骤：单击【草图】工具栏中的【圆心 / 起点 / 终点画弧】按钮 ◝，将鼠标光标移动至第二条水平直线与圆的右下方，单击，生成圆心。再向靠近左侧圆的方向拖动鼠标，在适当位置单击，生成圆弧的第一个端点。然后向右侧的水平直线所在的方向拖动鼠标，再次单击，生成圆弧的第二个端点。此时单击鼠标右键，在弹出的快捷菜单中选择【选择】命令，完成圆弧的绘制，如图 2-24 所示。

Step 07 单击【显示 / 删除几何关系】 ⌐ 的下拉按钮，选择【添加几何关系】选项 ⌐，打开【添加几何关系】属性管理器，在【所选实体】选项栏中，选择圆和圆弧。再在【添加几何关系】选项栏中选择【相切】选项 ◔，单击【确认】按钮 ✓，如图 2-25 所示，生成的图形如图 2-26 所示。

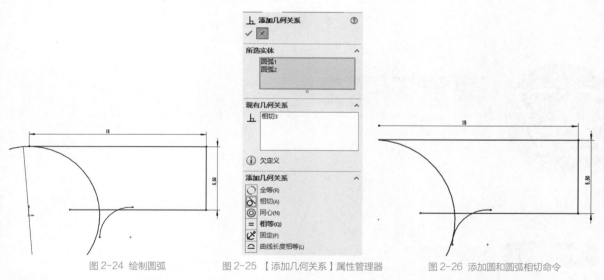

图 2-24 绘制圆弧　　　　　图 2-25 【添加几何关系】属性管理器　　　　　图 2-26 添加圆和圆弧相切命令

Step 08 再次单击【显示 / 删除几何关系】 ⌐ 的下拉按钮，选择【添加几何关系】选项 ⌐，打开【添加几何关系】属性管理器，在【所选实体】选项栏中，选择第二条水平直线和圆弧。再在【添加几何关系】选项栏中选择【相切】选项 ◔，单击【确认】按钮 ✓，如图 2-27 所示，生成的图形如图 2-28 所示。

Step 09 单击【尺寸 / 几何关系】工具栏中的【智能尺寸】按钮 ◈，左侧出现工具栏，选择半圆弧，在打开的【尺寸】对话框中输入半径为"3mm"，再单击【确认】按钮 ✓，即能标注相对应的尺寸，当所选对象变成黑色时，即该尺寸已被固定，尺寸已经标注完成，如图 2-29 所示。

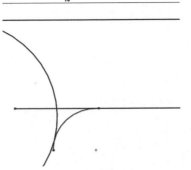

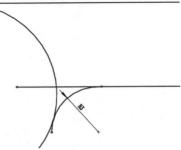

图 2-27 【添加几何关系】属性管理器　　　　　图 2-28 生成的图形　　　　　　图 2-29 标注尺寸

3. 裁剪草图

单击【草图】工具栏中的【裁剪实体】按钮，将多余
的圆弧和直线裁剪。具体步骤如下：单击【草图】工具栏
中的【裁剪实体】按钮 ，按住鼠标左键，然后选择要裁
剪的线段，拖动鼠标，裁剪掉需要裁剪的线段和圆弧，最
后单击【确认】按钮 ，完成裁剪操作。裁剪完成后的效
果如图 2-30 所示。

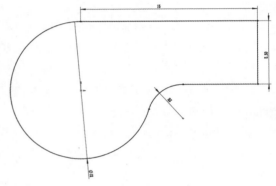

图 2-30 裁剪完成后的效果

2.7 课堂习题2

课堂案例 绘制草图

实例素材	课堂习题 / 第 02 章 /2.7	扫码观看视频
视频教学	录屏 / 第 02 章 /2.7	
案例要点	掌握草图功能的使用方法	

绘制草图，本案例最终效果如图 2-31 所示。

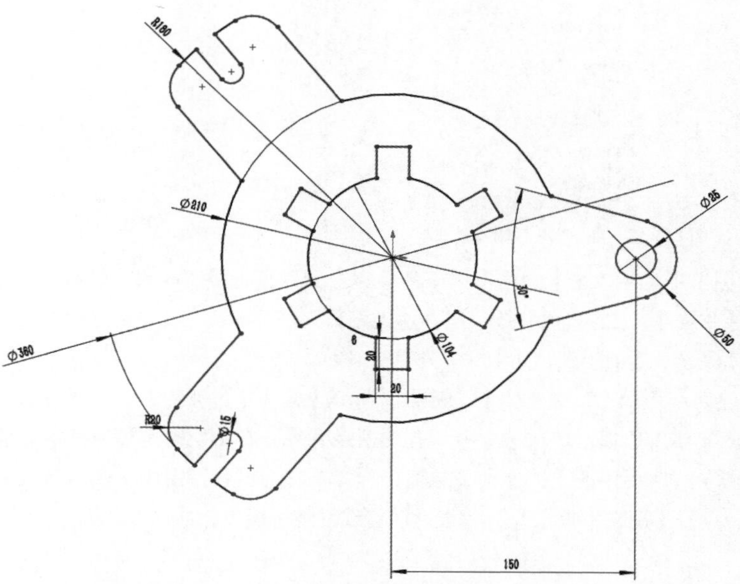

图 2-31 草图

1. 进入草图绘制状态

Step 01 启动中文版 SolidWorks，单击【标准】工具栏中的【新建】按钮 ，打开【新建 SolidWorks 文件】对话框，单击【零件】按钮，单击【确定】按钮，生成新文件。

Step 02 单击【草图】工具栏中的【草图绘制】按钮 ，进入草图绘制状态。在特征管理器设计树中单击【前视基准面】图标，使【前视基准面】成为草图绘制平面。

2. 绘制草图和标注尺寸

Step 01 单击【草图】工具栏中的【圆】按钮 ，在所选的【前视基准面】上，选中坐标原点单击，生成圆心，向外拖动鼠标画圆，输入直径为"104mm"。再次单击鼠标右键，在弹出的快捷菜单中选择【选择】命令，完成圆形草图的绘制，如图 2-32 所示。

Step 02 单击【草图】工具栏中的【直线】按钮 ，绘制两条分别与坐标轴相重合的构造线。具体操作步骤：单击【草图】工具栏中的【直线】按钮 ，在左侧打开的【插入线条】属性管理器中，勾选【选项】选项栏中的【作为构造线】复选框，如图 2-33 所示。将鼠标光标靠近圆心左侧位置，当出现【水平】命令 时，在圆左侧水平位置放置水平构造线的第一点，然后穿过圆的右侧，当出现【相交】|【水平】命令 时，放置水平构造线的第二点，然后单击鼠标右键，在弹出的快捷菜单中选择【选择】按钮，退出【直线】命令，生成第一条水平构造线，如图 2-34 所示。然后重复上述步骤，在圆的正上方绘制一条垂直构造线，如图 2-35 所示。

Step 03 单击【草图】工具栏中的【直线】按钮 ，在圆下侧的垂直构造线左侧，绘制一条与垂直构造线平行的直线，使其一端与圆相交，即当出现【相交】|【竖直】命令 时，单击鼠标右键，在弹出的快捷菜单中选择【选择】命令，完成该直线的绘制，如图 2-36 所示。

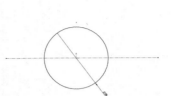

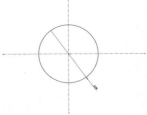

图 2-32 绘制圆形草图　　　图 2-33 【插入线条】属性管理器　　　图 2-34 绘制水平构造线　　　图 2-35 绘制垂直构造线

Step 04 再次单击【草图】工具栏中的【直线】按钮　，以左侧竖直直线的端点为起点，向右绘制一条水平直线，至构造线处，当出现【相交】｜【竖直】命令时，输入距离为"10mm"，单击鼠标右键，在弹出的快捷菜单中选择【选择】命令，完成该直线的绘制，如图 2-37 所示。

Step 05 单击【草图】工具栏中的【镜像实体】按钮　，打开【镜像】属性管理器，如图 2-38 所示。选择【选项】选项栏中的【要镜像的实体】选项，依次选中所绘制的两条直线。在【要镜像的实体】选项中，出现已经选择好的直线，再选择【选项】选项栏中的【镜像轴】选项，选择垂直构造线，完成左侧两条直线的镜像。再移动鼠标光标到左侧任务栏下，单击【确认】按钮　，完成两条直线的镜像操作，如图 2-39 所示。

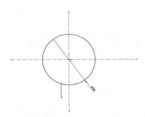

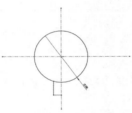

图 2-36 绘制竖直直线　　　图 2-37 绘制水平直线　　　图 2-38 【镜像】属性管理器　　　图 2-39 完成镜像操作

Step 06 单击【尺寸／几何关系】工具栏中的【智能尺寸】按钮　，标注竖直直线的距离。具体操作如下：单击【尺寸／几何关系】工具栏中的【智能尺寸】按钮　，选中左侧竖直直线，向左放置距离尺寸，输入距离为"20mm"，再选中水平直线，向下放置直线，输入距离为"20mm"，当所选对象变成黑色时，即该尺寸已被固定，尺寸已经标注完成，如图 2-40 所示。

Step 07 单击【线性草图阵列】　的下拉按钮，选择【圆周阵列】选项　，打开【圆周阵列】属性管理器，在【参数】选项栏中，选择【反向】选项　，单击圆上任意一点，作为起点。然后在【实列数】　的文本框中输入实列数为"6"；在【要阵列的实体】选项栏中，选择 3 条直线，如图 2-41 所示；单击【确认】按钮　，完成圆周阵列，如图 2-42 所示。

Step 08 单击【草图】工具栏中的【圆】按钮　，在所绘制的圆上，选中坐标原点单击，生成圆心，向外拖动鼠标画圆，输入直径为"210mm"。再次单击鼠标右键，在弹出的快捷菜单中选择【选择】命令，完成圆的绘制，如图 2-43 所示。

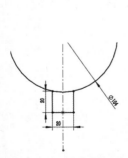

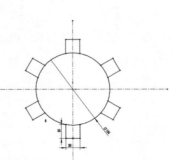

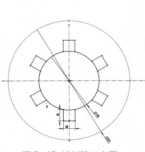

图 2-40 标注竖直直线尺寸　　图 2-41 【圆周阵列】属性管理器　　　图 2-42 圆周阵列　　　图 2-43 绘制第二个圆

Step 09 单击【草图】工具栏中的【圆】按钮 ⊙，在水平构造线右侧绘制一个圆。具体操作步骤：单击【草图】工具栏中的【圆】按钮 ⊙，在水平构造线上单击生成圆心（不要与其他的圆或直线产生约束），然后向外拖动鼠标，输入直径为"50mm"。再次单击鼠标右键，在弹出的快捷菜单中选择【选择】命令，完成圆的绘制，如图 2-44 所示。

Step 10 单击【尺寸／几何关系】工具栏中的【智能尺寸】按钮 ◆，标注所绘制的第三个圆与坐标中心的距离。具体操作如下：单击【尺寸／几何关系】工具栏中的【智能尺寸】按钮 ◆，选中右侧第三个圆，再选择坐标原点，向下放置距离尺寸，输入距离为"150mm"，当所选对象变成黑色时，即该尺寸已被固定，完成尺寸标注，如图 2-45 所示。

Step 11 单击【草图】工具栏中的【圆】按钮 ⊙，在第三个圆的基础上再绘制一个同心圆。具体操作步骤：单击【草图】工具栏中的【圆】按钮 ⊙，在第三个圆的圆心处，单击生成圆心（不要与其他的圆或直线产生约束），然后向外拖动鼠标，输入直径为"25mm"。再次单击鼠标右键，在弹出的快捷菜单中选择【选择】命令，完成圆的绘制，如图 2-46 所示。

Step 12 再次单击【草图】工具栏中的【直线】按钮 ／，以右侧第二个大圆的外侧为起点，向右下方绘制一条直线，不要有任何约束，直至在右侧两个同心圆上方放置该直线，单击鼠标右键，在弹出的快捷菜单中选择【选择】命令，完成该直线的绘制，如图 2-47 所示。

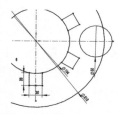 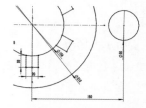 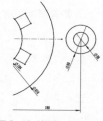 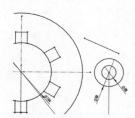

图 2-44 绘制第三个圆　　图 2-45 标注第三个圆到坐标原点的距离　　图 2-46 绘制一个同心圆　　图 2-47 绘制倾斜的直线

Step 13 单击【尺寸／几何关系】工具栏中的【智能尺寸】按钮 ◆，标注所绘制倾斜直线与水平构造线的角度。具体操作如下：单击【尺寸／几何关系】工具栏中的【智能尺寸】按钮 ◆，选中右侧倾斜直线，再选择水平构造线，向左放置角度尺寸，输入角度为"15°"，如图 2-48 所示。

Step 14 单击【显示／删除几何关系】 ↳ 的下拉按钮，选择【添加几何关系】选项 ⊥，打开【添加几何关系】属性管理器，在【所选实体】选项栏中，选择倾斜直线靠近第二个圆的那个点和第二个圆（直径为 210mm）。然后在【添加几何关系】选项栏中选择【重合】选项 ✗，单击【确认】按钮 ✓，如图 2-49 所示，生成的图形如图 2-50 所示。

Step 15 再次单击【显示／删除几何关系】 ↳ 的下拉按钮，选择【添加几何关系】选项 ⊥，打开【添加几何关系】属性管理器，在【所选实体】选项栏中，选择倾斜直线和同心圆的外圆。然后在【添加几何关系】选项栏中选择【相切】选项 ♂，单击【确认】按钮 ✓，如图 2-51 所示，生成的图形如图 2-52 所示。

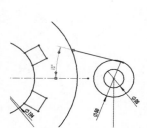  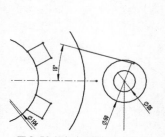 

图 2-48 标注倾斜直线与水平构造线的角度　　图 2-49 【添加几何关系】属性管理器　　图 2-50 添加点和圆相交命令　　图 2-51 【添加几何关系】属性管理器

Step 16 单击【草图】工具栏中的【镜像实体】按钮 ⋈，在打开的【镜像】属性管理器中，选择【选项】选项栏中的【要镜像的实体】选项，依次选中所绘制的倾斜直线，在【要镜像的实体】选项中，出现已经选择好的直线，再选择【选项】选项栏中的【镜像轴】选项，单击水平构造线，完成倾斜直线的镜像。将鼠标光标移动到左侧任务栏下，单击【确认】按钮 ✓，如图 2-53 所示，完成两条直线的镜像操作，如图 2-54 所示。

Step 17 单击【草图】工具栏中的【圆】按钮 ⊙，在第二个圆（直径为 210mm）的基础上绘制一个同心圆。具体操作步骤：单击【草图】工具栏中的【圆】按钮 ⊙，在第二个圆的圆心处，单击生成圆心（不要与其他的圆或直线产生约束），然后向外拖动鼠标，输入直径为"310mm"。再次单击鼠标右键，在弹出的快捷菜单中选择【选择】命令，完成圆的绘制，如图 2-55 所示。

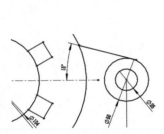

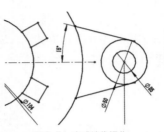

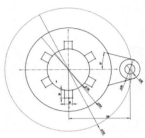

图 2-52 添加直线和圆弧相切命令　　图 2-53 【镜像】属性管理器　　图 2-54 完成镜像操作　　图 2-55 绘制第二个圆的同心圆

Step 18 单击【草图】工具栏中的【圆】按钮 ⊙，在第二个圆的基础上再绘制一个同心圆。具体操作步骤：单击【草图】工具栏中的【圆】按钮 ⊙，在第二个圆（直径为 210mm）的圆心处，单击生成圆心（不要与其他的圆或直线产生约束），然后向外拖动鼠标，输入直径为"360mm"。再次单击鼠标右键，在弹出的快捷菜单中选择【选择】命令，完成圆的绘制，如图 2-56 所示。

Step 19 单击【草图】工具栏中的【直线】按钮 ✐，绘制两条分别与坐标轴相重合的构造线。具体操作步骤：单击【草图】工具栏中的【直线】按钮 ✐，在左侧打开的【插入线条】属性管理器中，勾选【选项】选项栏中的【作为构造线】复选框，如图 2-57 所示。在圆心处生成第一个点，然后向左下方拖动鼠标，穿过最大的外圆时单击，生成一条倾斜构造线，如图 2-58 所示。

Step 20 单击【尺寸／几何关系】工具栏中的【智能尺寸】按钮 ⟋，标注所绘制的倾斜构造线与水平构造线的角度。具体操作如下：单击【尺寸／几何关系】工具栏中的【智能尺寸】按钮 ⟋，选中左侧倾斜构造线，再选择水平构造线，向左放置角度尺寸，输入角度为"50°"，如图 2-59 所示。

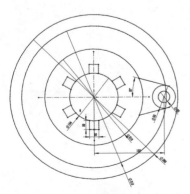

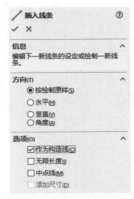

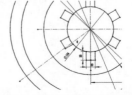

图 2-56 绘制第二个圆的第二个同心圆　　图 2-57 【插入线条】属性管理器　　图 2-58 绘制一条倾斜构造线　　图 2-59 标注倾斜构造线与水平构造线的角度

Step 21 单击【草图】工具栏中的【镜像实体】按钮 ⋈，打开【镜像】属性管理器，如图 2-60 所示，在该属性管理中选择【选项】选项栏中的【要镜像的实体】选项，依次选中所绘制的倾斜构造线，在【要镜像的实体】选项中，出现已经选择好的构造线，再选择【选项】选项栏中的【镜像轴】选项，单击水平构造线，完成倾斜构造线的镜像。再将鼠标光标移动到左侧任务栏下，单击【确认】按钮 ✓，完成倾斜构造线的镜像操作，如图 2-61 所示。

Step 22 单击【草图】工具栏中的【直线】按钮 ✏️，在左下侧的构造线下侧，绘制一条倾斜直线，使其一端与同心圆外圆（直径为 360mm）相交，即当出现【相交】命令 ⤢ 时，单击鼠标右键，生成第一个点，然后在第二个圆上放置第二个点，当在第二个圆（直径为 210mm）上出现【相交】命令 ⤢ 时，单击鼠标右键，生成第二个点，在弹出的快捷菜单中选择【选择】命令，完成该直线的绘制，如图 2-62 所示。

Step 23 单击【显示 / 删除几何关系】 ⬐ 的下拉按钮，选择【添加几何关系】选项 ⬐，打开【添加几何关系】属性管理器，如图 2-63 所示，在该属性管理器中的【所选实体】选项栏中，选择倾斜直线和倾斜构造线。然后在【添加几何关系】选项栏中选择【平行】选项 ◻️，单击【确认】按钮 ✓，生成的图形如图 2-64 所示。

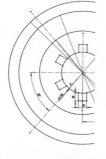

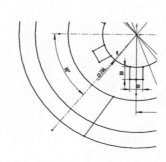

图 2-60 【镜像】属性管理器　　　图 2-61 完成镜像操作　　　图 2-62 绘制倾斜直线　　　图 2-63 【添加几何关系】属性管理器

Step 24 单击【草图】工具栏中的【直线】按钮 ✏️，在绘制的倾斜直线上方，再绘制一条倾斜直线，第一个点是与最外面的大圆（直径为 360mm）出现【相交】命令 ⤢ 时生成的，然后穿过第二大的圆（直径为 310mm）放置第二个点，单击鼠标右键，生成第二个点，在弹出的快捷菜单中选择【选择】命令，完成该直线的绘制，如图 2-65 所示。

Step 25 再次单击【显示 / 删除几何关系】 ⬐ 的下拉按钮，选择【添加几何关系】选项 ⬐，打开【添加几何关系】属性管理器，如图 2-66 所示，在【所选实体】选项栏中选择第一条倾斜直线和第二条倾斜直线。然后在【添加几何关系】选项栏中选择【平行】选项 ◻️，单击【确认】按钮 ✓，生成的图形如图 2-67 所示。

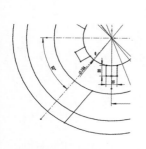

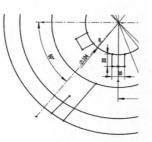

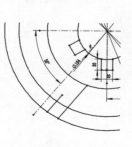

图 2-64 添加倾斜构造线和　　　图 2-65 绘制第二条倾斜直线　　　图 2-66 【添加几何关系】　　　图 2-67 添加直线和圆弧
　　倾斜直线的【平行】命令　　　　　　　　　　　　　　　　　属性管理器　　　　　　　相切命令

Step 26 单击【草图】工具栏中的【圆】按钮 ⊙，在所绘制的倾斜构造线上，选中与第二个圆的同心圆（直径为 310mm）相交的那一点，即出现【交叉点】命令 ✕ 时，单击，生成圆心，向外拖动鼠标画圆，输入直径"15mm"。再次单击鼠标右键，在弹出的快捷菜单中选择【选择】命令，完成圆的绘制，如图 2-68 所示。

Step 27 单击【显示／删除几何关系】 ⌐ 的下拉按钮，选择【添加几何关系】选项 ⌐，打开【添加几何关系】属性管理器，如图 2-69 所示，在【所选实体】选项栏中选择倾斜直线和直径为 15mm 的圆。然后在【添加几何关系】选项栏中选择【相切】选项 ◔，单击【确认】按钮 ✓，生成的图形如图 2-70 所示。

Step 28 最后单击【草图】工具栏中的【圆心／起点／终点画弧】按钮 ♋，在两条倾斜直线和最大的外圆内侧绘制一个圆弧，并使其不要与直线和圆有任何约束。具体操作步骤：单击【草图】工具栏中的【圆心／起点／终点画弧】按钮 ♋，将鼠标光标移动至两条倾斜直线和最大的外圆内侧，然后单击，生成圆心。再向靠近大圆内侧的位置拖动鼠标，在适当位置单击，生成圆弧的第一个端点。然后向下方的水平直线所在的方向拖动鼠标，再次单击，生成圆弧的第二个端点。此时单击鼠标右键，在弹出的快捷菜单中选择【选择】命令，完成圆弧的绘制，如图 2-71 所示。

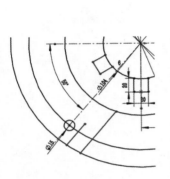

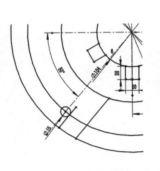

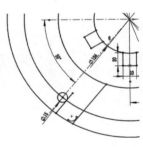

图 2-68 绘制倾斜直线上的圆　　　图 2-69 【添加几何关系】　　　图 2-70 添加倾斜直线和圆相切命令　　　图 2-71 绘制圆弧
　　　　　　　　　　　　　　　　属性管理器

Step 29 单击【显示／删除几何关系】 ⌐ 的下拉按钮，选择【添加几何关系】选项 ⌐，打开【添加几何关系】属性管理器，如图 2-72 所示，在【所选实体】选项栏中选择下方的倾斜直线和圆弧。然后在【添加几何关系】选项栏中选择【相切】选项 ◔，单击【确认】按钮 ✓，生成的图形如图 2-73 所示。

Step 30 再次单击【显示／删除几何关系】 ⌐ 的下拉按钮，选择【添加几何关系】选项 ⌐，打开【添加几何关系】属性管理器，如图 2-74 所示，在【所选实体】选项栏中选择最大外圆（直径为 360mm）和圆弧。然后在【添加几何关系】选项栏中选择【相切】选项 ◔，单击【确认】按钮 ✓，生成的图形如图 2-75 所示。

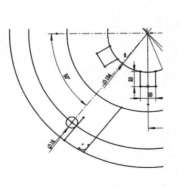

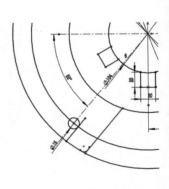

图 2-72 【添加几何关系】　　　图 2-73 添加圆和圆弧相切命令　　　图 2-74 【添加几何关系】　　　图 2-75 添加直线和圆弧相切命令
　　　属性管理器　　　　　　　　　　　　　　　　　　　　　　　属性管理器

Step 31 单击【尺寸/几何关系】工具栏中的【智能尺寸】按钮 ◈ ，标注所绘制圆弧的半径。具体操作如下：单击【尺寸/几何关系】工具栏中的【智能尺寸】按钮 ◈ ，选中所绘制的圆弧，再向右下方放置半径尺寸，输入半径为"20mm"，如图 2-76 所示。

Step 32 单击【草图】工具栏中的【镜像实体】按钮 叫 ，打开【镜像】属性管理器，如图 2-77 所示，选择【选项】选项栏中的【要镜像的实体】选项，依次选中所绘制的两条倾斜直线和圆弧，在【要镜像的实体】选项中，出现已经选择好的两条直线和圆弧，再选择【选项】选项栏中的【镜像轴】选项，单击与水平构造线呈 50° 倾斜角的左下方的倾斜构造线，将鼠标光标移动到左侧任务栏下，单击【确认】按钮 ✓ ，完成两条倾斜直线和圆弧的镜像操作，如图 2-78 所示。

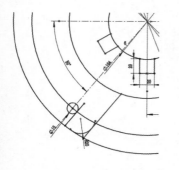

图 2-76 标注圆弧的半径

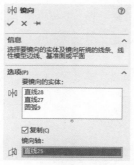

图 2-77 【镜像】属性管理器

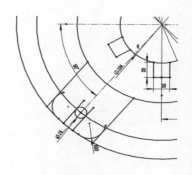

图 2-78 完成镜像操作

Step 33 再次单击【草图】工具栏中的【镜像实体】按钮 叫 ，打开【镜像】属性管理器，如图 2-79 所示，选择【选项】选项栏中的【要镜像的实体】选项，依次选中所绘制的两条倾斜直线、圆和圆弧，以及所对应的在上一步操作中镜像的两条倾斜直线和圆弧；在【要镜像的实体】选项中，出现已经选择好的 4 条倾斜直线以及两个圆弧和一个圆，再选择【选项】选项栏中的【镜像轴】选项，单击水平构造线，完成 4 条倾斜直线以及两个圆弧和一个圆的镜像操作。将鼠标光标移动到左侧任务栏下，单击【确认】按钮 ✓ ，完成 4 条倾斜直线以及两个圆弧和一个圆的镜像操作，如图 2-80 所示。

图 2-79 【镜像】属性管理器

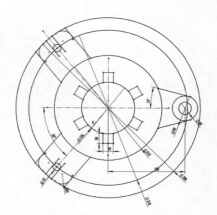

图 2-80 完成镜像操作

3. 裁剪草图

单击【草图】工具栏中的【裁剪实体】按钮，裁剪多余的圆弧和直线。具体步骤如下：单击【草图】工具栏中的【裁剪实体】按钮 ✄ ，按住鼠标左键，然后选择要裁剪的线段，拖动鼠标，裁剪掉需要裁剪的线段和圆弧，最后单击【确认】按钮 ✓ ，完成裁剪操作，效果如图 2-81 所示。

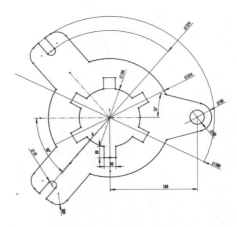

图 2-81 裁剪完成后的效果

课后习题

一、选择题

下面哪个选项不是 SolidWorks 提供的圆弧功能？（　　　）

A. 三点圆弧　　　　　　　　　　　B. 切线弧

C. 圆心 / 起点 / 终点画弧　　　　　D. 半圆弧

二、案例习题

案例要求：使用【直线】工具绘制连续直线，如图 2-82 所示。

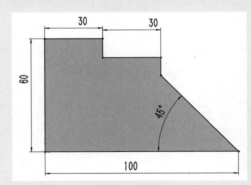

图 2-82 绘制连续直线

案例习题文件：课后习题 / 第 02 章 /2.sldprt

视频教学：录屏 / 第 02 章 /2.mp4

习题要点：

（1）使用【直线】工具。

（2）使用【尺寸标注】命令定位图形。

（3）使用【圆角】工具。

（4）使用【倒角】工具。

Chapter

03

基本特征

三维建模是 SolidWorks 三大基本功能之一。所谓的三维建模是指用一系列的特征命令生成三维实体的过程，其中，有一些特征命令必须有二维草图才能实现，这些特征就是基本特征。本章介绍 SolidWorks 软件中最常使用的基本特征。

SOLIDWORKS

学习要点

- 拉伸凸台特征
- 扫描凸台特征
- 拉伸切除特征
- 扫描切除特征

- 旋转凸台特征
- 放样凸台特征
- 旋转切除特征
- 放样切除特征

技能目标

- 掌握生成拉伸凸台特征的方法
- 掌握生成旋转凸台特征的方法
- 掌握生成扫描凸台特征的方法
- 掌握生成放样凸台特征的方法
- 掌握生成拉伸切除特征的方法
- 掌握生成旋转切除特征的方法
- 掌握生成扫描切除特征的方法
- 掌握生成放样切除特征的方法

3.1 拉伸

使用拉伸凸台特征可以将二维草图沿垂直方向或给定方向扫略而形成三维模型，它是在建立三维模型过程中最常使用的特征命令。

选择【插入】|【特征】|【拉伸凸台】菜单命令，打开【凸台－拉伸】属性管理器，如图3-1所示。

图3-1 【凸台－拉伸】属性管理器

课堂案例 **使用拉伸凸台特征建模**

实例素材	课堂案例 / 第 03 章 /3.1
视频教学	录屏 / 第 03 章 /3.1
案例要点	掌握拉伸凸台特征功能的使用方法

扫码观看视频

操作步骤

Step 01 新建零部件，选用"gb_part"模板，单击【确认】按钮，如图3-2所示。

Step 02 在左侧设计树区域选择【前视基准面】，在悬浮工具栏中单击【绘制草图】按钮 ，软件会将【前视基准面】自动正视于屏幕，如图3-3所示。

图3-2 新建零部件

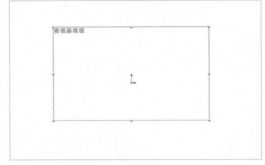

图3-3 在【前视基准面】中绘制草图

Step 03 在顶侧工具栏中单击【边角矩形】按钮 ，绘制矩形，在空白处单击放置矩形的其中一个角，然后移动鼠标光标，拖动矩形，当矩形的大小和形状大致正确时再次单击放置矩形的对角，单击【确认（关闭对话框）】按钮 ，完成矩形的绘制，如图3-4所示。

Step 04 在顶侧工具栏中单击【特征】|【拉伸凸台／基体】按钮⑯，软件会自动生成实体模型并打开【凸台－拉伸】属性管理器，在【方向1】选项栏中设置【终止条件】↗为【两侧对称】，将【深度】⑯设置为"100.00mm"，单击【确认】按钮✓，完成凸台的拉伸，如图 3-5 和图 3-6 所示。

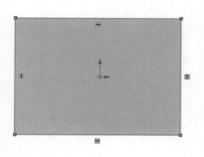

图 3-4 绘制边角矩形

图 3-5 设置两侧对称

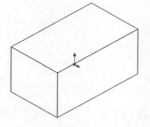

图 3-6 完成凸台的拉伸

Step 05 在完成拉伸操作的长方体顶面单击鼠标右键，在弹出的快捷菜单中选择【草图绘制】按钮▱，如图 3-7 所示，在长方体顶面进行草图绘制。

Step 06 在顶侧工具栏中单击【圆形】按钮⊙，绘制圆形，在长方体的顶面单击，放置圆形的圆心，然后移动鼠标光标，更改圆形的半径，当圆形的大小大致正确时再次单击，确定圆形的半径，单击【确认（关闭对话框）】按钮✓，完成圆形的绘制，如图 3-8 所示。

Step 07 在顶侧工具栏中单击【特征】|【拉伸凸台／基体】按钮⑯，软件会自动生成实体模型并打开【凸台－拉伸】属性管理器，在【方向1】选项栏中设置【终止条件】↗为【给定深度】，将【深度】⑯设置为"100.00mm"；选择【拔模开／关】选项⑱，将【拔模角度】设置为"5.00度"，如图 3-9 所示。若勾选【向外拔模】复选框，则形成的圆柱体为上粗下细。单击【确认】按钮✓，完成拔模圆柱体的拉伸，如图 3-10 所示。

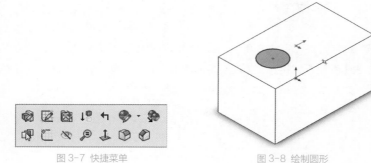

图 3-7 快捷菜单

图 3-8 绘制圆形

图 3-9 设置终止条件

Step 08 在长方体顶面单击鼠标右键，在弹出的快捷菜单中选择【草图绘制】按钮▱，在长方体顶面进行草图绘制。在顶侧工具栏中单击【直槽口】按钮⑳进行绘制。首先在长方体顶面单击，放置直槽口的起点，然后拖动鼠标定义直槽口的长度，最后拖动鼠标定义直槽口的宽度，单击【确认（关闭对话框）】按钮✓，完成直槽口的绘制，如图 3-11 所示。

Step 09 在顶侧工具栏中单击【特征】|【拉伸凸台／基体】按钮⑯，在【凸台－拉伸】属性管理器的【方向1】选项栏中设置【终止条件】↗为【完全贯穿】，如图 3-12 所示，绘制的草图图形被拉伸形成实体，直至完全贯穿整个零部件，单击【确认】按钮✓，完成直槽口的拉伸，如图 3-13 所示。

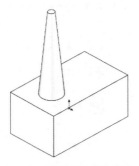

图 3-10 完成拔模圆柱体的拉伸

图 3-11 绘制直槽口

图 3-12 设置终止条件

Step 10 单击直槽口面向拔模圆柱侧的平面，使其保持蓝色选中状态，再次单击鼠标右键，在弹出的快捷菜单中选择【草图绘制】按钮 🖊，绘制边角矩形，如图 3-14 所示。在顶侧工具栏中单击【边角矩形】按钮 ▢，绘制矩形，单击【确认（关闭对话框）】按钮 ✓，完成矩形的绘制。然后在顶侧工具栏中单击【特征】|【拉伸凸台 / 基体】按钮 🖳，在打开的【凸台 – 拉伸】属性管理器中的【方向 1】选项栏中设置【终止条件】 🗗 为【成形到实体】；在【实体 / 曲面实体】选项 🗐 上单击，选择拔模圆柱体，单击【确认】按钮 ✓，完成拉伸横梁的操作，如图 3-15 所示。

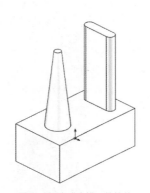

图 3-13 完成直槽口的拉伸

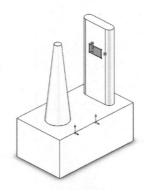

图 3-14 绘制边角矩形

图 3-15 设置终止条件

Step 11 如果在单击【确认】按钮 ✓ 后弹出错误警告，如图 3-16 所示，那么表示当前绘制的草图图形沿拉伸方向无法完整投影在所选实体的表面，此时应单击【取消】按钮 ×，返回至零部件初始界面。单击矩形的一条边，在浮现出的工具栏中单击【编辑草图】按钮 🖉，如图 3-17 所示，进入草图编辑状态，将先前绘制的矩形缩小一点，再重复步骤 10，即可完成横梁的拉伸，如图 3-18 所示。

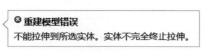

❌ **重建模型错误**
不能拉伸到所选实体。实体不完全终止拉伸。

图 3-16 重建模型错误警告

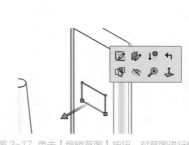

图 3-17 单击【编辑草图】按钮，对草图进行修改

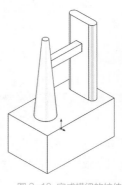

图 3-18 完成横梁的拉伸

Step 12 在左侧设计树区域选择【前视基准面】，在悬浮工具栏中单击【绘制草图】按钮 ，进入草图绘制模式，若软件没有将【前视基准面】正视于屏幕，则可选择【前视基准面】，在悬浮工具栏中单击【正视于】按钮 ，便于草图的绘制，如图 3-19 所示。在顶侧工具栏中单击【圆形】按钮 ，绘制圆形，将圆心放置在【原点】处，使半径与长方体底边相切。在软件中，当鼠标光标靠近原点时，会自动吸附并出现图标 来提示此时选中的点与原点重合。当原点位置确定后，移动鼠标光标，使其靠近长方体底边时，也会自动吸附并出现图标 ，以提示此时圆的半径与直线相切，最终绘制的圆的大小与位置如图 3-20 所示。

Step 13 在顶侧工具栏中单击【特征】|【拉伸凸台/基体】按钮 ，在【凸台-拉伸】属性管理器中的【从】选项栏中，设置【开始条件】为【曲面/面/基准面】，单击长方体的前侧面，使其处于如图 3-21 所示的选中状态。在【凸台-拉伸】属性管理器中的【方向 1】选项栏中设置【终止条件】 为【给定深度】，将【深度】 设置为 "20.00mm"，单击【确认】按钮 ，完成侧面圆柱体的拉伸，如图 3-22 所示。

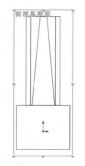
图 3-19 在【前视基准面】中绘制草图

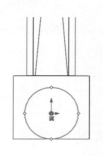
图 3-20 绘制与底边相切的圆形

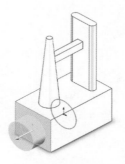
图 3-21 设置开始条件

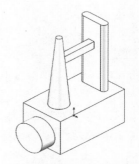
图 3-22 完成侧面圆柱体的拉伸

Step 14 单击刚刚绘制好的侧面圆柱体顶面，使其保持蓝色选中状态，再次单击鼠标右键，在弹出的快捷菜单中选择【草图绘制】按钮 ，在左侧设计树区域，选择新建的草图，在悬浮工具栏中单击【正视于】按钮，如图 3-23 和图 3-24 所示。在顶侧工具栏中单击【圆形】按钮 ，绘制圆形，将圆心放置在侧面圆柱体的圆心处，使两圆心重合，在左侧【草图|圆】属性管理器中的【参数】选项栏中，将【半径】 设置为 "8.00mm"，如图 3-25 所示。单击【确认（关闭对话框）】按钮 ，完成圆形草图的绘制。

Step 15 在顶侧工具栏中单击【特征】|【拉伸凸台/基体】按钮 ，在【凸台-拉伸】属性管理器中的【方向 1】选项栏中设置【终止条件】 为【给定深度】，将【深度】 设置为 "20.00mm"，勾选【薄壁特征】复选框，选择【双向】选项，并将两侧薄壁的厚度【T₁】 设置为 "3.00mm"，将【T₂】 设置为 "1.00mm"，如图 3-26 所示。若【选择方向】为【双向】，则会生成一个以【T₁】为外侧薄壁厚度和以【T₂】为内侧薄壁厚度的薄壁特征；若【选择方向】为【单向】，则会生成一个以【T₁】为外侧薄壁厚度的薄壁特征；若【选择方向】为【两侧对称】，则会生成一个以【T₁】为薄壁厚度且两侧以草图对称的薄壁特征，如图 3-27 所示。单击【确认】按钮 ，完成侧面薄壁特征的拉伸，如图 3-28 所示。

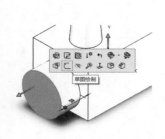
图 3-23 在侧面圆柱体顶面绘制草图

图 3-24 将新建草图【正视于】屏幕

图 3-25 【草图|圆】属性管理器

图 3-26 【薄壁特征】选项栏

Step 16 单击横梁上表面使其保持蓝色选中状态，再次单击鼠标右键，在弹出的快捷菜单中选择【草图绘制】按钮 ⌐，如图 3-29 所示。在左侧设计树区域，选择新建的草图，在悬浮工具栏中单击【正视于】按钮。在顶侧工具栏中单击【多边形】按钮 ⊙，绘制多边形。首先单击，放置多边形的中心点，然后拖动鼠标以调整多边形的大小和方向，在此单击确认，如图 3-30 所示。在左侧【草图 | 多边形】属性管理器中也有【参数】选项栏，可以进行自定义设置，如图 3-31 所示。单击【确认（关闭对话框）】按钮 ✓，完成多边形草图的绘制。

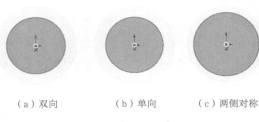

（a）双向　　　　（b）单向　　　　（c）两侧对称

图 3-27 【薄壁特征】方向

图 3-28 完成侧面薄壁特征的拉伸

图 3-29 在横梁上表面绘制草图

Step 17 在顶侧工具栏中单击【特征】|【拉伸凸台 / 基体】按钮 ⑩，在【凸台 - 拉伸】属性管理器中的【从】选项栏中，设置【开始条件】为【顶点】，选择横梁上表面和直槽口侧面相交的两个顶点中的任意一个即可，如图 3-32 所示。在【凸台 - 拉伸】属性管理器中的【方向 2】选项栏中设置【终止条件】 ↗ 为【到离指定面指定的距离】，选择【面 / 平面】选项 ◈，以此选择长方体顶面，单击选中，使其保持紫色选中状态，如图 3-33 所示，将【等距距离】 ⬡ 设置为 "20.00mm"，单击【确认】按钮 ✓，完成多边形的拉伸，如图 3-34 所示。

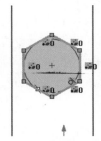

图 3-30 绘制多边形

图 3-31 【草图 | 多边形】属性管理器

图 3-32 选择顶点

图 3-33 选择平面

Step 18 单击长方体上表面，使其保持蓝色选中状态，再次单击鼠标右键，在弹出的快捷菜单中选择【草图绘制】按钮 ⌐，在顶侧工具栏中单击【圆形】按钮 ⊙，绘制圆形，以坐标原点为圆心绘制一个圆，在左侧【草图 | 圆】属性管理器中的【参数】选项栏中，将【半径】 ⟍ 设置为 "80.00mm"，如图 3-35 所示。单击【确认（关闭对话框）】按钮 ✓，完成圆形草图的绘制，如图 3-36 所示。

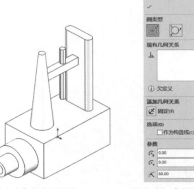

图 3-34 【方向 1】和【方向 2】各选项参数

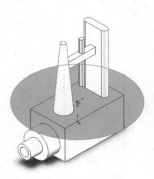

图 3-35 【草图 | 圆】属性管理器　　　　图 3-36 绘制圆形

Step 19 在顶侧工具栏中单击【特征】|【拉伸凸台/基体】按钮，在【凸台-拉伸】属性管理器中的【从】选项栏中，设置【开始条件】为【等距】，将【反向】选项选中，将【等距】设置为"80.00mm"，并在【凸台-拉伸】属性管理器中的【方向1】选项栏中，设置【终止条件】为【给定深度】，将【深度】设置为"30.00mm"，如图 3-37 所示。单击【确定】按钮，完成底部圆台的拉伸，如图 3-38 所示。至此，【凸台-拉伸】工具各选项功能均已介绍完毕。

图 3-37 设置开始条件

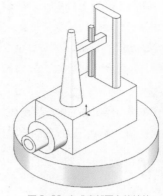

图 3-38 完成底部圆台的拉伸

3.2 旋转

使用旋转凸台特征可以将二维草图沿给定直线旋转而形成三维模型，该特征主要用于有对称轴的三维模型。

选择【插入】|【特征】|【旋转凸台】菜单命令，打开【旋转】属性管理器，如图 3-39 所示。

图 3-39 【旋转】属性管理器

课堂案例 使用旋转凸台特征建模

实例素材	课堂案例 / 第 03 章 /3.2
视频教学	录屏 / 第 03 章 /3.2
案例要点	掌握旋转凸台特征功能的使用方法

扫码观看视频

操作步骤

Step 01 新建零部件，选用"gb_part"模板，单击【确认】按钮，在左侧设计树区域选择【前视基准面】，在悬浮工具栏中单击【绘制草图】按钮，软件会将【前视基准面】自动正视于屏幕，如图 3-40 所示。

Step 02 在顶侧工具栏中单击【直线】 ∕ 右侧的下拉箭头，在下拉列表中选择【中心线】选项，如图 3-41 所示。在使用【旋转】命令时，需要将封闭图形绕一条中心线旋转成型。单击，放置中心线的起始点，拖动鼠标使中心线拉长至合适的长度与角度，单击，放置中心线的终点，软件默认继续绘制中心线。如果需要暂时停止中心线的绘制，那么可以双击，然后单击【确认（关闭对话框）】按钮 ✓。如果需要结束中心线的绘制，那么可以直接按【Esc】键，如图 3-42 所示。

Step 03 在顶侧工具栏中单击【边角矩形】按钮 ⬜，绘制矩形，在中心线上单击，放置矩形的第一个角，使矩形的一条边与绘制好的中心线重合，拖动鼠标使矩形达到适当大小，单击放置矩形的对角，单击【确认（关闭对话框）】按钮 ✓，完成矩形草图的绘制，如图 3-43 所示。

图 3-40 在【前视基准面】中绘制草图

图 3-41 选择【中心线】选项

图 3-42 绘制中心线

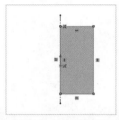
图 3-43 绘制边角矩形

Step 04 在顶侧工具栏中单击【特征】|【旋转凸台／基体】按钮 ⬢，软件会自动生成实体模型并弹出【旋转】属性管理器，在【方向 1】选项栏中设置【旋转类型】为【给定深度】，将【旋转角度】 ⬚ 默认设置为 "360.00 度"，如图 3-44 所示，单击【确认】按钮 ✓，完成圆柱体的旋转，如图 3-45 所示。

Step 05 在左侧设计树区域选择【前视基准面】，在悬浮工具栏中单击【绘制草图】按钮 ⬚，选择【前视基准面】，在悬浮工具栏中单击【正视于】按钮 ⬚，【前视基准面】将正视于屏幕，便于草图的绘制，此时旋转出来的圆柱体在【前视基准面】的投影为矩形。在顶侧工具栏中单击【直线】 ∕ 右侧的下拉箭头，在下拉列表中选择【中心线】选项，以原点为延伸，绘制一条竖直中心线作为旋转轴，如图 3-46 所示。

Step 06 在顶侧工具栏中单击【圆形】按钮 ⊙，绘制圆形，以中心线与矩形的交点为圆心，绘制一个直径与矩形宽度相同的圆，如图 3-47 所示，单击【确认（关闭对话框）】按钮 ✓，完成圆形草图的绘制。

图 3-44 设置旋转类型

图 3-45 完成圆柱体的旋转

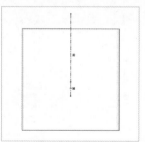
图 3-46 绘制中心线

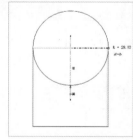
图 3-47 绘制圆形

Step 07 在顶侧工具栏中单击【直线】按钮 ∕，绘制一条直线，与矩形上边线重合，完成后双击，即可完成直线的绘制。再绘制一条直线，方向与中心线重合，将上半圆等分，始于圆的边线，终于矩形的上边线，完成后按【Esc】键。绘制直线的目的是形成一个封闭图形，以便进行下一步的旋转操作，如图 3-48 所示。

Step 08 在顶侧工具栏中单击【剪裁实体】按钮 ⬚，通过裁剪草图实体使之与其他实体重合，长按鼠标左键开始裁剪，移动鼠标光标，使裁剪线与下半圆左半部分交叉，然后松开鼠标左键，软件将会自动将圆弧删除。同理，对下半圆右半部分、上半圆左半部分和水平线左半部分使用同样的方法，完成后如图 3-49 所示，单击【确认（关闭对话框）】按钮 ✓，完成裁剪实体。

Step 09 在顶侧工具栏中单击【特征】|【旋转凸台／基体】按钮🏵️，软件会自动生成实体模型并打开【旋转】属性管理器，在【方向 1】选项栏中设置【旋转类型】为【给定深度】，将【旋转角度】⭐️设置为"180.00 度"，如图 3-50 所示，单击【确认】按钮✔️，完成圆柱的旋转，如图 3-51 所示。

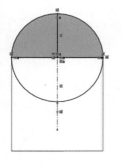

图 3-48 绘制直线

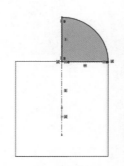

图 3-49 完成裁剪实体

图 3-50 设置旋转类型

图 3-51 完成圆柱的旋转

Step 10 在左侧设计树区域选择【右视基准面】，在悬浮工具栏中单击【绘制草图】按钮┗，选择【右视基准面】，在悬浮工具栏中单击【正视于】按钮⬆️，【前视基准面】将正视于屏幕，便于草图的绘制。在顶侧工具栏中单击【直线】∕️右侧的下拉箭头，在下拉列表中选择【中心线】选项，以原点为延伸，绘制一条竖直中心线作为旋转轴，完成后按【Esc】键，如图 3-52 所示。

Step 11 在顶侧工具栏中单击【边角矩形】按钮⬜，绘制矩形，并使矩形的一条边与大圆柱的顶面重合，如图 3-53 所示，单击【确认（关闭对话框）】按钮✔️，完成矩形草图的绘制。

Step 12 在顶侧工具栏中单击【特征】|【旋转凸台／基体】按钮🏵️，软件会自动生成实体模型并打开【旋转】属性管理器，在【方向 1】选项栏中设置【旋转类型】为【两侧对称】，将【旋转角度】⭐️设置为"180.00 度"，如图 3-54 所示，单击【确认】按钮✔️，完成半圆环的旋转，如图 3-55 所示。

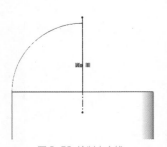

图 3-52 绘制中心线

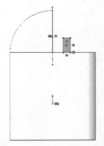

图 3-53 绘制矩形

图 3-54 设置旋转类型

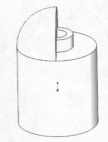

图 3-55 完成半圆环的旋转

Step 13 再次在【右视基准面】中绘制草图，进入【绘制草图】和【正视于】操作（同步骤 9），随后绘制中心线（位置与操作均同步骤 9），最终形成如图 3-56 所示的草图。在顶侧工具栏中单击【直线】按钮∕️，绘制一个底边与圆柱顶面重合的直角三角形，软件默认绘制直线时是连续绘制的，所以在绘制时只需要通过单击来放置第一个点，拖动直线使其与圆柱顶面垂直，当直线端点到达圆柱顶面时再次单击，以此类推，在绘制最后一条直线时，将最后一条直线的终点与第一条直线的起点重合，形成封闭图形，此时软件会自动识别并停止继续绘制直线，单击【确认】按钮✔️，完成直角三角形草图的绘制，如图 3-57 所示。

Step 14 在顶侧工具栏中单击【特征】|【旋转凸台／基体】按钮🏵️，软件会自动生成实体模型并打开【旋转】属性管理器，如果出现如图 3-58 所示的情况，那么可以在【旋转】属性管理器中选择【旋转轴】选项，在已经选中的直线上单击鼠标右键，在弹出的快捷菜单中选择【消除选择】命令，然后选择步骤 12 中绘制的中心线，如图 3-59 所示。

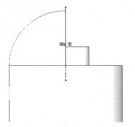
图 3-56 绘制中心线

图 3-57 绘制直角三角形

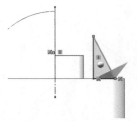
图 3-58 错误情况示例

图 3-59 重新选择旋转轴

Step 15 在【方向 1】选项栏中设置【旋转类型】为【成形到一顶点】，将【顶点】◎ 设置为瓜瓣状球体与圆柱体的交点，如图 3-60 所示；勾选【方向 2】复选框，设置【旋转类型】为【到离指定面指定的距离】，将【面 / 平面】◈ 设置为瓜瓣状球体的竖直面，如图 3-61 所示，并将【等距距离】◎ 设置为 "10.00mm"，如图 3-62 所示，单击【确认】按钮 ✓，完成斜面圆环的旋转，最终效果如图 3-63 所示。

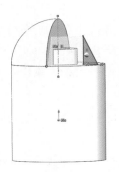
图 3-60 选择顶点

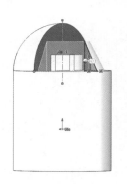
图 3-61 设置面 / 平面

图 3-62 【方向 1】和【方向 2】各选项参数

图 3-63 完成斜面圆环的旋转

3.3 扫描

使用扫描凸台特征可以将二维草图轮廓沿另一个二维草图路径扫略而形成三维模型，该特征和拉伸凸台特征的主要区别是，路径曲线可以是曲线。

选择【插入】|【特征】|【扫描凸台】菜单命令，打开【扫描】属性管理器，如图 3-64 所示。

图 3-64 【扫描】属性管理器

课堂案例 **使用扫描凸台特征建模**

实例素材	课堂案例 / 第 03 章 /3.3
视频教学	录屏 / 第 03 章 /3.3
案例要点	掌握扫描凸台特征功能的使用方法

扫码观看视频

操作步骤

Step 01 新建零部件，选用 "gb_part" 模板，单击【确认】按钮，在左侧设计树区域，选择【上视基准面】，在悬浮工具栏中单击【绘制草图】按钮 ，【上视基准面】将自动正视于屏幕，在顶侧工具栏中单击【多边形】按钮 ，绘制多边形。在坐标原点单击，放置多边形内接圆的圆心，拖动鼠标使多边形呈适当大小，单击绘制多边形，在左侧【草图 | 多边形】属性管理器中的【参数】选项栏中将【边数】 设置为 "8"，将【圆直径】 设置为 "150.00mm"，如图 3-65 所示，完成后单击【确认（关闭对话框）】按钮 ，完成多边形草图的绘制，如图 3-66 所示。

Step 02 在顶侧工具栏中单击【圆形】按钮 ，绘制圆形。同样在坐标原点单击，放置圆心，拖动鼠标使圆形呈适当大小，单击绘制圆形，在左侧【草图 | 圆】属性管理器中的【参数】选项栏中将【半径】 设置为 "40.00mm"，如图 3-67 所示，完成后单击【确认（关闭对话框）】按钮 ，完成圆形的绘制，如图 3-68 所示，然后在顶侧工具栏中单击【退出草图】按钮 。

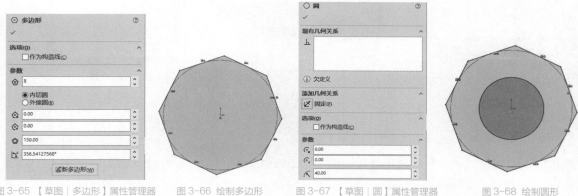

图 3-65 【草图 | 多边形】属性管理器　　图 3-66 绘制多边形　　图 3-67 【草图 | 圆】属性管理器　　图 3-68 绘制圆形

Step 03 在左侧设计树区域选择【前视基准面】，在悬浮工具栏中单击【绘制草图】按钮 ，选择【前视基准面】，在悬浮工具栏中单击【正视于】按钮 ，【前视基准面】将正视于屏幕，便于草图的绘制。在顶侧工具栏中单击【直线】按钮 ，以原点延长线为起始点，绘制倒 L 形薄板，如图 3-69 所示，单击【确认（关闭对话框）】按钮 ，完成薄板的绘制。如果图中的底板上、下表面不平行，那么单击底板上表面，左侧弹出【线条属性】属性管理器，在【添加几何关系】选项栏中选择【水平】选项 ，如图 3-70 所示，完成后单击【确认（关闭对话框）】 ，薄板形状如图 3-71 所示。

Step 04 在顶侧工具栏中单击【边角矩形】按钮 ，绘制矩形，以底板下表面为起点，绘制矩形，使得下表面与该视图投影下【上视基准面】形成的这条线重合，形成底座，如图 3-72 所示，完成后单击【确认（关闭对话框）】按钮 。

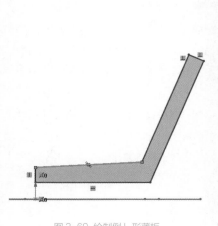

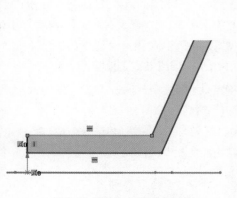

图 3-69 绘制倒 L 形薄板　　图 3-70 【线条属性】属性管理器　　图 3-71 薄板上、下表面呈平行状

Step 05 在顶侧工具栏中单击【智能尺寸】按钮，单击边角矩形的左侧边界，此时软件会自动识别当前被测对象的尺寸并打开【修改】对话框，如图 3-73 所示，输入"5"，然后按【Enter】键，软件会根据所给尺寸值修改当前草图。同理，对薄板边缘的两条厚度线段进行尺寸标注，对于左侧竖直线段，直接单击该线段，在【修改】对话框中输入"5"，然后按【Enter】键。对于右侧倾斜的线段，直接单击该线段，并沿薄板倾斜方向延伸，在尺寸标注线与该线段平行时，再次单击，在【修改】对话框中输入"5"，然后按【Enter】键，或者单击薄板的内表面之后再单击薄板的外表面，此时软件默认标注的尺寸为先后单击线段之间的垂直距离，输入数值，操作同上，完成后单击【确认（关闭对话框）】按钮，如图 3-74 所示。

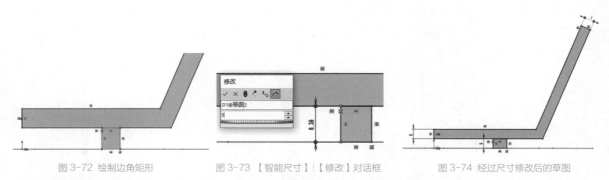

图 3-72 绘制边角矩形　　　　　　图 3-73 【智能尺寸】|【修改】对话框　　　　　　图 3-74 经过尺寸修改后的草图

Step 06 在顶侧工具栏中单击【剪裁实体】按钮，将底座矩形上表面的水平线段删除，如图 3-75 所示，形成一个封闭图形，完成后单击【确认（关闭对话框）】按钮。

Step 07 在顶侧工具栏中单击【绘制圆角】按钮，软件在左侧自动打开【绘制圆角】属性管理器，在【圆角参数】选项栏中将【圆角半径】设置为"2.00mm"，如图 3-76 所示。然后将薄板的弯折处、薄板与底座连接处和薄板外侧边缘处，均单击顶点形成圆角，完成后单击【确认（关闭对话框）】按钮，如图 3-77 所示。

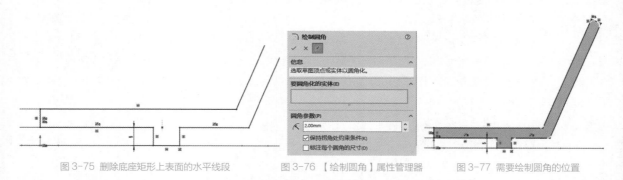

图 3-75 删除底座矩形上表面的水平线段　　　图 3-76 【绘制圆角】属性管理器　　　图 3-77 需要绘制圆角的位置

Step 08 绘制完圆角后，按住鼠标滚轮并向下移动鼠标光标，使零件视图倾斜，如图 3-78 所示。在顶侧工具栏中单击【直线】按钮，在左侧【插入线条】属性管理器中的【选项】选项栏勾选【作为构造线】复选框，然后以薄板边缘圆角的其中一个圆心为起点，向底面多边形作垂线段，如图 3-79 所示，完成后双击，即可结束当前线条的绘制，单击【确定】按钮。

Step 09 按住【Ctrl】键，单击，选中构造线的下端点，再单击，选中多边形的一条边线，此时左侧会弹出【属性】属性管理器，如图 3-80 所示，在【添加几何关系】选项栏中选择【穿透】选项，完成后单击【确认（关闭对话框）】按钮。同理，再选中底座边角矩形的右下端点和圆形弧线，在【属性】属性管理器中的【添加几何关系】选项栏中选择【穿透】选项，完成后单击【确认（关闭对话框）】按钮，如图 3-81 所示。

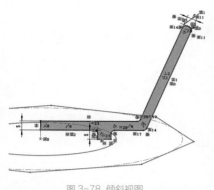

图 3-78 倾斜视图

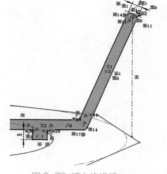

图 3-79 插入构造线

图 3-80 【属性】属性管理器

Step 10 在顶侧工具栏中单击【特征】|【扫描】按钮 ，软件会在左侧打开【扫描】属性管理器，在【轮廓和路径】选项栏中选中【草图轮廓】单选按钮，设置【轮廓】 为在【前视基准面】中绘制的薄板草图，设置【路径】 为在【上视基准面】中绘制的圆形草图，软件会弹出【SelectionManager】对话框，如图 3-82 所示，选择【闭环】按钮 ，然后单击【确定】按钮 。在【引导线】选项栏中的【引导线】 选择区域单击，调出菜单，单击鼠标右键，在弹出的快捷菜单中选择【SelectionManager】命令，然后选择在【上视基准面】中绘制的多边形草图作为引导线，单击【确定】按钮 。在【选项】选项栏中勾选【合并切面】复选框，软件会对扫描生成的实体进行平滑处理，如图 3-83 所示，完成后单击【确认（关闭对话框）】按钮 ，如图 3-84 所示。

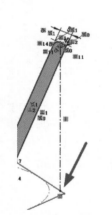

图 3-81 添加【穿透】几何关系

图 3-82 【SelectionManager】对话框

图 3-83 勾选【合并切面】复选框

Step 11 在左侧设计树区域选择【上视基准面】，在悬浮工具栏中单击【绘制草图】按钮 ，然后单击【正视于】按钮 。在顶侧工具栏中单击【圆形】按钮 ，绘制圆形，以坐标原点为圆心，任意大于碗底边缘的半径画圆，完成后单击【确认（关闭对话框）】按钮 ，如图 3-85 所示，然后在顶侧工具栏中单击【退出草图】按钮 。

Step 12 在左侧设计树区域选择【前视基准面】，在悬浮工具栏中单击【绘制草图】 ，然后单击【正视于】按钮 。在顶侧工具栏中单击【边角矩形】按钮 右侧的下拉箭头，在打开的下拉列表中选择【中心矩形】选项 ，在步骤 11 中绘制的圆形边缘绘制一个矩形，完成后单击【确认（关闭对话框）】按钮 ，如图 3-86 所示。在顶侧工具栏中单击【智能尺寸】按钮 ，分别单击矩形的两条垂直边线，并在【修改】对话框中输入长度为"4"，使之成为边长为 4mm 的正方形，如图 3-87 所示，完成后单击【确认（关闭对话框）】按钮 。

图 3-84 完成多边形碗的扫描　　　　图 3-85 绘制圆形　　　　图 3-86 绘制矩形

Step 13 在顶侧工具栏中单击【圆形】按钮 ⊙，绘制圆形，以正方形的 4 个顶点为圆心，分别绘制 4 个半径为 2mm 的圆。单击，放置圆心，然后拖动鼠标使圆变为适当大小，再次单击，会在左侧自动打开【草图 | 圆】属性管理器，在【参数】选项栏中将【半径】 ⶃ 设置为 "1.90"，然后单击【确认（关闭对话框）】按钮 ✓，如图 3-88 所示。同理，绘制其他 3 个相同的圆形，如图 3-89 所示。

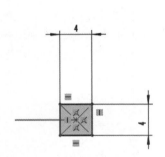

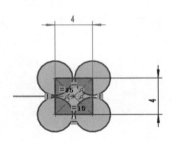

图 3-87 经过尺寸修改后的正方形草图　　图 3-88 【草图 | 圆】属性管理器　　图 3-89 绘制 4 个圆形

Step 14 在顶侧工具栏中单击【剪裁实体】按钮 ⶃ，将起到辅助作用的正方形与其他虚线全部剪掉，只保留 4 个半径相同的圆形，然后单击【确认（关闭对话框）】按钮 ✓，如图 3-90 所示，完成后在顶侧工具栏中单击【退出草图】按钮 ⶃ。

Step 15 在顶侧工具栏中单击【特征】|【扫描】按钮 ⶃ，软件会在左侧打开【扫描】属性管理器，在【轮廓和路径】选项栏中选中【草图轮廓】单选按钮，将【轮廓】 ⶃ 设置为，按住【Ctrl】键，单击选择 4 个相同的圆形，设置【路径】 ⌒ 为在【上视基准面】中绘制的圆形草图。然后在【选项】选项栏中，设置【轮廓扭转】为【指定扭转值】，设置【扭转控制】为【圈数】并在【方向 1】 ⶃ 文本框中输入 "20.00"，如图 3-91 所示，完成后单击【确认（关闭对话框）】按钮 ✓，如图 3-92 所示。

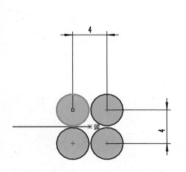

图 3-90 删除矩形线段与其他虚线　　图 3-91 【扫描】属性管理器　　图 3-92 完成细绳 / 钢索的扫描

Step 16 在左侧设计树区域选择【上视基准面】，在悬浮工具栏中单击【绘制草图】按钮 ⌐，然后单击【正视于】按钮 ↓。在顶侧工具栏中单击【中心矩形】按钮 ▣，绘制矩形，将其作为扫描轮廓，如图 3-93 所示，完成后单击【确认（关闭对话框）】按钮 ✓，然后在顶侧工具栏中单击【退出草图】按钮 ⌐↵。

Step 17 在左侧设计树区域选择【前视基准面】，在悬浮工具栏中单击【绘制草图】按钮 ⌐，然后单击【正视于】按钮 ↓。在顶侧工具栏中单击【样条曲线】按钮 Ⱨ，以中心矩形的一个顶点为起点，单击，放置节点，软件会自动计算样条插值并形成平滑的样条曲线，双击，结束样条曲线的绘制，完成后单击【确认（关闭对话框）】按钮 ✓，如图 3-94 所示，然后在顶侧工具栏中单击【退出草图】按钮 ⌐↵。

Step 18 在顶侧工具栏中单击【特征】|【扫描】按钮 ♪，软件会在左侧打开【扫描】属性管理器，在【轮廓和路径】选项栏中选中【草图轮廓】单选按钮，设置【轮廓】˚ 为【中心矩形】，设置【路径】 ⊂ 为【样条曲线】。在【选项】选项栏中设置【轮廓方位】为【保持法线不变】，如图 3-95 所示，然后单击【确定】按钮 ✓。【随路径变化】与【保持法线不变】选项的区别如图 3-96 所示。

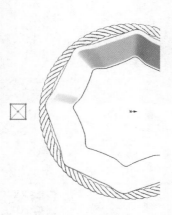

图 3-93 绘制中心矩形

图 3-94 绘制样条曲线

图 3-95 【扫描】属性管理器

Step 19 最终模型如图 3-97 所示，若出现如图 3-98 所示的错误警告，则表示扫描轮廓和扫描路径未相交。在沿开环路径进行扫描成型时，扫描轮廓和扫描路径必须相交，读者可进入扫描轮廓所在的【上视基准面】，对中心矩形的位置进行更改，使扫描轮廓和扫描路径相交。

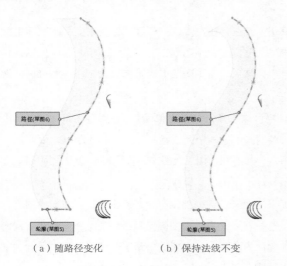

（a）随路径变化　　　　（b）保持法线不变

图 3-96 轮廓方位对比

图 3-97 最终模型

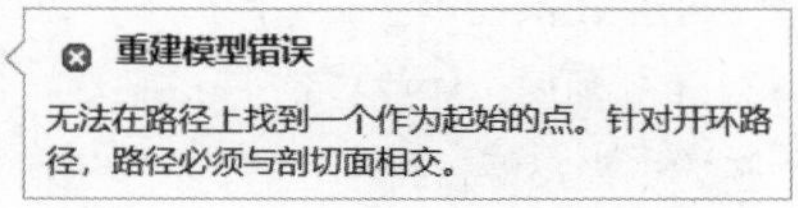

> ⊗ **重建模型错误**
>
> 无法在路径上找到一个作为起始的点。针对开环路径，路径必须与剖切面相交。

图 3-98 重建模型错误警告

放样

使用放样凸台特征可以将一个二维草图自动过渡到另一个二维草图，进而形成三维模型。该特征主要用于建立具有曲面轮廓的三维实体。

选择【插入】|【特征】|【放样凸台】菜单命令，打开【放样】属性管理器，如图 3-99 所示。

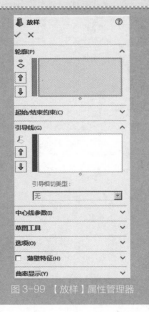

图 3-99 【放样】属性管理器

课堂案例 使用放样凸台特征建模

实例素材	课堂案例 / 第 03 章 /3.4
视频教学	录屏 / 第 03 章 /3.4
案例要点	掌握放样凸台特征功能的使用方法

操作步骤

Step 01 新建零部件，选用 "gb_part" 模板，单击【确认】按钮，在左侧设计树区域选择【上视基准面】，在顶侧工具栏中单击【参考几何体】 |【基准面】按钮，打开【基准面】属性管理器，如图 3-100 所示，在【第一参考】选项栏中将【偏移距离】设置为 "20.00mm"，然后单击【确定】按钮，完成参考基准面的建立，如图 3-101 所示。

Step 02 首先在【上视基准面】中绘制草图，在左侧设计树区域选择【上视基准面】，在悬浮工具栏中单击【绘制草图】按钮，在顶侧工具栏中单击【圆形】按钮，绘制圆形。以坐标原点为圆心，半径为 50mm 画圆，完成后单击【确认（关闭对话框）】按钮，如图 3-102 所示，然后在顶侧工具栏中单击【退出草图】按钮。

Step 03 在左侧设计树区域选择【基准面 1】，在悬浮工具栏中单击【绘制草图】按钮，然后单击【正视于】按钮。在顶侧工具栏中单击【圆形】按钮，绘制圆形，在坐标原点左侧水平延长线上选择一点作为圆心，绘制半径为 20mm 的圆，完成后单击【确认（关闭对话框）】按钮。再单击顶侧工具栏中的【智能尺寸】按钮，将两个圆的半径尺寸进行标注，将两个圆心之间的距离标注为 "20"，完成后单击【确认（关闭对话框）】按钮，如图 3-103 所示，然后在顶侧工具栏中单击【退出草图】按钮。

图 3-100 【基准面】属性管理器

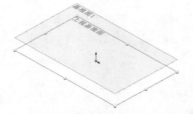

图 3-101 完成参考基准面的建立

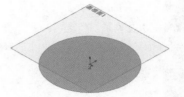

图 3-102 绘制圆形

Step 04 在顶侧工具栏中单击【特征】|【放样凸台 / 基体】按钮 🐟，软件会在左侧打开【放样】属性管理器，如图 3-104 所示，将【轮廓】 ⬚ 设置为，单击选中两个圆形草图，然后单击【确定】按钮 ✓，生成如图 3-105 所示的圆台。

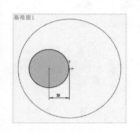

图 3-103 绘制圆形并标注尺寸

图 3-104 【放样】属性管理器

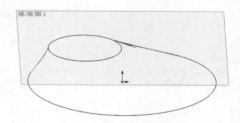

图 3-105 完成圆台的放样

Step 05 在左侧设计树区域选择【上视基准面】，在悬浮工具栏中单击【绘制草图】按钮 ⌐，然后单击【正视于】按钮 ⬇。同时按住【Ctrl】键和鼠标滚轮键，移动鼠标光标，即可实现视图的平移。在顶侧工具栏中单击【中心矩形】按钮 ⬜，以坐标原点右侧水平延长线为中心绘制矩形，如图 3-106 所示，完成后单击【确认（关闭对话框）】按钮 ✓。

Step 06 在左侧设计树区域选择【基准面 1】，在悬浮工具栏中单击【绘制草图】按钮 ⌐，然后单击【正视于】按钮 ⬇。在顶侧工具栏中单击【中心矩形】按钮 ⬜ 右侧的下拉箭头，在打开的下拉列表中选择【3 点中心矩形】选项 ◈，选择第一个矩形的中心作为小矩形的中心，然后沿大矩形对角线并在对角线上单击，设置边线的中点，最后拖动鼠标使矩形呈适当大小，单击，完成绘制，然后单击【确认（关闭对话框）】按钮 ✓，在顶侧工具栏中单击【退出草图】按钮 ⬒，如图 3-107 所示。

图 3-106 绘制中心矩形

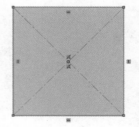

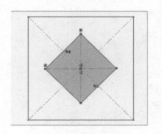

图 3-107 绘制 3 点中心矩形

Step 07 在顶侧工具栏中单击【特征】|【放样凸台 / 基体】按钮 🐟，软件会在左侧打开【放样】属性管理器，在选择轮廓时需要注意：对于有边线的草图轮廓，单击选择时，软件会自动识别单击位置与两端点之间距离短的一个作为标定点，并用注释框连接，如图 3-108 所示，当选择第二个轮廓时，同样识别距离短的端点作为第二个标定点，

并根据两个标定点的相对位置确定放样的方向，如图 3-109 中的（a）（b）（c）所示。本节以"情况一"作为示例讲解。在【放样】属性管理器中的【起始/结束约束】选项栏中设置【开始约束】为【垂直于轮廓】，并将【拔模角度】⟳设置为"25.00 度"，如图 3-110 所示，完成后单击【确定】按钮 ✓，即可得到如图 3-111 所示的实体。

图 3-108 选择轮廓时的注释框

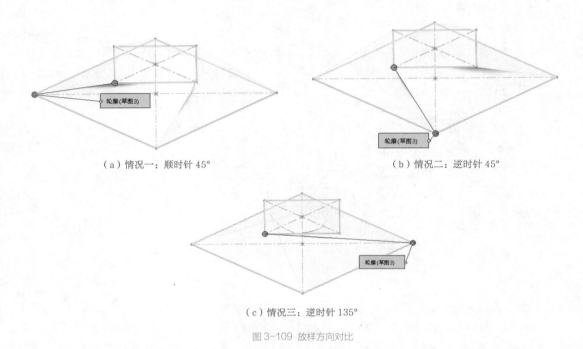

（a）情况一：顺时针 45°　　　　　　　　　（b）情况二：逆时针 45°

（c）情况三：逆时针 135°

图 3-109 放样方向对比

Step 08 在左侧设计树区域选择【前视基准面】，在悬浮工具栏中单击【绘制草图】按钮 ⌒，然后单击【正视于】按钮 ⊥。在顶侧工具栏中单击【样条曲线】按钮 ∿，以圆台上表面的左端点为起点，在两个实体中间部分单击，放置节点，以扭转棱台的右端点为终点绘制样条曲线，可以按住鼠标左键拖动节点以调整样条曲线的弧度，如图 3-112 所示，完成后单击【确认（关闭对话框）】按钮 ✓。

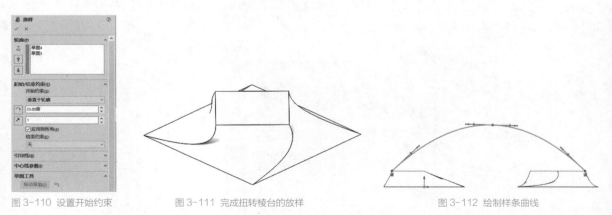

图 3-110 设置开始约束　　　　图 3-111 完成扭转棱台的放样　　　　图 3-112 绘制样条曲线

Step 09 在顶侧工具栏中单击【特征】|【放样凸台/基体】按钮 ↟，软件会在左侧打开【放样】属性管理器，在设置【轮廓】时需要注意：先按住鼠标滚轮拖动视图，选择圆台上表面和扭转棱台上表面，如图 3-113 所示，在【放

样】属性管理器中的【起始 / 结束约束】选项栏中设置【开始约束】为【与面相切】，使得在两个面之间的实体过渡更平滑，并将【起始处相切长度】![arrow]设置为"1.2"，在【引导线】选项栏中设置【引导线感应类型】为【到下一引线】，选择步骤 8 中绘制的样条曲线作为引导线，如图 3-114 所示，完成后单击【确定】按钮✓，形成如图 3-115 所示的实体。

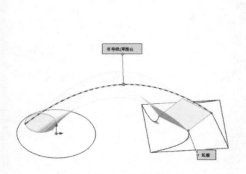

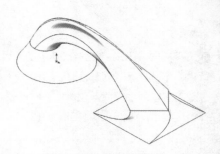

图 3-113 选择放样轮廓　　　　　图 3-114 设置开始约束和引导线　　　　　图 3-115 完成连接桥的放样

Step 10 在左侧设计树区域选择【右视基准面】，然后在顶侧工具栏中单击【参考几何体】![icon]|【基准面】按钮![icon]，在【基准面】属性管理器中的【第一参考】选项栏中将【偏移距离】![icon]设置为"80.00mm"并勾选【反转等距】复选框，如图 3-116 所示，形成如图 3-117 所示的基准面，然后单击【确定】按钮✓。

Step 11 参照步骤 10，在【基准面 2】的右侧再建立一个基准面，在【基准面】属性管理器中的【第一参考】选项栏中将【偏移距离】![icon]设置为"40.00mm"并勾选【反转等距】复选框，然后单击【确定】按钮✓。同理，在【基准面 3】的右侧再建立一个基准面，参数同上，完成后单击【确定】按钮✓，如图 3-118 所示。

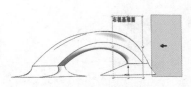

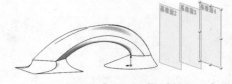

图 3-116 【基准面】属性管理器　　　　图 3-117 建立【基准面 2】　　　　图 3-118 建立【基准面 3】和【基准面 4】

Step 12 在左侧设计树区域选择【基准面 2】，在悬浮工具栏中单击【绘制草图】按钮![icon]，然后单击【正视于】按钮![icon]。在顶侧工具栏中单击【圆形】按钮![icon]，绘制圆形，以坐标原点竖直延长线上的一点作为圆心，绘制半径为 60mm 的圆，然后单击【确认（关闭对话框）】按钮✓，再单击顶侧工具栏中的【智能尺寸】按钮![icon]，将坐标原点和圆心之间的距离进行标注，并在【修改】对话框中输入两点距离为"90"，完成后单击【确认（关闭对话框）】按钮✓，如图 3-119 所示，在顶侧工具栏中单击【退出草图】按钮![icon]。

Step 13 参照步骤 12，在【基准面 3】中绘制圆形草图，仍以坐标原点竖直延长线上的一点作为圆心，绘制半径为 40mm 的圆，然后单击【确认（关闭对话框）】按钮✓，再单击顶侧工具栏中的【智能尺寸】按钮![icon]，对坐标原点和圆心之间的距离进行标注，并在【修改】对话框中输入两点距离为"80"，完成后单击【确认（关闭对话框）】

按钮✓，如图 3-120 所示，在顶侧工具栏中单击【退出草图】按钮⊂。同理，在【基准面 4】中绘制半径为 50mm 且圆心距原点为 120mm 的圆，如图 3-121 所示。

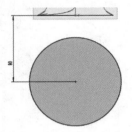

图 3-119 在【基准面 2】中绘制圆形

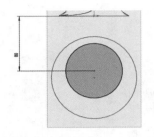

图 3-120 在【基准面 3】中绘制圆形

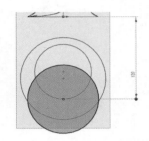

图 3-121 在【基准面 4】中绘制圆形

Step 14 在左侧设计树区域选择【基准面 2】，在悬浮工具栏中单击【隐藏】按钮🚫，即可在视图中隐藏基准面的蓝色填充，只保留草图轮廓。同理，对【基准面 3】和【基准面 4】完成【隐藏】操作，便于下一步进行，若以后想重新显示基准面的蓝色填充，则可在基准面上单击鼠标右键，在悬浮工具栏中单击【显示】按钮👁。在左侧设计树区域选择【前视基准面】，在悬浮工具栏中单击【绘制草图】按钮⊏，然后单击【正视于】按钮⊥。在顶侧工具栏中单击【样条曲线】按钮Ⲛ，以圆台底面的圆心为起点，逐一穿过在【基准面 2】、【基准面 3】和【基准面 4】中绘制的圆的圆心，如图 3-122 所示。

Step 15 在顶侧工具栏中单击【特征】|【放样凸台/基体】按钮🔖，软件会在左侧打开【放样】属性管理器，依次选中圆台底面和在【基准面 2】、【基准面 3】、【基准面 4】中绘制的圆形草图，如图 3-123 所示。在【放样】属性管理器中的【中心线参数】选项栏中，将【中心线】⫯设置为在步骤 14 中绘制的样条曲线，如图 3-124 所示，软件则会以这条线作为中心线来引导放样实体的对称性，完成后单击【确定】按钮✓，如图 3-125 所示。

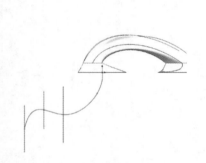

图 3-122 绘制样条曲线

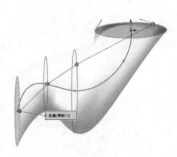

图 3-123 选择轮廓

图 3-124 选择【中心线】

Step 16 若在管道放样时出现如图 3-126 所示的警告，则可能原因有如下两个：①如图 3-127 所示，在选择轮廓时，由于单击时的相对位置让软件认为要以圆的外侧向里侧进行放样，此时会形成自相交叉的几何体导致软件报错。解决该问题的方法为，在【放样】属性管理器中的【轮廓】选择界面单击鼠标右键，在弹出的快捷菜单中选择【消除选择】命令，重新选择放样轮廓。在选择轮廓时，注意单击的位置，即图中的圆点与圆形草图的相对位置相似。②如图 3-128 所示，样条曲线在转折处的曲率过大，在放样形成实体时曲线内侧的实体同样会自相交叉导致软件报错。解决该问题的方法为，先单击【取消】按钮✕，回到设计树区域，寻找样条曲线所在的草图，单击选中时，软件会自动将在草图中绘制的形状用蓝色描出，找到对应草图后单击鼠标右键，在悬浮工具栏中单击【编辑草图】按钮▨，或者直接将鼠标光标移动到样条曲线上，单击鼠标右键，在悬浮工具栏中单击【编辑草图】按钮▨，进入草图编辑模式，拖动样条曲线的节点改变弯曲情况，使得在转折处的曲率变小，在顶侧工具栏中单击【退出草图】按钮⊂，然后重复步骤 15 即可。

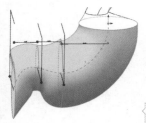

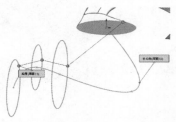

图 3-125 完成管道的放样　　　图 3-126 重建模型错误警告　　　图 3-127 错误情况一　　　图 3-128 错误情况二

3.5 拉伸切除

使用拉伸切除特征可以将二维草图沿垂直方向或给定方向扫略切除掉三维模型，它是在建立三维模型过程中常用的特征命令。

选择【插入】|【切除】|【拉伸】菜单命令，打开【切除-拉伸】属性管理器，如图 3-129 所示。

图 3-129 【切除-拉伸】属性管理器

课堂案例　使用拉伸切除特征建模

实例素材	课堂案例 / 第 03 章 /3.5
视频教学	录屏 / 第 03 章 /3.5
案例要点	掌握拉伸切除特征功能的使用方法

扫码观看视频

操作步骤

Step 01　此部分选用在 3.1 节中构建的模型作为实例素材，打开后如图 3-130 所示。

Step 02　在底部圆台的上表面单击鼠标右键，在悬浮工具栏中单击【正视于】按钮，然后单击【草图绘制】按钮，在顶侧工具栏中单击【圆形】按钮，绘制圆形，以坐标原点水平延长线上的一点作为圆心，绘制半径为 10mm 的圆，如图 3-131 所示，然后单击【确认（关闭对话框）】按钮，完成后在顶侧工具栏中单击【退出草图】按钮。

Step 03　在顶侧工具栏中单击【特征】|【拉伸切除】按钮，软件会在左侧打开【切除-拉伸】属性管理器，在【方向 1】选项栏中设置【终止条件】为【完全贯穿】，然后选择【拔模开 / 关】选项，并将【拔模角度】设置为"8.00 度"，如图 3-132 所示，完成后单击【确定】按钮，完成如图 3-133 所示的上宽下窄的下沉孔切除，

为方便读者理解拔模沉孔的切除，此处采用剖面视图展示。

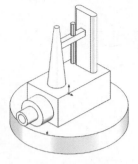

图 3-130 实例素材

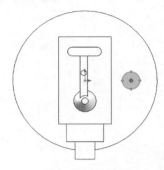

图 3-131 绘制圆形

图 3-132 设置终止条件并选择【拔模开/关】选项

Step 04 参照步骤 2，在底部圆台的上表面绘制草图，以坐标原点竖直延长线上的一点作为圆心，绘制半径为 8mm 的圆，然后单击【确认（关闭对话框）】按钮 ✓，按住鼠标左键拖动圆心，使圆完全在圆台第一阶梯，如图 3-134 所示，完成后在顶侧工具栏中单击【退出草图】按钮 ▣。

Step 05 在顶侧工具栏中单击选择【特征】|【拉伸切除】按钮 ▣，在【切除－拉伸】属性管理器中的【方向 1】选项栏中设置【终止条件】 ↗ 为【完全贯穿－两者】，此时软件会自动勾选【方向 2】复选框并自动将【终止条件】设置为【完全贯穿】，如图 3-135 所示，完成后单击【确定】按钮 ✓，如图 3-136 所示。

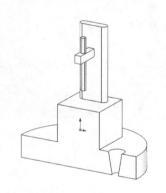

图 3-133 完成下沉孔的切除

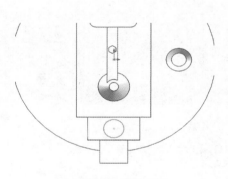

图 3-134 绘制圆形

图 3-135 设置终止条件

Step 06 在长方体的上表面单击鼠标右键，在悬浮工具栏中单击【正视于】按钮 ↓，然后单击【草图绘制】按钮 ▣，在顶侧工具栏中单击【边角矩形】按钮 ▢，若在该位置的按钮不是【边角矩形】按钮 ▢，则需要单击旁边下拉列表的小三角按钮，从下拉列表中寻找。在长方体的上表面绘制如图 3-137 所示的矩形草图，完成后单击【确认（关闭对话框）】按钮 ✓，然后在顶侧工具栏中单击【退出草图】按钮 ▣。

Step 07 在顶侧工具栏中单击【特征】|【拉伸切除】按钮 ▣，在【切除－拉伸】属性管理器中的【从】选项栏中设置【开始条件】为【曲面/面/基准面】，并将【曲面/面/基准面】 ◈ 设置为横梁的上表面；在【方向 1】选项栏中设置【终止条件】 ↗ 为【成形到下一面】，如图 3-138 所示，完成后单击【确定】按钮 ✓，形成如图 3-139 所示的模型。

Step 08 参照步骤 6，在长方体上表面绘制草图，利用【边角矩形】工具 ▢ 绘制如图 3-140 所示的草图，完成后单击【确认（关闭对话框）】按钮 ✓，然后在顶侧工具栏中单击【退出草图】按钮 ▣。参照步骤 7，选择【拉伸切除】命令，如图 3-141 所示，在【切除－拉伸】属性管理器中的【从】选项栏中设置【开始条件】为【等距】，并将【等距】设置为"120.00mm"；在【方向 1】选项栏中设置【终止条件】 ↗ 为【给定深度】，在【深度】 ◈ 文本框中可以输入数值，也可以在视图窗口中按住滚轮拖动鼠标使模型旋转至合适位置，按住▼并拖动，即可更改拉伸实体的深度，如图 3-142 所示。完成后单击【确定】按钮✓，形成如图 3-143 所示的直方孔。

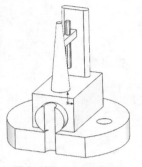

图 3-136 完成直通孔切除

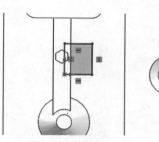

图 3-137 绘制边角矩形

图 3-138 设置开始条件和终止条件

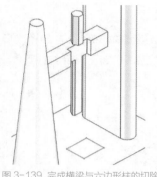

图 3-139 完成横梁与六边形柱的切除

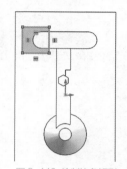

图 3-140 绘制边角矩形

图 3-141 设置开始条件和终止条件

Step 09 参照步骤 2，在底部圆台的上表面绘制草图，在顶侧工具栏中单击【直槽口】按钮，绘制如图 3-144 所示的草图，完成后单击【确认（关闭对话框）】按钮✓，然后在顶侧工具栏中单击【退出草图】按钮。

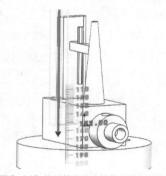

图 3-142 拖动箭头改变拉伸实体的深度

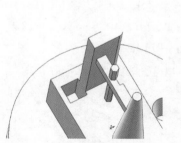

图 3-143 完成直方孔的切除

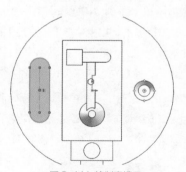

图 3-144 绘制直槽口

Step 10 在顶侧工具栏中单击【特征】|【拉伸切除】按钮，在【切除－拉伸】属性管理器中的【方向 1】选项栏中设置【终止条件】为【到离指定面指定的距离】，并将【面／平面】设置为底部圆盘的下表面，将【等距距离】设置为"5.00mm"；勾选【薄壁特征】复选框，将【类型】设置为【两侧对称】，并将【厚度】设置为"5.00mm"，如图 3-145 所示，完成后单击【确定】按钮✓，形成如图 3-146 所示的环形槽。

Step 11 在左侧设计树区域选择【前视基准面】，在悬浮工具栏中单击【绘制草图】按钮，然后单击【正视于】按钮。在顶侧工具栏中单击【边角矩形】按钮，绘制如图 3-147 所示的边角矩形，完成后单击【确认（关闭对话框）】，再单击【切线弧】按钮，首先在边角矩形的左下角单击，放置弧线的起点，在右下角单击，放置弧线的终点，形成如图 3-148 所示的半圆弧，完成后单击【确认（关闭对话框）】按钮 ✓，在顶侧工具栏中单击【剪裁实体】按钮 ⚄，将边角矩形的下边线删除，如图 3-149 所示，单击【确认（关闭对话框）】按钮 ✓，然后在顶侧工具栏中单击【退出草图】按钮 ⤴。

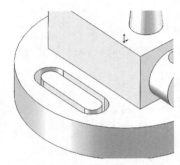

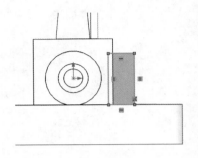

图 3-145 设置终止条件并勾选【薄壁特征】复选框　　图 3-146 完成环形槽的切除　　　　　　　图 3-147 绘制边角矩形

Step 12 在顶侧工具栏中单击【特征】|【拉伸切除】按钮 ▣，在【切除－拉伸】属性管理器中的【方向 1】选项栏中设置【终止条件】↗ 为【两侧对称】，并将【深度】⬡ 设置为"80.00mm"，完成后单击【确定】按钮 ✓，形成如图 3-150 所示的模型。

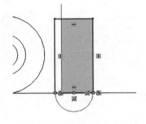

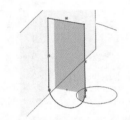

图 3-148 绘制切线弧　　　　　　　　图 3-149 删除边角矩形的下边线　　　　　　　图 3-150 完成弧形槽的切除

Step 13 在底部圆台的上表面单击鼠标右键，在悬浮工具栏中单击【正视于】按钮 ⟱，然后单击【草图绘制】按钮 ⌗，在顶侧工具栏中单击【多边形】按钮 ⬡，绘制多边形。在【多边形】属性管理器中的【参数】选项栏中将【边数】⬡ 设置为"12"，并将【圆直径】⬡ 设置为"140.00mm"，如图 3-151 所示，单击【确认（关闭对话框）】按钮 ✓，然后在顶侧工具栏中单击【退出草图】按钮 ⤴。

Step 14 在顶侧工具栏中单击【特征】|【拉伸切除】按钮 ▣，在【切除－拉伸】属性管理器中的【方向 1】选项栏中设置【终止条件】↗ 为【给定深度】，将【深度】⬡ 设置为"15.00mm"，并勾选【反侧切除】复选框，如图 3-152 所示，完成后单击【确定】按钮 ✓。如图 3-153 所示，软件会自动将封闭图形外侧的实体进行切除。

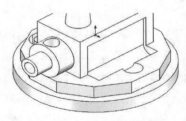

图 3-151 【草图 | 多边形】属性管理器　　图 3-152 设置终止条件并勾选【反侧切除】复选框　　图 3-153 完成多边形外侧的切除

3.6 旋转切除

使用旋转切除特征可以将二维草图沿给定直线旋转而切除三维模型，该特征主要用于有对称轴的三维模型。

选择【插入】|【切除】|【旋转】菜单命令，打开【切除－旋转】属性管理器，如图3-154所示。

图3-154 【切除－旋转】属性管理器

课堂案例 使用旋转切除特征建模

实例素材	课堂案例／第03章／3.6
视频教学	录屏／第03章／3.6
案例要点	掌握旋转切除特征功能的使用方法

扫码观看视频

操作步骤

Step 01 此部分选用在3.2节中构建的模型作为实例素材，打开后如图3-155所示。

Step 02 在左侧设计树区域选择【前视基准面】，在悬浮工具栏中单击【绘制草图】按钮 C，然后单击【正视于】按钮 ↓。在顶侧工具栏中单击【直线】按钮 ╱ 右侧的下拉箭头，在下拉列表中选择【中心线】选项，以原点竖直延长线，绘制一条竖直中心线作为旋转轴，完成后按【Esc】键。在顶侧工具栏中单击【圆形】按钮 ⊙，绘制圆形，在圆柱的边线上取一点为圆心绘制圆形，完成后单击【确认（关闭对话框）】按钮 ✓。然后单击【直线】按钮 ╱，绘制一条沿圆柱边线的竖直线段，如图3-156所示，完成后按【Esc】键。再使用【剪裁实体】工具 ✄，将右半边圆弧删掉，然后单击【确认（关闭对话框）】按钮 ✓，完成后在顶侧工具栏中单击【退出草图】按钮 ☑，如图3-157所示。

图3-155 实例素材

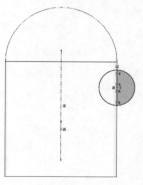

图3-156 绘制中心线、圆形和直线

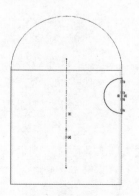

图3-157 删除右半边圆弧

Step 03 在顶侧工具栏中单击【特征】|【旋转切除】按钮⑩，软件会在左侧打开【切除－旋转】属性管理器，在【方向 1】选项栏中设置【旋转类型】为【两侧对称】，将【旋转角度】⚟默认设置为"120.00 度"，如图 3-158 所示，完成后单击【确定】按钮✓，形成如图 3-159 所示的半圆环槽。

Step 04 在左侧设计树区域选择【前视基准面】，在悬浮工具栏中单击【正视于】按钮⟟后，再次重复单击【正视于】按钮⟟，软件将会将【前视基准面】翻转，显示其背面，此时再在【前视基准面】上单击鼠标右键，在悬浮工具栏中单击【绘制草图】按钮⊏。参照步骤 2，使用【中心线】工具⟋，以原点竖直延长线绘制中心线，然后使用【边角矩形】工具⬜绘制一个与斜面圆环有交叉的矩形，如图 3-160 所示，在顶侧工具栏中单击【退出草图】按钮⬚。

图 3-158 设置旋转类型

图 3-159 完成半圆环槽的切除

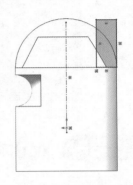

图 3-160 绘制中心线和边角矩形

Step 05 在顶侧工具栏中单击【特征】|【旋转切除】按钮⑩，在【切除－旋转】属性管理器中的【方向 1】选项栏中设置【旋转类型】为【成形到一顶点】，将【顶点】⚙设置为半圆环槽一侧的顶点，如图 3-161 所示。由于图所示的切除方法无法将大部分的瓜瓣状球体切除，可以单击【方向 1】选项栏中的【反向】按钮↻，如图 3-162 所示，此时软件将更改旋转切除的方向，形成如图 3-163 所示的模型预览，完成后单击【确定】按钮✓，如图 3-164 所示。

图 3-161 图形预览

图 3-162 设置旋转类型

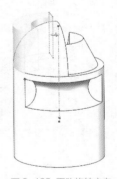

图 3-163 更改旋转方向

Step 06 在左侧设计树区域选择【前视基准面】，在悬浮工具栏中单击【绘制草图】按钮⊏，然后单击【正视于】按钮⟟。参照步骤 2，使用【中心线】工具⟋，以原点竖直延长线绘制中心线，然后使用【直线】工具⟋绘制一条垂直于底边的线段，如图 3-165 所示，完成后单击【确认（关闭对话框）】按钮✓，再单击【退出草图】按钮⬚。

Step 07 在顶侧工具栏中单击【特征】|【旋转切除】按钮⑩，软件会弹出警告对话框，如图 3-166 所示，从理论上来说，作为旋转切除的草图必须是封闭图形，而当前草图只有一条线段，但此步骤后续使用【薄壁特征】命令，在此对话框中单击【否】按钮即可，软件会自动在左侧打开【切除－旋转】属性管理器。在【薄壁特征】选项栏中设置【类型】为【单向】，并将【厚度】⚙设置为"8.00mm"，如图 3-167 所示，完成后单击【确定】按钮✓，如图 3-168 所示。

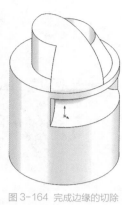

图 3-164 完成边缘的切除

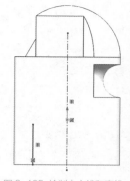

图 3-165 绘制中心线和直线

图 3-166 草图开环警告对话框

图 3-167 勾选【薄壁特征】复选框

Step 08 在左侧设计树区域选择【上视基准面】，在悬浮工具栏中单击【绘制草图】按钮 ，然后单击【正视于】按钮 。单击【边角矩形】按钮 ，绘制矩形，如图 3-169 所示，然后单击【确认（关闭对话框）】按钮 ，再单击【退出草图】按钮 。

Step 09 在顶侧工具栏中单击【特征】‖【旋转切除】按钮 ，在【切除 – 旋转】属性管理器中的【旋转轴】选项栏中将【旋转轴】 设置为边角矩形的左边界，如图 3-170 所示，完成后单击【确定】按钮 ，形成如图 3-171 所示的通孔。

图 3-168 完成薄壁的切除

图 3-169 绘制边角矩形

图 3-170 选择旋转轴

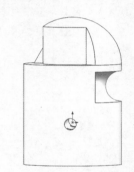

图 3-171 完成通孔的切除

3.7 扫描切除

使用扫描切除特征可以将二维草图轮廓沿另一个二维草图路径扫略而切除三维模型，该特征和拉伸切除特征的主要区别是，路径曲线可以是曲线。

选择【插入】‖【切除】‖【扫描】菜单命令，打开【切除 – 扫描】属性管理器，如图 3-172 所示。

图 3-172 【切除 –扫描】属性管理器

实例素材	课堂案例 / 第 03 章 /3.7
视频教学	录屏 / 第 03 章 /3.7
案例要点	掌握扫描切除特征功能的使用方法

扫码观看视频

操作步骤

Step 01 打开实例素材，如图 3-173 所示。

Step 02 在左侧设计树区域选择【上视基准面】，在悬浮工具栏中单击【绘制草图】按钮 □，然后单击【正视于】按钮 ⊥。在顶侧工具栏中单击【圆形】按钮 ⊙，绘制如图 3-174 所示的草图，完成后单击【确认（关闭对话框）】按钮 ✓，然后单击【退出草图】按钮 □。

Step 03 在顶侧工具栏中单击【特征】|【曲线】∪|【螺旋线 / 涡状线】按钮 ⅛，软件会在左侧打开【螺旋线 / 涡状线】属性管理器，在【参数】选项栏中将【螺距】设置为"6.00mm"，取消勾选【反向】复选框，将【圈数】设置为"10"，如图 3-175 所示，然后单击【确定】按钮 ✓，形成如图 3-176 所示的螺旋线。

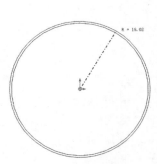

图 3-173 实例素材　　　　　图 3-174 绘制圆形　　　　　图 3-175 【螺旋线 / 涡状线】属性管理器　　　　图 3-176 绘制螺旋线

Step 04 在左侧设计树区域选择【前视基准面】，在悬浮工具栏中单击【绘制草图】按钮 □，然后单击【正视于】按钮 ⊥。在顶侧工具栏中单击【多边形】按钮 ⊙，绘制多边形，在【多边形】属性管理器中的【参数】选项栏中将【边数】⊙设置为"3"，在螺旋线的起始段放置内切圆的圆心，然后拖动，使正三角形边长为适当大小，如图 3-177 所示，完成后单击【确认（关闭对话框）】按钮 ✓。在顶侧工具栏中单击【绘制圆角】按钮 ⌐，在【绘制圆角】属性管理器中的【圆角参数】选项栏中将【圆角半径】⋏设置为"0.80mm"，单击正三角形右端点形成圆角，然后单击【确定】按钮 ✓，如图 3-178 所示，完成后单击【退出草图】按钮 □。

Step 05 在顶侧工具栏中单击【特征】|【扫描切除】按钮 ⅙，在【切除 - 扫描】属性管理器中的【轮廓和路径】选项栏中将【轮廓】⋄设置为带圆角的正三角形，设置【路径】⊏为【螺旋线】，如图 3-179 所示，然后单击【确定】按钮 ✓，形成如图 3-180 所示的螺纹。

Step 06 在左侧设计树区域选择【前视基准面】，在悬浮工具栏中单击【绘制草图】按钮 □，然后单击【正视于】按钮 ⊥。在顶侧工具栏中单击【样条曲线】按钮 ∩，以圆柱顶面任意一点为曲线起点，在中间放置一个节点，以圆柱边线螺纹上方任意一点为曲线终点绘制样条曲线，如图3-181所示，完成绘制后按【Esc】键，单击【确认（关闭对话框）】按钮✓，然后单击【退出草图】按钮↳。

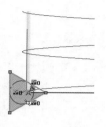

图3-177 绘制正三角形

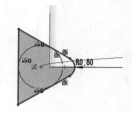

图3-178 绘制圆角

图3-179 选择草图轮廓

图3-180 完成螺纹的切除

Step 07 在圆柱体上表面单击鼠标右键，在悬浮工具栏中单击【正视于】按钮↧，然后单击【绘制草图】按钮↳。单击顶侧工具栏中的【直线】按钮✐，绘制以样条曲线起点为顶点的三角形，如图3-182所示，完成后单击【确定】按钮✓。再使用顶侧工具栏中的【智能尺寸】工具✎，先后单击三角形的上边线和样条曲线投影的中心线，并在【修改】对话框中输入"25度"。同理，将三角形的下边线与中心线的角度修改为"25度"，如图3-183所示，完成后单击【确认（关闭对话框）】按钮✓，然后单击【退出草图】按钮↳。

Step 08 在顶侧工具栏中单击【特征】|【扫描切除】按钮⚙，在【切除－扫描】属性管理器中的【轮廓和路径】选项栏中将【轮廓】°设置为经修改角度后的三角形，将【路径】℃设置为【样条曲线】，然后单击【确定】按钮✓，形成如图3-184所示的切口。

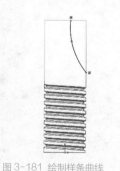

图3-181 绘制样条曲线

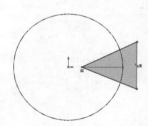

图3-182 绘制三角形

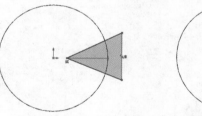

图3-183 修改角度后的草图

图3-184 完成切口的切除

Step 09 在左侧设计树区域选择【前视基准面】，在悬浮工具栏中单击【绘制草图】按钮↳，然后单击【正视于】按钮↧。单击顶侧工具栏中的【直线】按钮✐，绘制如图3-185所示的草图，然后使用【绘制圆角】工具⌐，在【绘制圆角】属性管理器中的【圆角参数】选项栏中将【圆角半径】✎设置为"15.00mm"，单击两条线段的交点，形成如图3-186所示的圆角，单击【确定】按钮✓，然后单击【退出草图】按钮↳。

Step 10 在顶侧工具栏中单击【特征】|【曲线】↻|【投影曲线】按钮⚙，在左侧【投影曲线】属性管理器中的【选择】选项栏中设置【投影类型】为【面上草图】，将【投影面】◎设置为圆柱面，如图3-187所示，完成后单击【确定】按钮✓。在顶侧工具栏中单击【特征】|【扫描切除】按钮⚙，在【切除－

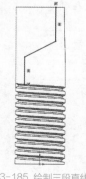

图3-185 绘制三段直线

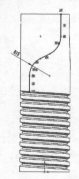

图3-186 绘制圆角

扫描】属性管理器中的【轮廓和路径】选项栏中选中【圆形轮廓】单选按钮，将【直径】⌀设置为"3.00mm"，如图 3-188 所示，然后单击【确定】按钮✓，形成如图 3-189 所示的引导槽。

图 3-187 【投影曲线】属性管理器

图 3-188 选中【圆形轮廓】单选按钮并设置直径

图 3-189 完成引导槽的切除

3.8 放样切除

使用放样切除特征可以将一个二维草图自动过渡到另一个二维草图，进而切除三维模型，该特征主要用于建立具有曲面轮廓的三维实体。

选择【插入】|【切除】|【放样】菜单命令，打开【切除 - 放样】属性管理器，如图 3-190 所示。

图 3-190 【切除 - 放样】属性管理器

【课堂案例】 **使用放样切除特征建模**

实例素材	课堂案例 / 第 03 章 /3.8
视频教学	录屏 / 第 03 章 /3.8
案例要点	掌握放样切除特征功能的使用方法

操作步骤

Step 01 打开实例素材，如图 3-191 所示。

Step 02 在左侧设计树区域选择【上视基准面】，在悬浮工具栏中单击【绘制草图】按钮 ，然后单击【正视于】按钮 。在顶侧工具栏中单击【圆形】按钮 ，绘制以坐标原点为圆心、半径为 30mm 的圆，完成后单击【确认（关闭对话框）】按钮 ，如图 3-192 所示，然后单击【退出草图】按钮 。

Step 03 在左侧设计树区域选择【上视基准面】，在顶侧工具栏中单击【参考几何体】 ｜【基准面】按钮 ，在【基准面】属性管理器中的【第一参考】选项栏中将【偏移距离】 设置为 "60.00mm"，然后单击【确定】按钮 ，完成【基准面1】的建立。在左侧设计树区域选择【基准面1】，在悬浮工具栏中单击【绘制草图】按钮 ，然后单击【正视于】按钮 。在顶侧工具栏中单击【圆形】按钮 ，绘制以坐标原点为圆心、半径为 12mm 的圆，完成后单击【确认（关闭对话框）】按钮 ，如图 3-193 所示，然后单击【退出草图】按钮 。为方便后续作图，可以在左侧设计树区域选择【基准面1】，并在悬浮工具栏中单击【隐藏】按钮 。

Step 04 在圆柱体上表面单击鼠标右键，在悬浮工具栏中单击【正视于】按钮 ，然后单击【绘制草图】按钮 。在顶侧工具栏中单击【圆形】按钮 ，绘制以坐标原点为圆心、半径为 30mm 的圆，即绘制的圆形与在【上视基准面】中绘制的圆形重叠，完成后单击【确认（关闭对话框）】按钮 ，然后单击【退出草图】按钮 。在左侧设计树区域选择【前视基准面】，在悬浮工具栏中单击【绘制草图】按钮 ，然后单击【正视于】按钮 。在顶侧工具栏中单击【样条曲线】按钮 ，经过 3 个不同草图面的圆绘制如图 3-194 所示的沙漏形样条曲线，完成后按【Esc】键。

图 3-191 实例素材

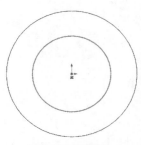
图 3-192 绘制圆形

图 3-193 继续绘制圆形

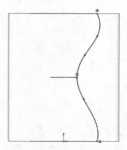
图 3-194 绘制样条曲线

Step 05 在顶侧工具栏中单击【直线】按钮 右侧的下拉箭头，在下拉列表中选择【中心线】选项，绘制一条中心线，分别经过 3 个圆心，如图 3-195 所示，完成后按【Esc】键。在顶侧工具栏中单击【镜像实体】按钮 ，软件会在左侧自动打开【镜像】属性管理器，在【选项】选项栏中设置【要镜像的实体】为样条曲线，设置【镜像轴】为【直线8】，如图 3-196 所示，完成后单击【确定】按钮 ，形成对称的样条曲线，如图 3-197 所示，然后单击【退出草图】按钮 。

Step 06 在顶侧工具栏中单击【特征】｜【放样切割】按钮 ，软件会在左侧自动打开【切除－放样】属性管理器，在【轮廓】选项栏中将【轮廓】 分别设置为 3 个草图圆形，将【引导线】 分别设置为两条对称的样条曲线，如图 3-198 所示，完成后单击【确定】按钮 ，形成沙漏形通孔，如图 3-199 所示。

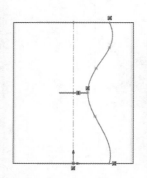
图 3-195 绘制中心线

图 3-196 【镜像】属性管理器

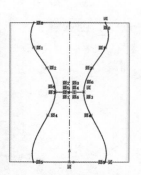
图 3-197 形成对称的样条曲线

图 3-198 【切除－放样】属性管理器

Step 07 在圆柱体上表面单击鼠标右键，在悬浮工具栏单击【正视于】按钮 ⊥，然后单击【绘制草图】按钮 ⊏。在顶侧工具栏中单击【边角矩形】按钮 ⊡，绘制矩形，如图 3-200 所示，完成后单击【确认（关闭对话框）】按钮 ✓，然后单击【退出草图】按钮 ⊑。

Step 08 在左侧设计树区域选择【右视基准面】，在顶侧工具栏中单击【参考几何体】▧|【基准面】按钮 ▥，在【基准面】属性管理器中的【第一参考】选项栏中将【偏移距离】⬚ 设置为"50.00mm"，然后单击【确定】按钮 ✓，完成【基准面 2】的建立。在左侧设计树区域选择【基准面 2】，在悬浮工具栏中单击【绘制草图】按钮 ⊏，然后单击【正视于】按钮 ⊥。使用【边角矩形】工具 ⊡，同理绘制一个矩形，两侧与上表面的矩形对齐，但与上表面的矩形相比较窄，如图 3-201 所示，完成后单击【确认（关闭对话框）】按钮 ✓，然后单击【退出草图】按钮 ⊑。

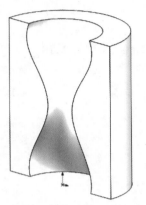
图 3-199 完成沙漏形通孔的切除

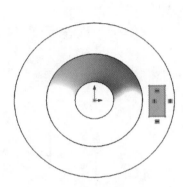
图 3-200 绘制边角矩形

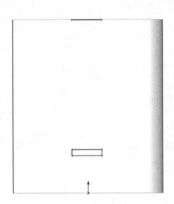
图 3-201 继续绘制边角矩形

Step 09 在左侧设计树区域选择【前视基准面】，在悬浮工具栏中单击【绘制草图】按钮 ⊏，然后单击【正视于】按钮 ⊥。在顶侧工具栏中单击【样条曲线】按钮 ∿，绘制一条曲线将两个矩形相连，如图 3-202 所示，完成后单击【确认（关闭对话框）】按钮 ✓，然后单击【退出草图】按钮 ⊑。

Step 10 在顶侧工具栏中单击【特征】|【放样切割】按钮 ⑩，在【切除 - 放样】属性管理器中将【轮廓】⧉ 分别设置为两个矩形，将【引导线】⌇ 设置为样条曲线，如图 3-203 所示，完成后单击【确定】按钮 ✓，形成如图 3-204 所示的投币槽。

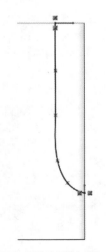
图 3-202 绘制样条曲线

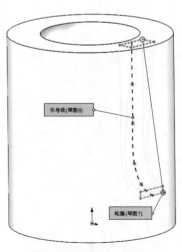
图 3-203 选择轮廓和引导线

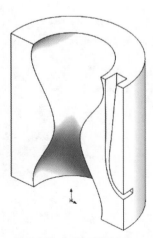
图 3-204 完成投币槽的切除

3.9 课堂习题1

课堂案例 建立轴承座三维模型

实例素材	课堂习题 / 第 03 章 /3.9	扫码观看视频	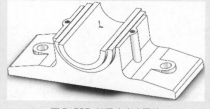
视频教学	录屏 / 第 03 章 /3.9		
案例要点	掌握基本特征的使用方法		

图 3-205 轴承座底座零件

建立轴承座三维模型，本案例最终效果如图 3-205 所示。

1. 进入草图绘制状态

启动中文版 SolidWorks，单击【标准】工具栏中的【新建】按钮 ，打开【新建 SolidWorks 文件】对话框，如图 3-206 所示，单击【零件】按钮，单击【确定】按钮，生成新文件。

2. 创建轴瓦部分

Step 01 单击特征栏中的【拉伸 / 凸台基体】特征按钮 ，选择【前视基准面】，进入草图绘制状态，然后单击【圆形】按钮 ，绘制一个圆，输入直径为"50mm"，再绘制一个同心圆，输入直径为"64mm"，最后单击左侧的【圆】属性管理器中的【确定】按钮 ，如图 3-207 所示，完成圆的绘制，如图 3-208 所示。

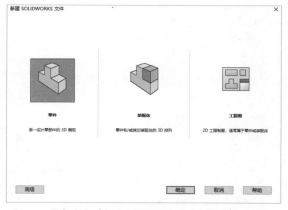

图 3-206 【新建 SolidWorks 文件】对话框

图 3-207 【圆】属性管理器

Step 02 单击【直线】按钮 ，绘制一条过两个同心圆圆心的水平直线，起点和终点分别为外圆，如图 3-209 所示。

Step 03 单击【裁剪】按钮 ，裁剪多余部分的圆弧和直线，如图 3-210 所示。

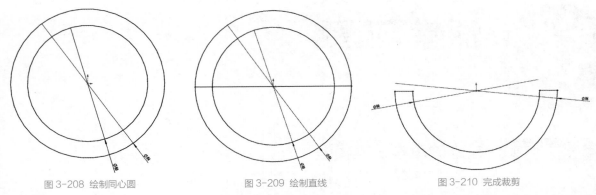

图 3-208 绘制同心圆　　　　　　　　图 3-209 绘制直线　　　　　　　　图 3-210 完成裁剪

Step 04 单击【退出草图】按钮 ，打开【凸台 – 拉伸】属性管理器，如图 3-211 所示，在【方向 1】选项栏中选择【两侧对称】选项 ，将【深度】 设置为"10.00mm"，单击【确定】按钮 ，完成拉伸操作，如图 3-212 所示。

Step 05 单击特征栏中的【拉伸 / 凸台基体】特征按钮 ，选择【前视基准面】，进入草图绘制状态，然后单击【圆形】按钮 ，绘制一个圆，输入直径为"65mm"，再绘制一个同心圆，输入直径为"79mm"，最后单击左侧的【圆】属性管理器中的【确定】按钮 ，完成圆的绘制，如图 3-213 所示。

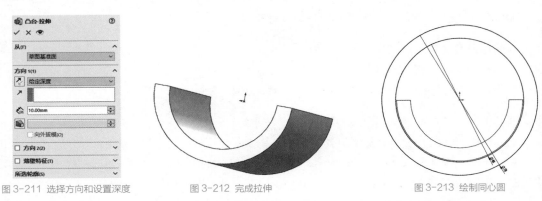

图 3-211 选择方向和设置深度　　　　图 3-212 完成拉伸　　　　　　　图 3-213 绘制同心圆

Step 06 单击【直线】按钮 ，绘制一条经过两个同心圆圆心的水平直线，起点和终点分别为外圆，如图 3-214 所示。

Step 07 单击【裁剪】按钮 ，裁剪多余部分的圆弧和直线，如图 3-215 所示。

Step 08 单击【退出草图】按钮 ，打开【凸台 – 拉伸】属性管理器，如图 3-216 所示，在【方向 1】选项栏中选择【两侧对称】选项 ，将【深度】 设置为"95.00mm"，单击【确定】按钮 ，完成拉伸操作，如图 3-217 所示。

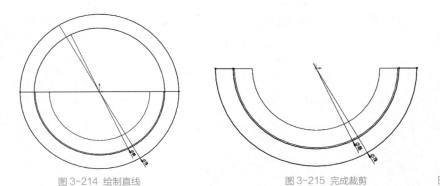

图 3-214 绘制直线　　　　　　　　图 3-215 完成裁剪　　　　　　　图 3-216 选择方向和设置深度

Step 09 单击特征栏中的【拉伸/凸台基体】特征按钮 ⑩ ，选择【前视基准面】，进入草图绘制状态，然后单击【圆形】按钮 ⊙ ，绘制一个圆，输入直径为"80mm"，再绘制一个同心圆，输入直径为"90mm"，最后单击左侧的【圆】属性管理器中的【确定】按钮 ✓ ，完成圆的绘制，如图 3-218 所示。

Step 10 单击【直线】按钮 ╱ ，绘制一条经过两个同心圆圆心的水平直线，起点和终点分别为外圆，如图 3-219 所示。

图 3-217 完成拉伸　　　　　　　　图 3-218 绘制同心圆　　　　　　　　图 3-219 绘制直线

Step 11 单击【裁剪】按钮 ✂ ，裁剪多余部分的圆弧和直线，如图 3-220 所示。

Step 12 单击【退出草图】按钮 ↵ ，打开【凸台－拉伸】属性管理器，如图 3-221 所示，在【方向 1】选项栏中选择【两侧对称】选项 ⤢ ，将【深度】 ⚷ 设置为"80.00mm"，单击【确定】按钮 ✓ ，完成拉伸操作，如图 3-222 所示。

图 3-220 完成剪切　　　　　　　图 3-221 选择方向和设置深度　　　　　　　图 3-222 完成拉伸

3. 创建底座部分

Step 01 单击特征栏中的【拉伸/凸台基体】特征按钮 ⑩ ，选择【前视基准面】，进入草图绘制状态，然后单击【直线】按钮 ╱ ，在图形的左侧外圆处绘制一条与外圆相切的竖直直线，再绘制一条水平直线，然后绘制一条倾斜直线和一条竖直直线，最后绘制一条水平直线到坐标轴正下方，单击左侧的【直线】属性管理器中的【确定】按钮 ✓ ，完成直线段的绘制，如图 3-223 所示。

Step 02 单击【直线】按钮 ╱ ，在【插入线条】属性管理器中勾选【作为构造线】复选框，如图 3-224 所示，然后在坐标原点位置处绘制一条竖直构造线，如图 3-225 所示。

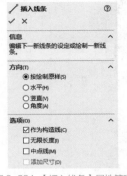

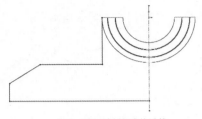

图 3-223 绘制直线段　　　　图 3-224 【插入线条】属性管理器　　　　图 3-225 绘制竖直构造线

Step 03 单击【圆心／起点／终点画弧】按钮 ⛌，在左侧直线处绘制一个圆弧，如图 3-226 所示，再单击【显示删除几何关系】的下拉按钮 ⅃⊙，在下拉列表中选择【添加几何关系】选项 ⅃，然后选中圆弧，接着选中竖直直线，在【现有几何关系】选项中，添加【相切】命令 ⃗，如图 3-227 所示，然后单击【确定】按钮 ✓。重复上述步骤，单击【显示删除几何关系】的下拉按钮 ⅃⊙，在下拉列表中选择【添加几何关系】选项 ⅃，然后选中圆弧，再选中水平直线，在【现有几何关系】选项中，添加【相切】命令 ⃗，如图 3-228 所示，然后单击【确定】按钮 ✓。

图 3-226 绘制圆弧　　　　　　图 3-227 添加【相切】命令　　　　　图 3-228 添加【相切】命令

Step 04 单击【智能尺寸】按钮 ⟲，选择圆弧，输入半径为 "10mm"，再单击【裁剪】按钮 ⟱，将多余部分的圆弧和直线裁剪，如图 3-229 所示。

Step 05 单击【智能尺寸】按钮 ⟲，选择与圆弧相切的竖直直线，输入距离为 "35mm"，再选择与圆弧相切的水平直线，输入距离为 "15mm"，然后选择倾斜直线，输入距离为 "45mm"，再选择竖直直线，输入距离为 "12mm"，最后选择水平直线，输入距离为 "112mm"，如图 3-230 所示。

Step 06 单击【镜像实体】按钮 ⑭，打开【镜像】属性管理器，然后在【要镜像的实体】列表框中选择上一步绘制的所有直线和圆弧，再在【镜像轴】下拉列表中选择构造线，如图 3-231 所示，单击【确定】按钮，完成镜像操作，如图 3-232 所示。

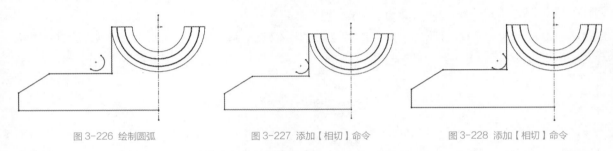

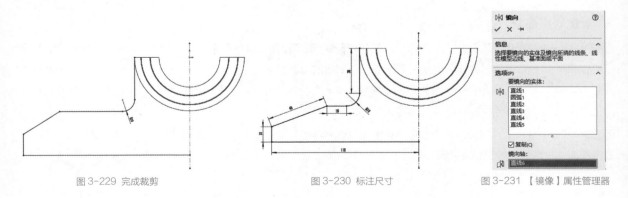

图 3-229 完成裁剪　　　　　　图 3-230 标注尺寸　　　　　图 3-231 【镜像】属性管理器

Step 07 单击【圆形】按钮 ⊙，以坐标轴原点为圆心绘制一个圆，输入直径为"90mm"，单击【确定】按钮 ✓，完成圆的绘制，如图 3-233 所示。

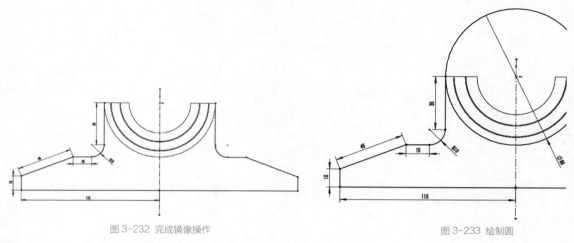

图 3-232 完成镜像操作 　　　　　　　　　　　　　　　　　图 3-233 绘制圆

Step 08 单击【裁剪】按钮 ⚄，将多余部分的圆弧裁剪，如图 3-234 所示。

Step 09 单击【退出草图】按钮 ↩，打开【凸台 - 拉伸】属性管理器，如图 3-235 所示，在【方向 1】选项栏中选择【两侧对称】选项 ⤢，将【深度】 ⊕ 设置为"80.00mm"，单击【确定】按钮 ✓，完成拉伸操作，如图 3-236 所示。

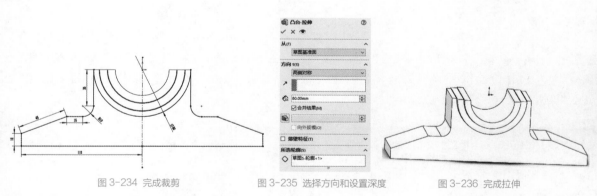

图 3-234 完成裁剪 　　　　　　　图 3-235 选择方向和设置深度 　　　　　　　图 3-236 完成拉伸

4. 创建凸台部分

Step 01 单击特征栏中的【拉伸 / 凸台基体】特征按钮 ，选择拉伸后水平距离为 15mm 的上平面，进入草图绘制状态，单击【直线】按钮 ╱，在【插入线条】属性管理器中勾选【作为构造线】复选框，然后在坐标原点位置处绘制一条水平构造线，如图 3-237 所示。

Step 02 在图形的右侧直线处绘制一条水平直线，输入距离为"14mm"，单击左侧的【直线】属性管理器中的【确定】按钮 ✓，完成直线的绘制，如图 3-238 所示。

Step 03 单击【智能尺寸】按钮 ，选择绘制的竖直直线和水平构造线，输入距离为"12mm"，再次单击【智能尺寸】按钮，退出【智能尺寸】命令，如图 3-239 所示。

Step 04 单击【镜像实体】按钮 ，打开【镜像】属性管理器，然后在【要镜像的实体】列表框中选择绘制的长度为 14mm 的直线，再在【镜像轴】下拉列表中选择构造线，单击【确定】按钮，完成镜像操作，如图 3-240 所示。

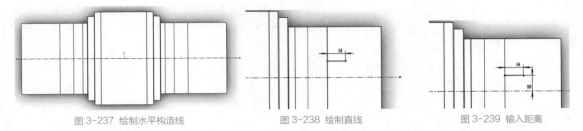

图 3-237 绘制水平构造线	图 3-238 绘制直线	图 3-239 输入距离

Step 05 单击【圆心 / 起点 / 终点画弧】按钮 ⌒，在右侧直线处绘制一个圆弧，使其圆心在水平构造线处，且起点和终点位置均为两条竖直直线，其半径为12mm，如图 3-241 所示。

Step 06 单击【直线】按钮 ╱，在图形的左侧竖直直线处绘制一条与两条水平直线相交的竖直直线，使此图形封闭，单击左侧的【直线】属性管理器中的【确定】按钮 ✓，完成直线的绘制，以封闭草图，如图 3-242 所示。

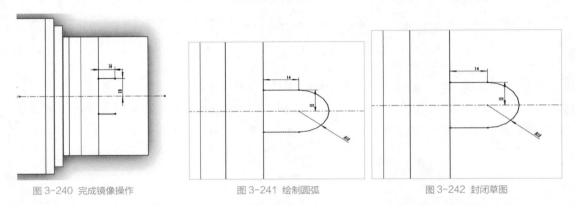

图 3-240 完成镜像操作	图 3-241 绘制圆弧	图 3-242 封闭草图

Step 07 单击【退出草图】按钮 ↪，打开【凸台 – 拉伸】属性管理器，在【方向 1】选项栏中选择【给定深度】选项 ↗，单击【反向】按钮 ↗，将【深度】 ⬧ 设置为"22.00mm"，如图 3-243 所示，单击【确定】按钮 ✓，完成拉伸操作，如图 3-244 所示。

Step 08 单击特征栏中的【拉伸切除】特征按钮 ⬛，选择上一步绘制的图形的上平面，进入草图绘制状态，然后单击【圆形】按钮 ⊙，以半径为12mm的圆弧为圆心，绘制一个圆，输入直径为"14mm"，最后单击左侧的【圆】属性管理器中的【确定】按钮 ✓，完成圆的绘制，如图 3-245 所示。

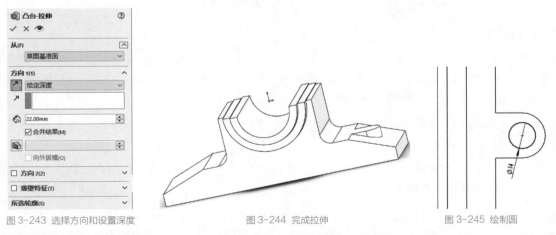

图 3-243 选择方向和设置深度	图 3-244 完成拉伸	图 3-245 绘制圆

Step 09 单击【退出草图】按钮 ↪，打开【切除 – 拉伸】属性管理器，如图 3-246 所示，在【方向 1】选项栏中选择【给定深度】选项 ↗，将【深度】 ⬧ 设置为"22.00mm"，单击【确定】按钮 ✓，完成拉伸切除操作，如图 3-247 所示。

Step 10 单击特征栏中的【拉伸/凸台基体】特征按钮 ，选择【上视基准面】，进入草图绘制状态，然后单击【直线】按钮 ，在【插入线条】属性管理器中勾选【作为构造线】复选框，然后在坐标原点位置处绘制一条水平构造线，如图 3-248 所示。

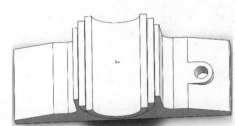

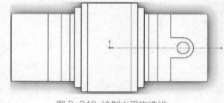

图 3-246 选择方向和设置深度　　　　图 3-247 完成拉伸切除　　　　图 3-248 绘制水平构造线

Step 11 单击【圆心/起点/终点画弧】按钮 ，在右侧直线处绘制一个圆弧，使其圆心在水平构造线处，且起点和终点位置均为从坐标原点往右数第五条水平直线处，其半径为 10mm，最后单击左侧的【圆】属性管理器中的【确定】按钮 ，完成圆弧的绘制，如图 3-249 所示。

Step 12 单击【直线】按钮 ，绘制一条将该圆弧封闭的水平直线，起点和终点分别为圆弧的两个顶点，再次单击【直线】按钮，退出直线绘制，封闭草图，如图 3-250 所示。

Step 13 单击【退出草图】按钮 ，打开【凸台-拉伸】属性管理器，如图 3-251 所示，在【方向 1】选项栏中选择【两侧对称】选项 ，单击【反向】按钮 ，将【深度】 设置为 "50.00mm"，单击【确定】按钮 ，完成拉伸操作，如图 3-252 所示。

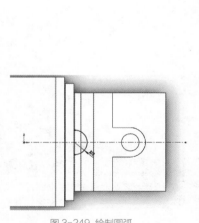

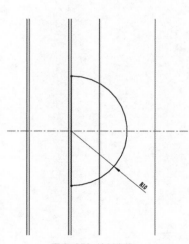

图 3-249 绘制圆弧　　　　　　图 3-250 绘制直线　　　　　图 3-251 选择方向和设置深度

Step 14 单击特征栏中的【拉伸切除】特征按钮 ，选择【上视基准面】，进入草图绘制状态，然后单击【直线】按钮 ，在【插入线条】属性管理器中勾选【作为构造线】复选框，然后在坐标原点位置处绘制一条水平构造线，如图 3-253 所示。

Step 15 单击【圆形】按钮 ，以水平构造线和上一步绘制的圆弧相交的直线处为圆心，绘制一个圆，输入直径为 "6mm"，最后单击左侧的【圆】属性管理器中的【确定】按钮 ，完成圆的绘制，如图 3-254 所示。

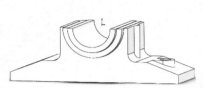

图 3-252 完成拉伸

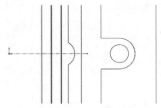

图 3-253 绘制水平构造线

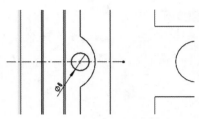

图 3-254 绘制圆

Step 16 单击【退出草图】按钮 ，打开【切除－拉伸】属性管理器，如图 3-255 所示，在【方向1】选项栏中选择【给定深度】选项，将【深度】设置为"50.00mm"，单击【确定】按钮，完成拉伸切除操作，如图 3-256 所示。

Step 17 单击特征栏中的【异型孔向导】的下拉按钮，在下拉列表中选择【螺纹线】选项，在螺纹线位置处，设置【圆柱体边线】为上一步绘制的直径为 6mm 的圆。在【结束条件】选项栏中将【深度】设置为"50.00mm"。在【规格】选项栏中设置【类型】为【Metric Tap】，【尺寸】为【M1.4×0.3】，将【覆盖直径】设置为默认，将【覆盖螺距】设置为"1.00mm"，在【螺纹线方法】选项栏中选中【剪切螺纹线】单选按钮。在【螺纹选项】选项栏中选中【右旋螺纹】单选按钮，其他选项保持默认设置，如图 3-257 所示，单击【确定】按钮，完成螺纹线的绘制，如图 3-258 所示。

图 3-255 选择方向和设置深度

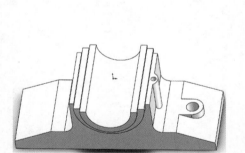

图 3-256 完成拉伸切除

图 3-257 【螺纹线】属性管理器

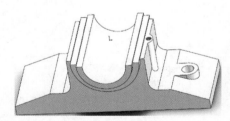

图 3-258 绘制螺纹线

5．创建辅助部分

Step 01 单击特征栏中的【圆角】特征按钮，打开【圆角】属性管理器，在【圆角类型】选项栏中选择【恒定大小的圆角】选项，在【要圆角化的项目】选项栏中，设置【边线】为右侧的边线；在【圆角参数】选项栏中，设置【圆角方法】为【对称】，将【半径】设置为"4.00mm"，将【轮廓】设置为【圆形】；其余保持默认设置，如图 3-259 所示，最后单击【确定】按钮，完成圆角的绘制，如图 3-260 所示。

Step 02 单击特征栏中的【镜像】按钮 ，打开【镜像】属性管理器，在【镜像面／基准面】选项栏中选择【右视基准面】选项，在【要镜像的特征】选项栏中，选择【凸台－拉伸 5】、【切除－拉伸 1】、【凸台－拉伸 6】、【切除－拉伸 2】和【螺纹线 1】选项，如图 3-261 所示，单击【确定】按钮 ✓，完成镜像操作，如图 3-262 所示。

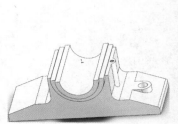

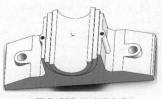

图 3-259 【圆角】属性管理器　　　　图 3-260 绘制圆角　　　　图 3-261 【镜像】属性管理器　　　　图 3-262 完成镜像操作

Step 03 单击特征栏中的【圆角】特征按钮 ，打开【圆角】属性管理器，在【圆角类型】选项栏中选择【恒定大小的圆角】选项 ，在【要圆角化的项目】选项栏中，设置【边线】为左侧边线；在【圆角参数】选项栏中，将【圆角方法】设置为【对称】，将【半径】 设置为"4.00mm"，将【轮廓】设置为【圆形】；其余选项保持默认设置，最后单击【确定】按钮 ✓，完成圆角的绘制，如图 3-263 所示。

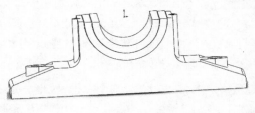

图 3-263 绘制圆角

6. 保存文件

Step 01 单击【保存】下拉按钮 ，选择【另存为】命令 ，弹出【另存为】对话框，如图 3-264 所示，输入文件名为"轴承座底座"，单击【保存】按钮，完成保存。

Step 02 至此，完成"轴承座底座"零件的绘制。

图 3-264 将文档另存为

3.10 课堂习题2

课堂案例 建立蜗杆三维模型

实例素材	课堂习题 / 第 03 章 /3.10
视频教学	录屏 / 第 03 章 /3.10
案例要点	掌握基本特征的使用方法

扫码观看视频

建立蜗杆三维模型，本案例最终效果如图 3-265 所示。

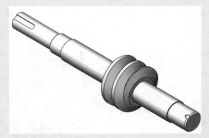

图 3-265 蜗杆三维模型

1. 建立基体

Step 01 单击特征管理器设计树中的【前视基准面】图标，使其成为草图绘制平面。单击【标准视图】工具栏中的【正视于】按钮↓，并单击【草图】工具栏中的【草图绘制】按钮□，进入草图绘制状态。单击【草图】工具栏中的【直线】按钮╱、【中心线】按钮╱、【智能尺寸】按钮✧，绘制草图并标注尺寸，如图 3-266 所示。单击【退出草图】按钮↳，退出草图绘制状态。

Step 02 单击【特征】工具栏中的【旋转凸台 / 基体】按钮⅋，打开【旋转】属性管理器。在【旋转轴】选项栏中单击【旋转轴】按钮╱，在图形区域中选择草图中的水平中轴线，单击【确定】按钮✔，生成旋转特征，如图 3-267所示。

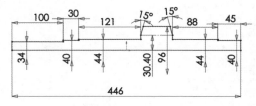

图 3-266 绘制草图并标注尺寸

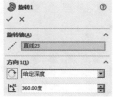

图 3-267 生成旋转特征

Step 03 单击大圆柱体的侧面，使其成为草图绘制平面。单击【标准视图】工具栏中的【正视于】按钮↓，并单击【草图】工具栏中的【草图绘制】按钮□，进入草图绘制状态。单击【草图】工具栏中的【圆】按钮⊙、【智能尺寸】按钮✧，绘制草图并标注尺寸，如图 3-268 所示。单击【退出草图】按钮↳，退出草图绘制状态。

Step 04 选择【插入】|【曲线】|【螺旋线∖涡状线】菜单命令，打开【螺旋线】属性管理器。在【定义方式】选项栏中，选择【高度和螺距】选项；在【参数】选项栏中，选中【恒定螺距】单选按钮，并输入数据；勾选【反向】复选框；设置【起始角度】为"0.00 度"；选中【顺时针】单选按钮，如图 3-269 所示。

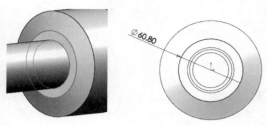

图 3-268 绘制草图并标注尺寸

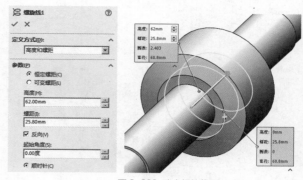

图 3-269 建立螺旋线

Step 05 单击特征管理器设计树中的【上视基准面】图标，使其成为草图绘制平面。单击【标准视图】工具栏中的【正视于】按钮↓，并单击【草图】工具栏中的【草图绘制】按钮┗，进入草图绘制状态。单击【草图】工具栏中的【直线】按钮✐、【中心线】按钮✐、【智能尺寸】按钮✐，绘制草图并标注尺寸，如图 3-270 所示。单击【退出草图】按钮┗，退出草图绘制状态。

Step 06 选择【插入】|【凸台/基体】|【扫描】菜单命令，打开【扫描切除】属性管理器。在【轮廓和路径】选项栏中，将【轮廓】✐ 设置为图形区域中的梯形草图，将【路径】┗ 设置为图形区域中草图中的螺旋线；在【选项】选项栏中，设置【方向/扭转控制】为【随路径变化】，单击【确定】按钮✓，如图 3-271 所示。

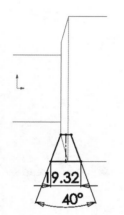

图 3-270 绘制草图并标注尺寸

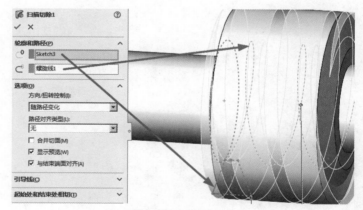

图 3-271 扫描特征

2. 建立辅助部分

Step 01 选择【插入】|【特征】|【倒角】菜单命令，打开【倒角】属性管理器。在【要倒角化的项目】选项栏中，将【边线和面或顶点】⊡设置为绘图区域中模型中的一条边线，设置【距离】✐为 "1.00mm"，【角度】⊡为 "45.00 度"，单击【确定】按钮✓，生成倒角特征，如图 3-272 所示。

Step 02 选择【插入】|【特征】|【倒角】菜单命令，打开【倒角】属性管理器。在【要倒角化的项目】选项栏中，将【边线和面或顶点】⊡设置为绘图区域中的模型两端的两条边线，设置【距离】✐为 "2.00mm"，【角度】⊡为 "45.00 度"，单击【确定】按钮✓，生成倒角特征，如图 3-273 所示。

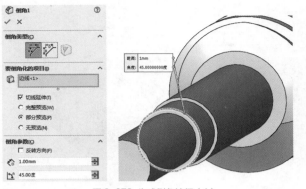

图 3-272 生成倒角特征（1）　　　　　　　　　　　图 3-273 生成倒角特征（2）

Step 03 单击模型的前端面，使其成为草图绘制平面。单击【标准视图】工具栏中的【正视于】按钮↓，并单击【草图】工具栏中的【草图绘制】按钮⌐，进入草图绘制状态。单击【草图】工具栏中的【直线】按钮✐、【中心线】按钮✐、【智能尺寸】按钮✐，绘制草图并标注尺寸，如图 3-274 所示。单击【退出草图】按钮⌐，退出草图绘制状态。

Step 04 单击【参考几何体】工具栏中的【基准面】按钮▥，打开【基准面】属性管理器。在【第一参考】中，在图形区域中选择【Top 基准面】；在【第二参考】选项组中，在图形区域中选择草图的一个点，在图形区域中显示预览新建基准面，单击【确定】按钮✓，生成基准面，如图 3-275 所示。

图 3-274 绘制草图并标注尺寸　　　　　　　　　　图 3-275 生成基准面

Step 05 单击特征管理器设计树中的【基准面 1】图标，使其成为草图绘制平面。单击【标准视图】工具栏中的【正视于】按钮↓，并单击【草图】工具栏中的【草图绘制】按钮⌐，进入草图绘制状态。单击【草图】工具栏中的【直线】按钮✐、【中心线】按钮✐、【圆弧】按钮⌐、【智能尺寸】按钮✐，绘制草图并标注尺寸，如图 3-276 所示。单击【退出草图】按钮⌐，退出草图绘制状态。

Step 06 单击【特征】工具栏中的【拉伸 - 切除】按钮▣，打开【拉伸 - 切除】属性管理器。在【方向 1】选项栏中，设置【终止条件】为【给定深度】，将【深度】✑设置为“10.00mm”，单击【确定】✓按钮，生成拉伸切除特征，如图 3-277 所示。

Step 07 单击模型的后端面，使其成为草图绘制平面。单击【标准视图】工具栏中的【正视于】按钮↓，并单击【草图】工具栏中的【草图绘制】按钮⌐，进入草图绘制状态。单击【草图】工具栏中的【圆】按钮◉、【智能尺寸】按钮✐，绘制草图并标注尺寸，如图 3-278 所示。单击【退出草图】按钮⌐，退出草图绘制状态。

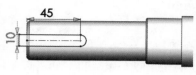

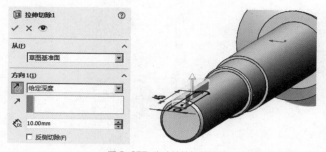

图 3-276 绘制草图并标注尺寸　　　　　　　　　　　　　　　　　图 3-277 生成拉伸切除特征

Step 08 单击【参考几何体】工具栏中的【基准面】按钮❏，打开【基准面】属性管理器。在【第一参考】选项栏中，在图形区域中选择【Top 基准面】；在【第二参考】选项栏中，在图形区域中选择草图的一个点，在图形区域中显示预览新建基准面，单击【确定】按钮✔，生成基准面，如图 3-279 所示。

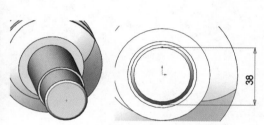

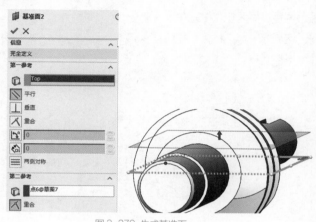

图 3-278 绘制草图并标注尺寸　　　　　　　　　　　　　　　　　图 3-279 生成基准面

Step 09 单击特征管理器设计树中的【基准面 2】图标，使其成为草图绘制平面。单击【标准视图】工具栏中的【正视于】按钮↧，并单击【草图】工具栏中的【草图绘制】按钮▭，进入草图绘制状态。单击【草图】工具栏中的【直线】按钮╱、【中心线】按钮╱、【圆弧】按钮⌒、【智能尺寸】按钮❖，绘制草图并标注尺寸，如图 3-280 所示。单击【退出草图】按钮↩，退出草图绘制状态。

Step 10 单击【特征】工具栏中的【拉伸 – 切除】按钮▣，打开【拉伸 – 切除】属性管理器。在【方向 1】选项栏中，设置【终止条件】为【给定深度】，将【深度】❖设置为"10.00mm"，单击【确定】按钮✔，生成拉伸切除特征，如图 3-281 所示。

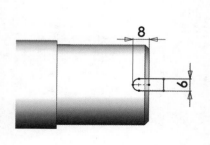

图 3-280 绘制草图并标注尺寸　　　　　　　　　　　　　　　　　图 3-281 生成拉伸切除特征

一、判断题

1. 拉伸凸台的拉伸方向必须垂直于草图。（　　　）

2. 拉伸凸台的草图必须是封闭的。（　　　）

3. 旋转特征的旋转轴必须是中心线。（　　　）

4. 扫描凸台特征的两个草图必须是垂直的。（　　　）

5. 放样凸台特征的两个草图必须是平行的。（　　　）

二、案例习题

习题要求：将课后习题 2 的蜗杆中的螺旋线部分的长度增加一倍。

案例习题文件：课后习题 / 第 03 章 /3.sldprt

视频教学：录屏 / 第 03 章 /3.mp4

习题要点：

（1）使用【拉伸凸台】工具。

（2）使用【拉伸切除】工具。

（3）使用【旋转切除】工具。

（4）使用【倒角】工具。

Chapter

04

高级特征

在 SolidWorks 中进行三维建模时，有一些特征命令是不需要建立草图的，使用这些特征可以直接修改三维实体，这类特征使用方便，功能强大。

SOLIDWORKS

学习要点

- 圆角特征
- 异型孔向导特征
- 简单直孔特征
- 抽壳特征
- 圆顶特征
- 变形特征
- 包覆特征

- 倒角特征
- 螺纹线特征
- 拔模特征
- 筋特征
- 自由形特征
- 弯曲特征

技能目标

- 生成圆角特征的方法
- 生成异型孔向导特征的方法
- 生成简单直孔特征的方法
- 生成抽壳特征的方法
- 生成圆顶特征的方法
- 生成变形特征的方法
- 生成包覆特征的方法

- 生成倒角特征的方法
- 生成螺纹线的方法
- 生成拔模特征的方法
- 生成筋特征的方法
- 生成自由形特征的方法
- 生成弯曲特征的方法

4.1 圆角

使用圆角特征可以将三维模型的顶点或边线自动过渡成圆角，该特征主要用于模拟机械加工中倒圆的过程。

选择【插入】|【特征】|【圆角】菜单命令，打开【圆角】属性管理器，如图 4-1 所示。

图 4-1 【圆角】属性管理器

课堂案例 使用圆角特征建模

实例素材	课堂案例 / 第 04 章 /4.1
视频教学	录屏 / 第 04 章 /4.1
案例要点	掌握圆角特征功能的使用方法

扫码观看视频

4.1.1 恒定大小圆角

Step 01 打开实例素材，如图 4-2 所示。

Step 02 单击【特征】工具栏中的【圆角】按钮，或者选择【插入】|【特征】|【圆角】菜单命令，打开【圆角】属性管理器。在【圆角类型】选项栏中，选择【恒定大小圆角】选项，在【要圆角化的项目】选项栏中，选择矩形零件的一条边，在【圆角参数】选项栏中设置【半径】为 "10.00mm"，设置【轮廓】为【圆形】。对【逆转参数】选项栏和【部分边线参数】选项栏暂不选择，如图 4-3 所示，单击【确定】按钮，生成恒定大小圆角特征，如图 4-4 所示。

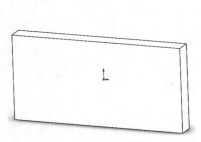

图 4-2 实例素材

图 4-3 【圆角】属性管理器

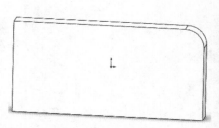

图 4-4 生成恒定大小圆角特征

4.1.2 变量大小圆角

单击【特征】工具栏中的【圆角】按钮，或者选择【插入】|【特征】|【圆角】菜单命令，打开【圆角】属性管理器。在【圆角类型】选项栏中，选择【变量大小圆角】选项，在【要圆角化的项目】选项栏中，选择矩形零件的一条边，在【变半径参数】选项栏中选择【对称】选项，将【附加的半径】设置为"V1,R= 10.00mm，V2,R= 20.00mm"，将【轮廓】设置为【圆形】。对【逆转参数】选项栏和【部分边线参数】选项栏暂不选择，单击【确定】按钮，生成变量大小圆角特征，如图4-5所示。

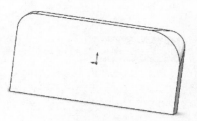

图4-5 生成变量大小圆角特征

4.1.3 面圆角

单击【特征】工具栏中的【圆角】按钮，或者选择【插入】|【特征】|【圆角】菜单命令，打开【圆角】属性管理器。在【圆角类型】选项栏中，选择【面圆角】选项，在【要圆角化的项目】选项栏中，将【面组1】设置为矩形零件的一个面，将【面组2】设置为矩形零件的另一个面，在【圆角参数】选项栏中选择【对称】选项，设置【半径】为"5.00mm"，将【轮廓】设置为【圆形】。对【逆转参数】选项栏和【部分边线参数】选项栏暂不选择，单击【确定】按钮，生成面圆角特征，如图4-6所示。

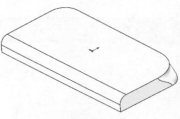

图4-6 生成面圆角特征

4.1.4 完整圆角

单击【特征】工具栏中的【圆角】按钮，或者选择【插入】|【特征】|【圆角】菜单命令，打开【圆角】属性管理器。在【圆角类型】选项栏中，选择【完整圆角】选项，在【要圆角化的项目】选项栏中，将【边侧面组1】设置为矩形零件的顶面，将【中央面组2】设置为矩形零件侧边的两个面，将【边侧面组2】设置为矩形零件的底面，然后在【圆角参数】选项栏中选择【对称】选项，设置【半径】为"5.00mm"，将【轮廓】设置为【圆形】。对【圆角选项】选项栏暂不选择，单击【确定】按钮，生成完整圆角特征，如图4-7所示。

图4-7 生成完整圆角特征

4.2 倒角

使用倒角特征可以将三维模型的顶点或边线自动过渡成小平面，该特征主要用于模拟机械加工中倒钝的过程。

选择【插入】|【特征】|【倒角】菜单命令，打开【倒角】属性管理器，如图4-8所示。

图 4-8 【倒角】属性管理器

课堂案例　使用倒角特征建模

实例素材	课堂案例 / 第 04 章 /4.2
视频教学	录屏 / 第 04 章 /4.2
案例要点	掌握倒角特征功能的使用方法

扫码观看视频

4.2.1　角度距离倒角

Step 01 打开实例素材，如图 4-9 所示。

Step 02 单击【特征】工具栏中【圆角】的下拉按钮，在下拉列表中选择【倒角】选项，或者选择【插入】|【特征】|【倒角】菜单命令，打开【倒角】属性管理器。在【倒角类型】选项栏中，选择【角度距离】选项，在【要倒角化的项目】选项栏中选择【边线】选项，勾选【切线延伸】复选框，可选中【完整预览】单选按钮，看整个倒角的预览状况；在【倒角参数】选项栏中，设置【距离】为"10.00mm"；设置【角度】为"45.00度"；剩下的选项保持默认设置，如图 4-10 所示，单击【确定】按钮，生成角度距离的倒角特征，如图 4-11 所示。

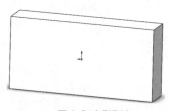

图 4-9 实例素材

图 4-10 【倒角类型】属性管理器

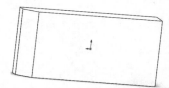

图 4-11 生成角度距离的倒角特征

4.2.2　距离距离倒角

单击【特征】工具栏中【圆角】的下拉按钮，在下拉列表中选择【倒角】选项，或者选择【插入】|【特征】|【倒角】菜单命令，打开【倒角】属性管理器。在【倒角类型】选项栏中，选择【距离距离】选项，在【要

倒角化的项目】选项栏中选择【边线】选项，勾选【切线延伸】复选框，可
选中【完整预览】单选按钮，看整个倒角的预览状况；在【倒角参数】选项
栏中选择【非对称】选项，设置【距离1】🔒为"5.00mm"；设置【距离2】
🔒为"15.00mm"；剩下的选项保持默认设置，单击【确定】按钮，生成
距离距离倒角特征，如图4-12所示。

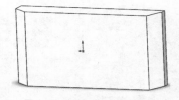

图4-12 生成距离距离倒角特征

4.2.3 顶点倒角

　　单击【特征】工具栏中【圆角】🔵的下拉按钮▾，在下拉列表中选择【倒角】选项，或者选择【插入】|【特征】|
【倒角】菜单命令，打开【倒角】属性管理器。在【倒角类型】选项栏中，
选择【顶点】选项🔽；在【要倒角化的项目】选项栏中选择【顶点】选项，
可以选中【完整预览】单选按钮，看整个倒角的预览状况；在【倒角参数】
选项栏中，设置【距离1】🔒为"10.00mm"，设置【距离2】🔒为"10.00mm"，
设置【距离3】🔒为"10.00mm"；剩下的选项保持默认设置，单击【确定】
按钮，生成顶点倒角特征，如图4-13所示。

图4-13 生成顶点倒角特征

4.2.4 等距面倒角

　　单击【特征】工具栏中【圆角】🔵的下拉按钮▾，在下拉列表中选择【倒角】
选项，或者选择【插入】|【特征】|【倒角】菜单命令，打开【倒角】属性
管理器。在【倒角类型】选项栏中，选择【等距面】选项🔲，在【要倒角化
的项目】选项栏中选择【上平面】选项，勾选【切线延伸】复选框，可选中【完
整预览】单选按钮，看整个倒角的预览状况；在【倒角参数】选项栏中，选择【对
称】选项，设置【等距距离】🔽为"5.00mm"；在【部分边线参数】选项栏
中的选项保持默认设置；在【倒角选项】选项栏中的选项保持默认设置，单
击【确定】按钮，生成等距面倒角特征，如图4-14所示。

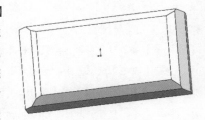

图4-14 生成等距面倒角特征

4.2.5 面–面倒角

　　单击【特征】工具栏中【圆角】🔵的下拉按钮▾，在下拉列表中选择【倒角】选项，或者选择【插入】|
【特征】|【倒角】菜单命令，打开【倒角】属性管理器。在【倒角类型】
选项栏中，选择🔲【面–面】选项，在【要倒角化的项目】选项栏中，设置【面
组1】🔳为【下平面】，设置【面组2】🔳为【侧平面】，勾选【切线延伸】
复选框，可以选中【完整预览】单选按钮，看整个倒角的预览状况；在【倒
角参数】选项栏中，选择【对称】选项，设置【等距距离】🔽为"6.00mm"；
在【倒角选项】选项栏中，保持默认设置，单击【确定】按钮，生成面–面
倒角特征，如图4-15所示。

图4-15 生成面–面倒角特征

4.3 孔向导

使用孔向导特征可以在三维模型的表面自动生成符合国标要求的各种类型的孔，该特征主要用于模拟机械加工中打孔的过程。

选择【插入】|【特征】|【异型孔向导】菜单命令，打开【孔规格】属性管理器，如图 4-16 所示。

图 4-16 【孔规格】属性管理器

课堂案例 使用异型孔向导特征建模

实例素材	课堂案例 / 第 04 章 /4.3
视频教学	录屏 / 第 04 章 /4.3
案例要点	掌握异型孔向导特征功能的使用方法

扫码观看视频

4.3.1 柱形沉头孔

Step 01 打开实例素材，如图 4-17 所示。

Step 02 单击【特征】工具栏中的【异型孔向导】按钮，或者选择【插入】|【特征】|【孔向导】菜单命令，打开【孔规格】属性管理器，如图 4-18 所示。在【类型】选项卡中，保持【收藏】选项栏中的选项为默认；在【孔类型】选项栏中，选择【柱形沉头孔】选项，将【标准】设置为【GB】，选择【类型】为【Hex head bolts】；在【孔规格】选项栏中，设置【大小】为【M5】，设置【配合】为【正常】，不勾选【显示自定义大小】复选框。将【终止条件】设置为【完全贯穿】；剩下的选项保持默认设置。然后在【位置】选项卡中，设置【孔位置】为矩形的上平面，在上平面上单击，生成柱形沉头孔特征，单击【确定】按钮，生成柱形沉头孔 – Hex head bolts 特征，如图 4-19 所示。

Step 03 单击【特征】工具栏中的【异型孔向导】按钮，或者选择【插入】|【特征】|【孔向导】菜单命令，打开【孔规格】属性管理器。在【类型】选项卡中，保持【收藏】选项栏中的选项为默认；在【孔类型】选项栏中，选择【柱形沉头孔】选项，将【标准】设置为【GB】，设置【类型】为【六角头螺栓

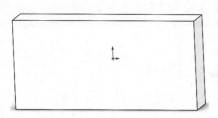

图 4-17 实例素材

图 4-18 【孔规格】属性管理器

C 级】；在【孔规格】选项栏中，设置【大小】为【M5】，设置【配合】为【正常】，不勾选【显示自定义大小】复选框。将【终止条件】设置为【完全贯穿】；剩下的选项保持默认设置。然后在【位置】选项卡中，设置【孔位置】为矩形的上平面，在上平面上单击，生成柱形沉头孔特征，单击【确定】按钮，生成柱形沉头孔 – 六角头螺栓 C 级特征，如图 4-20 所示。

Step 04 单击【特征】工具栏中的【异型孔向导】按钮，或者选择【插入】|【特征】|【孔向导】菜单命令，打开【孔规格】属性管理器。在【类型】选项卡中，保持【收藏】选项栏中的选项为默认；在【孔类型】选项栏中，选择【柱形沉头孔】选项，将【标准】设置为【GB】，设置【类型】为【六角头螺栓全螺纹C级】；在【孔规格】选项栏中，设置【大小】为【M5】，设置【配合】为【正常】，不勾选【显示自定义大小】复选框。将【终止条件】设置为【完全贯穿】，剩下的选项保持默认设置。然后在【位置】选项卡中，设置【孔位置】为矩形的上平面，在上平面上单击，生成柱形沉头孔特征，单击【确定】按钮，生成柱形沉头孔 – 六角头螺栓全螺纹C级特征，如图4-21所示。

图 4-19 生成柱形沉头孔 -Hex head bolts 特征

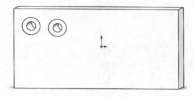

图 4-20 生成柱形沉头孔 -六角头螺栓 C 级特征

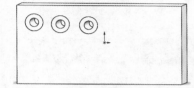

图 4-21 生成柱形沉头孔 -六角头螺栓全螺纹 C 级特征

Step 05 单击【特征】工具栏中的【异型孔向导】按钮，或者选择【插入】|【特征】|【孔向导】菜单命令，打开【孔规格】属性管理器。在【类型】选项卡中，保持【收藏】选项栏中的选项为默认；在【孔类型】选项栏中，选择【柱形沉头孔】选项，将【标准】设置为【GB】，设置【类型】为【六角头螺栓全螺纹】；在【孔规格】选项栏中，设置【大小】为【M5】，设置【配合】为【正常】，不勾选【显示自定义大小】复选框。将【终止条件】设置为【完全贯穿】，剩下的选项保持默认设置。然后在【位置】选项卡中，设置【孔位置】为矩形的上平面，在上平面上单击，生成柱形沉头孔特征，单击【确定】按钮，生成柱形沉头孔 – 六角头螺栓全螺纹特征，如图4-22所示。

Step 06 单击【特征】工具栏中的【异型孔向导】按钮，或者选择【插入】|【特征】|【孔向导】菜单命令，打开【孔规格】属性管理器。在【类型】选项卡中，保持【收藏】选项栏中的选项为默认；在【孔类型】选项组中，选择【柱形沉头孔】选项，将【标准】设置为【GB】，设置【类型】为【内六角圆柱头螺钉】；在【孔规格】选项栏中，设置【大小】为【M5】，设置【配合】为【正常】，不勾选【显示自定义大小】复选框。将【终止条件】设置为【完全贯穿】；剩下的选项保持默认设置。然后在【位置】选项卡中，设置【孔位置】为矩形的上平面，在上平面上单击，生成柱形沉头孔特征，单击【确定】按钮，生成柱形沉头孔 – 内六角圆柱头螺钉特征，如图4-23所示。

Step 07 单击【特征】工具栏中的【异型孔向导】按钮，或者选择【插入】|【特征】|【孔向导】菜单命令，打开【孔规格】属性管理器。在【类型】选项卡中，保持【收藏】选项栏中的选项为默认；在【孔类型】选项组中，选择【柱形沉头孔】选项，将【标准】设置为【GB】，设置【类型】为【内六角花形圆柱头螺钉】；在【孔规格】选项组中，设置【大小】为【M6】，设置【配合】为【正常】，不勾选【显示自定义大小】复选框。将【终止条件】设置为【完全贯穿】；剩下的选项保持默认设置。然后在【位置】选项卡中，设置【孔位置】为矩形的上平面，在上平面上单击，生成柱形沉头孔特征，单击【确定】按钮，生成柱形沉头孔 – 内六角花形圆柱头螺钉特征，如图4-24所示。

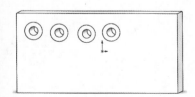

图 4-22 生成柱形沉头孔 -六角头螺栓全 螺纹特征

图 4-23 生成柱形沉头孔 -内六角圆柱头 螺钉特征

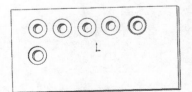

图 4-24 生成柱形沉头孔 -内六角花形 圆柱头螺钉特征

Step 08 单击【特征】工具栏中的【异型孔向导】按钮，或者选择【插入】|【特征】|【孔向导】菜单命令，打开【孔规格】属性管理器。在【类型】选项卡中，保持【收藏】选项栏的选项为默认；在【孔类型】选项组中，

选择【柱形沉头孔】选项，将【标准】设置为【GB】，设置【类型】为【开槽圆柱头螺钉】；在【孔规格】选项栏中，设置【大小】为【M5】，设置【配合】为【正常】，不勾选【显示自定义大小】复选框。将【终止条件】设置为【完全贯穿】；剩下的选项保持默认设置。然后在【位置】选项卡中，设置【孔位置】为矩形的上平面，在上平面上单击，生成柱形沉头孔特征，单击【确定】按钮，生成柱形沉头孔 - 开槽圆柱头螺钉特征，如图 4-25 所示。

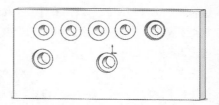

图 4-25 生成柱形沉头孔 - 开槽圆柱头螺钉特征

4.3.2 锥形沉头孔

Step 01 打开实例素材，如图 4-26 所示。

Step 02 单击【特征】工具栏中的【异型孔向导】按钮，或者选择【插入】|【特征】|【孔向导】菜单命令，打开【孔规格】属性管理器。在【类型】选项卡中，保持【收藏】选项栏中的选项为默认；在【孔类型】选项栏中，选择【锥形沉头孔】选项，将【标准】设置为【GB】，设置【类型】为【内六角花形半沉头螺钉】；在【孔规格】选项栏中，设置【大小】为【M20】，设置【配合】为【正常】，不勾选【显示自定义大小】复选框。将【终止条件】设置为【完全贯穿】；剩下的选项保持默认设置，如图 4-27 所示。然后在【位置】选项卡中，设置【孔位置】为矩形的上平面，在上平面上单击，生成锥形沉头孔特征，单击【确定】按钮，生成锥形沉头孔 - 内六角花形半沉头螺钉特征，如图 4-28 所示。

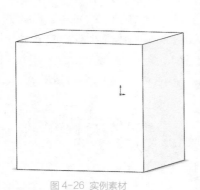

图 4-26 实例素材　　　　图 4-27 【孔规格】属性管理器

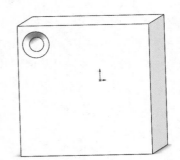

图 4-28 生成锥形沉头孔 - 内六角花形半沉头螺钉特征

Step 03 单击【特征】工具栏中的【异型孔向导】按钮，或者选择【插入】|【特征】|【孔向导】菜单命令，打开【孔规格】属性管理器。在【类型】选项栏中，保持【收藏】选项栏中的选项为默认；在【孔类型】选项栏中，选择【锥形沉头孔】选项，将【标准】设置为【GB】，设置【类型】为【内六角花形沉头螺钉】；在【孔规格】选项栏中，

设置【大小】为【M20】，设置【配合】为【正常】，不勾选【显示自定义大小】复选框。将【终止条件】设置为【完全贯穿】；剩下的选项保持默认设置。然后在【位置】选项卡中，设置【孔位置】为矩形的上平面，在上平面上单击，生成锥形沉头孔特征，单击【确定】按钮，生成锥形沉头孔－内六角花形沉头螺钉特征，如图4-29所示。

Step 04 单击【特征】工具栏中的【异型孔向导】按钮，或者选择【插入】|【特征】|【孔向导】菜单命令，打开【孔规格】属性管理器。在【类型】选项卡中，保持【收藏】选项栏中的选项为默认；在【孔类型】选项栏中，选择【锥形沉头孔】选项，将【标准】设置为【GB】，设置【类型】为【十字槽半沉头木螺钉】；在【孔规格】选项栏中，设置【大小】为【M10】，设置【配合】为【正常】，不勾选【显示自定义大小】复选框。在【终止条件】选项栏中，选择【完全贯穿】选项；剩下的选项保持默认设置。然后在【位置】选项卡中，设置【孔位置】为矩形的上平面，在上平面上单击，生成锥形沉头孔特征，单击【确定】按钮，生成锥形沉头孔－十字槽半沉头木螺钉特征，如图4-30所示。

Step 05 单击【特征】工具栏中的【异型孔向导】按钮或者选择【插入】|【特征】|【孔向导】菜单命令，打开【孔规格】属性管理器。在【类型】选项卡中，保持【收藏】选项栏中的选项为默认；在【孔类型】选项栏中，选择【锥形沉头孔】选项，将【标准】设置为【GB】，设置【类型】为【十字槽半沉头自攻螺钉】；在【孔规格】选项栏中，设置【大小】为【ST8】，设置【配合】为【正常】，不勾选【显示自定义大小】复选框。将【终止条件】设置为【完全贯穿】；剩下的选项保持默认设置。然后在【位置】选项卡中，设置【孔位置】为矩形的上平面，在上平面上单击，生成锥形沉头孔特征，单击【确定】按钮，生成锥形沉头孔－十字槽半沉头自攻螺钉特征，如图4-31所示。

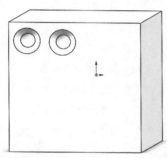

图4-29 生成锥形沉头孔－内六角花形沉头螺钉特征

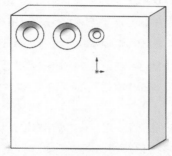

图4-30 生成锥形沉头孔－十字槽半沉头木螺钉特征

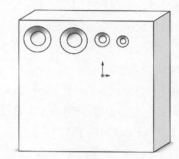

图4-31 生成锥形沉头孔－十字槽半沉头自攻螺钉特征

Step 06 单击【特征】工具栏中的【异型孔向导】按钮，或者选择【插入】|【特征】|【孔向导】菜单命令，打开【孔规格】属性管理器。在【类型】选项卡中，保持【收藏】选项栏中的选项为默认；在【孔类型】选项栏中，选择【锥形沉头孔】选项，将【标准】设置为【GB】，设置【类型】为【十字槽沉头木螺钉】；在【孔规格】选项栏中，设置【大小】为【M10】，设置【配合】为【正常】，不勾选【显示自定义大小】复选框。将【终止条件】设置为【完全贯穿】；剩下的选项保持默认设置。然后在【位置】选项卡中，设置【孔位置】为矩形的上平面，在上平面上单击，生成锥形沉头孔特征，单击【确定】按钮，生成锥形沉头孔－十字槽沉头木螺钉特征，如图4-32所示。

Step 07 单击【特征】工具栏中的【异型孔向导】按钮，或者选择【插入】|【特征】|【孔向导】菜单命令，打开【孔规格】属性管理器。在【类型】选项卡中，保持【收藏】选项栏中的选项为默认；在【孔类型】选项栏中，选择【锥形沉头孔】选项，将【标准】设置为【GB】，设置【类型】为【十字槽沉头自攻螺钉】；在【孔规格】选项栏中，设置【大小】为【ST8】，设置【配合】为【正常】，不勾选【显示自定义大小】复选框。将【终止条件】设置为【完全贯穿】；剩下的选项保持默认设置。然后在【位置】选项卡中，设置【孔位置】为矩形的上平面，在上平面上单击，生成锥形沉头孔特征，单击【确定】按钮，生成锥形沉头孔－十字槽沉头自攻螺钉特征，如图4-33所示。

Step 08 单击【特征】工具栏中的【异型孔向导】按钮，或者选择【插入】|【特征】|【孔向导】菜单命令，打开【孔规格】属性管理器。在【类型】选项栏中，保持【收藏】选项栏中的选项为默认；在【孔类型】选项栏中，选择【锥

形沉头孔】选项 🔩，将【标准】设置为【GB】，设置【类型】为【开槽半沉头木螺钉】；在【孔规格】选项栏中，设置【大小】为【M10】，设置【配合】为【正常】，不勾选【显示自定义大小】复选框。将【终止条件】设置为【完全贯穿】；剩下的选项保持默认设置。然后在【位置】选项卡中，设置【孔位置】为矩形的上平面，在上平面上单击，生成锥形沉头孔特征，单击【确定】按钮，生成锥形沉头孔 - 开槽半沉头木螺钉特征，如图 4-34 所示。

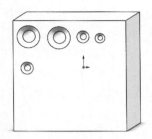
图 4-32 生成锥形沉头孔 - 十字槽
沉头木螺钉特征

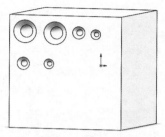
图 4-33 生成锥形沉头孔 - 十字槽
沉头自攻螺钉特征

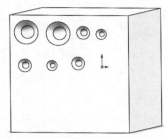
图 4-34 生成锥形沉头孔 - 开槽半
沉头木螺钉特征

Step 09 单击【特征】工具栏中的【异型孔向导】按钮 🔩，或者选择【插入】|【特征】|【孔向导】菜单命令，打开【孔规格】属性管理器。在【类型】选项卡中，保持【收藏】选项栏中的选项为默认；在【孔类型】选项栏中，选择【锥形沉头孔】选项 🔩，将【标准】设置为【GB】，设置【类型】为【开槽半沉头自攻螺钉】；在【孔规格】选项栏中，设置【大小】为【ST8】，设置【配合】为【正常】，不勾选【显示自定义大小】复选框。将【终止条件】设置为【完全贯穿】；剩下的选项保持默认设置。然后在【位置】选项卡中，设置【孔位置】为矩形的上平面，在上平面上单击，生成锥形沉头孔特征，单击【确定】按钮，生成锥形沉头孔 - 开槽半沉头自攻螺钉特征，如图 4-35 所示。

Step 10 单击【特征】工具栏中的【异型孔向导】按钮 🔩，或者选择【插入】|【特征】|【孔向导】菜单命令，打开【孔规格】属性管理器。在【类型】选项栏中，保持【收藏】选项栏中的选项为默认；在【孔类型】选项栏中，选择【锥形沉头孔】选项 🔩，将【标准】设置为【GB】，设置【类型】为【开槽半沉头螺钉】；在【孔规格】选项栏中，设置【大小】为【M10】，设置【配合】为【正常】，不勾选【显示自定义大小】复选框。将【终止条件】设置为【完全贯穿】；剩下的选项保持默认设置。然后在【位置】选项卡中，设置【孔位置】为矩形的上平面，在上平面上单击，生成锥形沉头孔特征，单击【确定】按钮，生成锥形沉头孔 - 开槽半沉头螺钉特征，如图 4-36 所示。

Step 11 单击【特征】工具栏中的【异型孔向导】按钮 🔩，或者选择【插入】|【特征】|【孔向导】菜单命令，打开【孔规格】属性管理器。在【类型】选项卡中，保持【收藏】选项栏中的选项为默认；在【孔类型】选项栏中，选择【锥形沉头孔】选项 🔩，将【标准】设置为【GB】，设置【类型】为【开槽沉头木螺钉】；在【孔规格】选项栏中，设置【大小】为【M10】，设置【配合】为【正常】，不勾选【显示自定义大小】复选框。将【终止条件】设置为【完全贯穿】；剩下的选项保持默认设置。然后在【位置】选项卡中，设置【孔位置】为矩形的上平面，在上平面上单击，生成锥形沉头孔特征，单击【确定】按钮，生成锥形沉头孔 - 开槽沉头木螺钉特征，如图 4-37 所示。

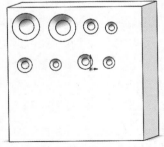
图 4-35 生成锥形沉头孔 - 开槽
半沉头自攻螺钉特征

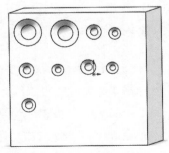
图 4-36 生成锥形沉头孔 - 开槽
半沉头螺钉特征

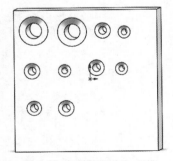
图 4-37 生成锥形沉头孔 - 开槽
沉头木螺钉特征

Step 12 单击【特征】工具栏中的【异型孔向导】按钮 ，或者选择【插入】|【特征】|【孔向导】菜单命令，打开【孔规格】属性管理器。在【类型】选项卡中，保持【收藏】选项栏中的选项为默认；在【孔类型】选项栏中，选择【锥形沉头孔】选项 ，将【标准】设置为【GB】，设置【类型】为【开槽沉头自攻螺钉】；在【孔规格】选项栏中，设置【大小】为【ST8】，设置【配合】为【正常】，不勾选【显示自定义大小】复选框。将【终止条件】设置为【完全贯穿】；剩下的选项保持默认设置。然后在【位置】选项卡中，设置【孔位置】为矩形的上平面，在上平面上单击，生成锥形沉头孔特征，单击【确定】按钮，生成锥形沉头孔－开槽沉头自攻螺钉特征，如图 4-38 所示。

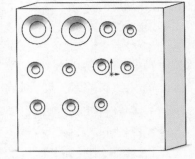

图 4-38 锥形沉头孔 -开槽沉头自攻螺钉特征

4.3.3 孔

Step 01 打开实例素材，如图 4-39 所示。

Step 02 单击【特征】工具栏中的【异型孔向导】按钮 ，或者选择【插入】|【特征】|【孔向导】菜单命令，打开【孔规格】属性管理器。在【类型】选项卡中，保持【收藏】选项栏中的选项为默认；在【孔类型】选项栏中，选择【孔】选项 ，将【标准】设置为【GB】，设置【类型】为【暗销孔】；在【孔规格】选项栏中，设置【大小】为【$\phi20.0$】。将【终止条件】设置为【给定深度】，将【盲孔深度】 设置为"20.00mm"，选择【直至肩部的深度】选项 ，剩下的选项保持默认设置，如图 4-40 所示。然后在【位置】选项卡中，设置【孔位置】为矩形的上平面，在上平面上单击，生成孔特征，单击【确定】按钮，生成孔－暗销孔特征，如图 4-41 所示。

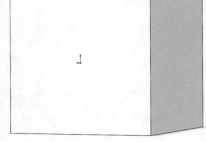

图 4-39 实例素材

图 4-40 【孔规格】属性管理器

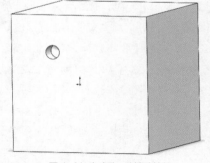

图 4-41 生成孔 -暗销孔特征

Step 03 单击【特征】工具栏中的【异型孔向导】按钮 ，或者选择【插入】|【特征】|【孔向导】菜单命令，打

开【孔规格】属性管理器。在【类型】选项卡中，保持【收藏】选项栏中的选项为默认；在【孔类型】选项栏中，选择【孔】选项，将【标准】设置为【GB】，设置【类型】为【螺纹钻孔】；在【孔规格】选项栏中，设置【大小】为【M20】。将【终止条件】设置为【给定深度】，将【盲孔深度】设置为"20.00mm"，选择【直至肩部的深度】选项，剩下的选项保持默认设置。然后在【位置】选项卡中，设置【孔位置】为矩形的上平面，在上平面上单击，生成孔特征，单击【确定】按钮，生成孔－螺纹钻孔特征，如图4-42所示。

Step 04 单击【特征】工具栏中的【异型孔向导】按钮，或者选择【插入】|【特征】|【孔向导】菜单命令，打开【孔规格】属性管理器。在【类型】选项卡中，保持【收藏】选项栏中的选项为默认；在【孔类型】选项栏中，选择【孔】选项，将【标准】设置为【GB】，设置【类型】为【螺钉间隙】；在【孔规格】选项栏中，设置【大小】为【M20】，设置【配合】为【正常】。将【终止条件】设置为【给定深度】，将【盲孔深度】设置为"20.00mm"，选择【直至肩部的深度】选项，剩下的选项保持默认设置。然后在【位置】选项卡中，设置【孔位置】为矩形的上平面，在上平面上单击，生成孔特征，单击【确定】按钮，生成孔－螺钉间隙特征，如图4-43所示。

Step 05 单击【特征】工具栏中的【异型孔向导】按钮，或者选择【插入】|【特征】|【孔向导】菜单命令，打开【孔规格】属性管理器。在【类型】选项卡中，保持【收藏】选项栏中的选项为默认；在【孔类型】选项栏中，选择【孔】选项，将【标准】设置为【GB】，设置【类型】为【钻孔大小】；在【孔规格】选项栏中，设置【大小】为【$\phi20.0$】。设置【终止条件】为【给定深度】，将【盲孔深度】设置为"20.00mm"，选择【直至肩部的深度】选项，剩下的选项保持默认设置。然后在【位置】选项卡中，设置【孔位置】为矩形的上平面，在上平面上单击，生成孔特征，单击【确定】按钮，生成孔－钻孔大小特征，如图4-44所示。

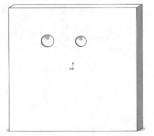

图4-42 生成孔-螺纹钻孔特征

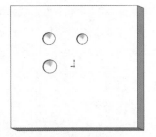

图4-43 生成孔-螺钉间隙特征

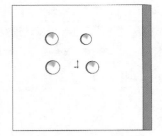

图4-44 生成孔-钻孔大小特征

4.3.4 直螺纹孔

Step 01 打开实例素材，如图4-45所示。

Step 02 单击【特征】工具栏中的【异型孔向导】按钮，或者选择【插入】|【特征】|【孔向导】菜单命令，打开【孔规格】属性管理器。在【类型】选项卡中，保持【收藏】选项栏中的选项为默认；在【孔类型】选项栏中，选择【直螺纹孔】选项，将【标准】设置为【GB】，设置【类型】为【直管螺纹孔】；在【孔规格】选项栏中，设置【大小】为【G1】。设置【终止条件】为【给定深度】，将【盲孔深度】和【螺纹线深度】都保持默认设置，在【选项】选项栏中，选择【装饰螺纹线】选项，勾选【带螺纹标注】复选框，【公差／精度】等选项保持默认设置，如图4-46所示。然后在【位置】选项卡中，设置【孔位置】为矩形的上平面，在上平面上单击，生成直螺纹孔特征，单击【确定】按钮，生成直螺纹孔－直管螺纹孔特征，如图4-47所示。

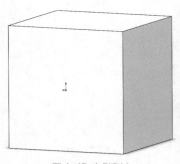

图4-45 实例素材

Step 03 单击【特征】工具栏中的【异型孔向导】按钮🔩，或者选择【插入】|【特征】|【孔向导】菜单命令，打开【孔规格】属性管理器。在【类型】选项卡中，保持【收藏】选项栏中的选项为默认；在【孔类型】选项栏中，选择【直螺纹孔】选项🔩，将【标准】设置为【GB】，设置【类型】为【底部螺纹孔】；在【孔规格】选项栏中，设置【大小】为【M30】。设置【终止条件】为【给定深度】，将【盲孔深度】🔩和【螺纹线深度】🔩都保持默认设置，在【选项】选项栏中，选择【装饰螺纹线】选项🔩，勾选【带螺纹标注】复选框，【公差/精度】等选项保持默认设置。然后在【位置】选项卡中，设置【孔位置】为矩形的上平面，在上平面上单击，生成直螺纹孔特征，单击【确定】按钮，生成直螺纹孔 – 底部螺纹孔特征，如图 4-48 所示。

Step 04 单击【特征】工具栏中的【异型孔向导】按钮🔩，或者选择【插入】|【特征】|【孔向导】菜单命令，打开【孔规格】属性管理器。在【类型】选项卡中，保持【收藏】选项栏中的选项为默认；在【孔类型】选项栏中，选择【直螺纹孔】选项🔩，将【标准】设置为【GB】，设置【类型】为【螺纹孔】；在【孔规格】选项栏中，设置【大小】为【M30】。设置【终止条件】为【给定深度】，将【盲孔深度】🔩和【螺纹线深度】🔩都保持默认设置，在【选项】选项栏中，选择【装饰螺纹线】选项🔩，勾选【带螺纹标注】复选框，【公差/精度】等选项保持默认设置。然后在【位置】选项卡中，设置【孔位置】为矩形的上平面，在上平面上单击，生成直螺纹孔特征，单击【确定】按钮，生成直螺纹孔 – 螺纹孔特征，如图 4-49 所示。

图 4-46 【孔规格】属性管理器

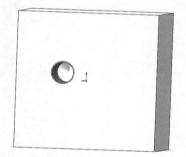

图 4-47 生成直螺纹孔 – 直管螺纹孔特征

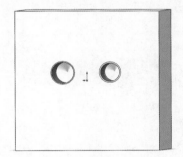

图 4-48 生成直螺纹孔 – 底部螺纹孔特征

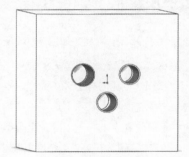

图 4-49 生成直螺纹孔 – 螺纹孔特征

4.3.5 锥形螺纹孔

Step 01 打开实例素材，如图 4-50 所示。

Step 02 单击【特征】工具栏中的【异型孔向导】按钮🔩，或者选择【插入】|【特征】|【孔向导】菜单命令，打开【孔规格】属性管理器。在【类型】选项卡中，保持【收藏】选项栏中的选项为默认；在【孔类型】选项栏中，选择【锥形螺纹孔】选项🔩，将【标准】设置为【GB】，设置【类型】为【锥形管螺纹】；在【孔规格】选项栏中，设置【大小】为【2】。设置【终止条件】为【给定深度】，将【盲孔深度】🔩和【螺纹线深度】🔩都保持默认设置，在【选项】选项栏中，选择【装饰螺纹线】选项，勾选【带螺纹标注】复选框，【公差/精度】等选项保持默认设置，如图 4-51 所示。然后在【位置】选项卡中，设置【孔位置】为矩形的上平面，在上平面上单击，生成锥形螺纹孔螺纹，单击【确定】按钮，生成锥形螺纹孔 – 锥形管螺纹特征，如图 4-52 所示。

图 4-50 实例素材 　　　　　　图 4-51 【孔规格】属性管理器 　　　　　图 4-52 生成锥形螺纹孔 -锥形管螺纹特征

4.3.6 旧制孔

Step 01 打开实例素材，如图 4-53 所示。

Step 02 单击【特征】工具栏中的【异型孔向导】按钮，或者选择【插入】
|【特征】|【孔向导】菜单命令，打开【孔规格】属性管理器。在【类型】
选项卡中，保持【收藏】选项栏中的选项为默认；在【孔类型】选项栏中，
选择【旧制孔】选项，设置【类型】为【简单直孔】；设置【终止条件】
为【给定深度】，【公差／精度】保持默认设置，如图 4-54 所示。然后在【位
置】选项卡中，设置【孔位置】为矩形的上平面，在上平面上单击，生成旧制
孔特征，单击【确定】按钮，生成旧制孔 - 简单直孔特征，如图 4-55 所示。

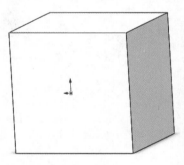

图 4-53 实例素材

Step 03 单击【特征】工具栏中的【异型孔向导】按钮，或者选择【插入】
|【特征】|【孔向导】菜单命令，打开【孔规格】属性管理器。在【类型】选项卡中，保持【收藏】选项栏中的
选项为默认；在【孔类型】选项栏中，选择【旧制孔】选项，设置【类型】为【推拔孔】；设置【终止条件】为
【给定深度】，【公差／精度】等选项保持默认设置。然后在【位置】选项卡中，设置【孔位置】为矩形的上平面，
在上平面上单击，生成旧制孔特征，单击【确定】按钮，生成旧制孔 - 推拔孔特征，如图 4-56 所示。

Step 04 单击【特征】工具栏中的【异型孔向导】按钮，或者选择【插入】|【特征】|【孔向导】菜单命令，打
开【孔规格】属性管理器。在【类型】选项卡中，保持【收藏】选项栏中的选项为默认；在【孔类型】选项栏中，
选择【旧制孔】选项，设置【类型】为【柱形沉头孔】；设置【终止条件】为【给定深度】，【公差／精度】等
选项保持默认设置。然后在【位置】选项卡中，设置【孔位置】为矩形的上平面，在上平面上单击，生成旧制孔
特征，单击【确定】按钮，生成旧制孔 - 柱形沉头孔特征，如图 4-57 所示。

图 4-54 【孔规格】属性管理器

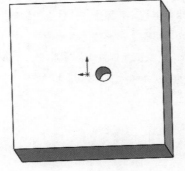

图 4-55 生成旧制孔 - 简单直孔特征

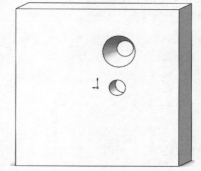

图 4-56 生成旧制孔 - 推拔孔特征

Step 05 单击【特征】工具栏中的【异型孔向导】按钮，或者选择【插入】|【特征】|【孔向导】菜单命令，打开【孔规格】属性管理器。在【类型】选项卡中，保持【收藏】选项栏中的选项为默认；在【孔类型】选项栏中，选择【旧制孔】选项，设置【类型】为【锥形沉头孔】；设置【终止条件】为【给定深度】，【公差 / 精度】等选项保持默认设置。然后在【位置】选项卡中，设置【孔位置】为矩形的上平面，在上平面上单击，生成旧制孔特征，单击【确定】按钮，生成旧制孔 - 锥形沉头孔特征，如图 4-58 所示。

Step 06 单击【特征】工具栏中的【异型孔向导】按钮，或者选择【插入】|【特征】|【孔向导】菜单命令，打开【孔规格】属性管理器。在【类型】选项卡中，保持【收藏】选项栏中的选项为默认；在【孔类型】选项栏中，选择【旧制孔】选项，设置【类型】为【导头沉头孔】；设置【终止条件】为【给定深度】，【公差 / 精度】等选项保持默认设置。然后在【位置】选项卡中，设置【孔位置】为矩形的上平面，在上平面上单击，生成旧制孔特征，单击【确定】按钮，生成旧制孔 - 导头沉头孔特征，如图 4-59 所示。

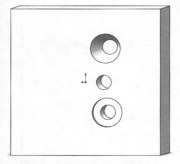

图 4-57 生成旧制孔 - 柱形沉头孔特征

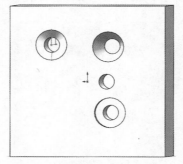

图 4-58 生成旧制孔 - 锥形沉头孔特征

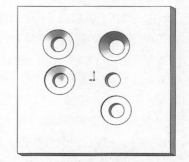

图 4-59 生成旧制孔 - 导头沉头孔特征

Step 07 单击【特征】工具栏中的【异型孔向导】按钮，或者选择【插入】|【特征】|【孔向导】菜单命令，打开【孔规格】属性管理器。在【类型】选项卡中，保持【收藏】选项栏中的选项为默认；在【孔类型】选项栏中，选择【旧制孔】选项，设置【类型】为【导头锥形沉头孔】；设置【终止条件】为【给定深度】，【公差 / 精度】等选项保持默认设置。然后在【位置】选项卡中，设置【孔位置】为矩形的上平面，在上平面上单击，生成旧制

孔特征，单击【确定】按钮，生成旧制孔－导头锥形沉头孔特征，如图 4-60 所示。

Step 08 单击【特征】工具栏中的【异型孔向导】按钮◎，或者选择【插入】|【特征】|【孔向导】菜单命令，打开【孔规格】属性管理器。在【类型】选项卡中，保持【收藏】选项栏中的选项为默认；在【孔类型】选项栏中，选择【旧制孔】选项◎，设置【类型】为【导头柱形沉头孔】；设置【终止条件】为【给定深度】，【公差／精度】等选项保持默认设置。然后在【位置】选项卡中，设置【孔位置】为矩形的上平面，在上平面上单击，生成旧制孔特征，单击【确定】按钮，生成旧制孔－导头柱形沉头孔特征，如图 4-61 所示。

Step 09 单击【特征】工具栏中的【异型孔向导】按钮◎，或者选择【插入】|【特征】|【孔向导】菜单命令，打开【孔规格】属性管理器。在【类型】选项卡中，保持【收藏】选项栏中的选项为默认；在【孔类型】选项栏中，选择【旧制孔】选项◎，设置【类型】为【导头锥拔孔】；设置【终止条件】为【给定深度】，【公差／精度】等选项保持默认设置。然后在【位置】选项卡中，设置【孔位置】为矩形的上平面，在上平面上单击，生成旧制孔特征，单击【确定】按钮，生成旧制孔－导头锥拔孔特征，如图 4-62 所示。

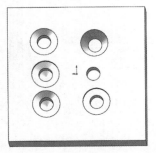
图 4-60 生成旧制孔 -导头锥形沉头孔特征

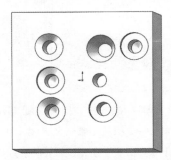
图 4-61 生成旧制孔 -导头柱形沉头孔特征

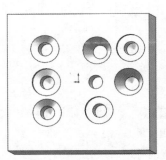
图 4-62 生成旧制孔 -导头锥拔孔特征

Step 10 单击【特征】工具栏中的【异型孔向导】按钮◎，或者选择【插入】|【特征】|【孔向导】菜单命令，打开【孔规格】属性管理器。在【类型】选项卡中，保持【收藏】选项栏中的选项为默认；在【孔类型】选项栏中，选择◎【旧制孔】选项，设置【类型】为【导头直孔】；设置【终止条件】为【给定深度】，【公差／精度】等选项保持默认设置。然后在【位置】选项卡中，设置【孔位置】为矩形的上平面，在上平面上单击，生成旧制孔特征，单击【确定】按钮，生成旧制孔－导头直孔特征，如图 4-63 所示。

Step 11 单击【特征】工具栏中的【异型孔向导】按钮◎，或者选择【插入】|【特征】|【孔向导】菜单命令，打开【孔规格】属性管理器。在【类型】选项卡中，保持【收藏】选项栏中的选项为默认；在【孔类型】选项栏中，选择【旧制孔】选项◎，设置【类型】为【沉头孔】；设置【终止条件】为【给定深度】，【公差／精度】等选项保持默认设置。然后在【位置】选项卡中，设置【孔位置】为矩形的上平面，在上平面上单击，生成旧制孔特征，单击【确定】按钮，生成旧制孔－沉头孔特征，如图 4-64 所示。

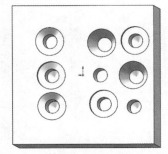
图 4-63 生成旧制孔 -导头直孔特征

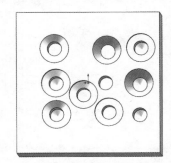
图 4-64 生成旧制孔 -沉头孔特征

Step 01 打开实例素材，如图 4-65 所示。

Step 02 单击【特征】工具栏中的【异型孔向导】按钮，或者选择【插入】|【特征】|【孔向导】菜单命令，打开【孔规格】属性管理器。在【类型】选项卡中，保持【收藏】选项栏中的选项为默认；在【孔类型】选项栏中，选择【柱孔槽口】选项，将【标准】设置为【GB】，设置【类型】为【六角头螺栓 C 级 GB/T 5780—2000】；在【孔规格】选项栏中，设置【大小】为【M10】，设置【配合】为【正常】；将【槽口长度】设置为"10.00mm"。设置【终止条件】为【给定深度】，将【盲孔深度】设置为"10mm"，选择【直至肩部的深度】选项，剩下的选项保持默认设置，如图 4-66 所示。然后在【位置】选项卡中，设置【孔位置】为矩形的上平面，在上平面上单击，生成柱孔槽口特征，单击【确定】按钮，生成柱孔槽口 - 六角头螺栓 C 级特征，如图 4-67 所示。

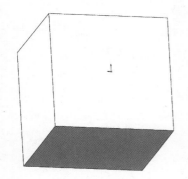

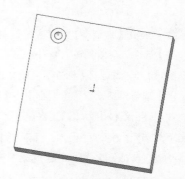

图 4-65 实例素材　　　　　　图 4-66 【孔规格】属性管理器　　　　　图 4-67 生成柱孔槽口 - 六角头螺栓 C 级特征

Step 03 单击【特征】工具栏中的【异型孔向导】按钮，或者选择【插入】|【特征】|【孔向导】菜单命令，打开【孔规格】属性管理器。在【类型】选项卡中，保持【收藏】选项栏中的选项为默认；在【孔类型】选项栏中，选择【柱孔槽口】选项，将【标准】设置为【GB】，设置【类型】为【六角头螺栓全螺纹 C 级 GB/T 5781—2000】；在【孔规格】选项栏中，设置【大小】为【M10】，设置【配合】为【正常】；将【槽口长度】设置为"10.00mm"。设置【终止条件】为【给定深度】，将【盲孔深度】设置为"10mm"，选择【直至肩部的深度】选项，剩下的选项保持默认设置。然后在【位置】选项卡中，设置【孔位置】为矩形的上平面，在上平面上单击，生成柱孔槽口特征，单击【确定】按钮，生成柱孔槽口 - 六角头螺栓全螺纹 C 级特征，如图 4-68 所示。

Step 04 单击【特征】工具栏中的【异型孔向导】按钮，或者选择【插入】|【特征】|【孔向导】菜单命令，打开【孔规格】属性管理器。在【类型】选项卡中，保持【收藏】选项栏中的选项为默认；在【孔类型】选项栏中，选择【柱孔槽口】选项，将【标准】设置为【GB】，设置【类型】为【六角头螺栓全螺纹 GB/T 5783—2000】；在【孔规格】选项栏中，设置【大小】为【M10】，设置【配合】为【正常】；将【槽口长度】设置为"10.00mm"。设置【终止条件】为【给定深度】，将【盲孔深度】设置为"10mm"，选择【直至肩部的深度】选项，剩

下的选项保持默认设置。然后在【位置】选项卡中，设置【孔位置】为矩形的上平面，在上平面上单击，生成柱孔槽口特征，单击【确定】按钮，生成柱孔槽口－六角头螺栓全螺纹特征，如图 4-69 所示。

Step 05 单击【特征】工具栏中的【异型孔向导】按钮 ，或者选择【插入】|【特征】|【孔向导】菜单命令，打开【孔规格】属性管理器。在【类型】选项卡中，保持【收藏】选项栏中的选项为默认；在【孔类型】选项栏中，选择【柱孔槽口】选项 ，将【标准】设置为【GB】，设置【类型】为【内六角圆柱头螺钉 GB/T 70.1—2000】；在【孔规格】选项栏中，设置【大小】为之【M10】，设置【配合】为【正常】；将【槽口长度】设置为"10.00mm"。设置【终止条件】为【给定深度】，将【盲孔深度】设置为"10mm"，选择【直至肩部的深度】选项 ，剩下的选项保持默认设置。然后在【位置】选项卡中，设置【孔位置】为矩形的上平面，在上平面上单击，生成柱孔槽口特征，单击【确定】按钮，生成柱孔槽口－内六角圆柱头螺钉特征，如图 4-70 所示。

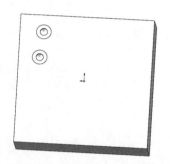

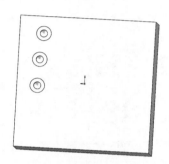

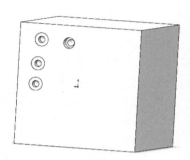

图 4-68 生成柱孔槽口-六角头螺栓　　　图 4-69 生成柱孔槽口-六角头螺栓　　　图 4-70 生成柱孔槽口-内六角
　　　全螺纹 C 级特征　　　　　　　　　　　全螺纹特征　　　　　　　　　　　　圆柱头螺钉特征

Step 06 单击【特征】工具栏中的【异型孔向导】按钮 ，或者选择【插入】|【特征】|【孔向导】菜单命令，打开【孔规格】属性管理器。在【类型】选项卡中，保持【收藏】选项栏中的选项为默认；在【孔类型】选项栏中，选择【柱孔槽口】选项 ，将【标准】设置为【GB】，设置【类型】为【内六角花形圆柱头螺钉 GB/T 6191—1986】；在【孔规格】选项栏中，设置【大小】为【M10】，设置【配合】为【正常】；将【槽口长度】设置为"10.00mm"。设置【终止条件】为【给定深度】，将【盲孔深度】设置为"10.00mm"，选择【直至肩部的深度】选项 ，剩下的选项保持默认设置。然后在【位置】选项卡中，设置【孔位置】为矩形的上平面，在上平面上单击，生成柱孔槽口特征，单击【确定】按钮，生成柱孔槽口－内六角花形圆柱头螺钉特征，如图 4-71 所示。

Step 07 单击【特征】工具栏中的【异型孔向导】按钮 ，或者选择【插入】|【特征】|【孔向导】菜单命令，打开【孔规格】属性管理器。在【类型】选项卡中，保持【收藏】选项栏中的选项为默认；在【孔类型】选项栏中，选择【柱孔槽口】选项 ，将【标准】设置为【GB】，设置【类型】为【内六角花形圆柱头螺钉 GB/T 6190—1986】；在【孔规格】选项栏中，设置【大小】为【M10】，设置【配合】为【正常】；将【槽口长度】设置为"10.00mm"。设置【终止条件】为【给定深度】，将【盲孔深度】设置为"10mm"，选择【直至肩部的深度】选项 ，剩下的选项保持默认设置。然后在【位置】选项卡中，设置【孔位置】为矩形的上平面，在上平面上单击，生成柱孔槽口特征，单击【确定】按钮，生成柱孔槽口－内六角花形圆柱头螺钉特征，如图 4-72 所示。

Step 08 单击【特征】工具栏中的【异型孔向导】按钮 ，或者选择【插入】|【特征】|【孔向导】菜单命令，打开【孔规格】属性管理器。在【类型】选项卡中，保持【收藏】选项栏中的选项为默认；在【孔类型】选项栏中，选择【柱孔槽口】选项 ，将【标准】设置为【GB】，设置【类型】为【开槽圆柱头螺钉 GB/T 65—2000】；在【孔规格】选项栏中，设置【大小】为【M10】，设置【配合】为【正常】；将【槽口长度】设置为"10.00mm"。设置【终止条件】为【给定深度】，将【盲孔深度】设置为"10mm"，选择【直至肩部的深度】选项 ，剩下的选项保持默认设置。然后在【位置】选项卡中，设置【孔位置】为矩形的上平面，在上平面上单击，生成柱孔槽口特征，单击【确定】按钮，生成柱孔槽口－开槽圆柱头螺钉特征，如图 4-73 所示。

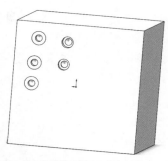

图 4-71 生成柱孔槽口 – 内六角花形
圆柱头螺钉特征（1）

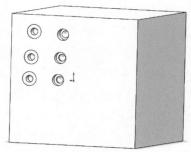

图 4-72 生成柱孔槽口 – 内六角花形
圆柱头螺钉特征（2）

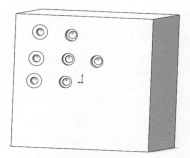

图 4-73 生成柱孔槽口 – 开槽
圆柱头螺钉特征

4.3.8 锥孔槽口

Step 01 打开实例素材，如图 4-74 所示。

Step 02 单击【特征】工具栏中的【异型孔向导】按钮，或者选择【插入】|【特征】|【孔向导】菜单命令，打开【孔规格】属性管理器。在【类型】选项卡中，保持【收藏】选项栏中的选项为默认；在【孔类型】选项栏中，选择【锥孔槽口】选项，将【标准】设置为【GB】，设置【类型】为【内六角花形半沉头螺钉】，在【孔规格】选项栏中，设置【大小】为【M10】，设置【配合】为【正常】；将【槽口长度】设置为"10.00mm"；设置【终止条件】为【给定深度】，将【盲孔深度】设置为"10mm"，选择【直至肩部的深度】选项，剩下的选项保持默认设置，如图 4-75 所示。然后在【位置】选项卡中，设置【孔位置】为矩形的上平面，在上平面上单击，生成孔特征，单击【确定】按钮，生成锥孔槽口 – 内六角花形半沉头螺钉特征，如图 4-76 所示。

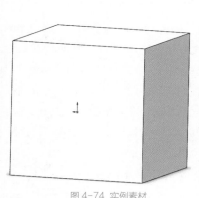

图 4-74 实例素材

图 4-75 【孔规格】属性管理器

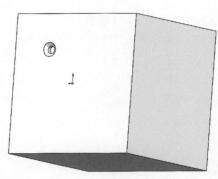

图 4-76 生成锥孔槽口 – 内六角花形半沉头螺钉特征

Step 03 单击【特征】工具栏中的【异型孔向导】按钮，或者选择【插入】|【特征】|【孔向导】菜单命令，打开【孔规格】属性管理器。在【类型】选项卡中，保持【收藏】选项栏中的选项为默认；在【孔类型】选项栏中，选择【锥孔槽口】选项，将【标准】设置为【GB】，设置【类型】为【内六角花形沉头螺钉】，在【孔规格】

选项栏中，设置【大小】为【M10】，设置【配合】为【正常】；将【槽口长度】🔧设置为"10.00mm"；设置【终止条件】为【给定深度】，将【盲孔深度】⊘设置为"10mm"，选择【直至肩部的深度】选项🔘，剩下的选项保持默认设置。然后在【位置】选项卡中，设置【孔位置】为矩形的上平面，在上平面上单击，生成锥孔槽口特征，单击【确定】按钮，生成锥孔槽口–内六角花形沉头螺钉特征，如图4-77所示。

Step 04 单击【特征】工具栏中的【异型孔向导】按钮🔘，或者选择【插入】|【特征】|【孔向导】菜单命令，打开【孔规格】属性管理器。在【类型】选项卡中，保持【收藏】选项栏中的选项为默认；在【孔类型】选项栏中，选择【锥孔槽口】选项🔧，将【标准】设置为【GB】，设置【类型】为【十字槽半沉头木螺钉】，在【孔规格】选项栏中，设置【大小】为【M10】，设置【配合】为【正常】；将【槽口长度】🔧设置为"10.00mm"；设置【终止条件】为【给定深度】，将【盲孔深度】⊘设置为"10mm"，选择【直至肩部的深度】选项🔘，剩下的选项保持默认设置。然后在【位置】选项卡中，设置【孔位置】为矩形的上平面，在上平面上单击，生成锥孔槽口特征，单击【确定】按钮，生成锥孔槽口–十字槽半沉头木螺钉特征，如图4-78所示。

Step 05 单击【特征】工具栏中的【异型孔向导】按钮🔘，或者选择【插入】|【特征】|【孔向导】菜单命令，打开【孔规格】属性管理器。在【类型】选项卡中，保持【收藏】选项栏中的选项为默认；在【孔类型】选项栏中，选择【锥孔槽口】选项🔧，将【标准】设置为【GB】，设置【类型】为【十字槽半沉头自攻螺钉】，在【孔规格】选项栏中，设置【大小】为【ST8】，设置【配合】为【正常】；将【槽口长度】🔧设置为"30.00mm"；设置【终止条件】为【给定深度】，将【盲孔深度】⊘设置为"10mm"，选择【直至肩部的深度】选项🔘，剩下的选项保持默认设置。然后在【位置】选项卡中，设置【孔位置】为矩形的上平面，在上平面上单击，生成锥孔槽口特征，单击【确定】按钮，生成锥孔槽口–十字槽半沉头自攻螺钉特征，如图4-79所示。

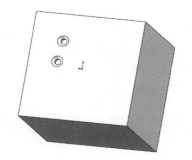

图4-77 生成锥孔槽口–内六角花形
沉头螺钉特征

图4-78 生成锥孔槽口–十字槽
半沉头木螺钉特征

图4-79 生成锥孔槽口–十字槽半沉头
自攻螺钉特征

Step 06 单击【特征】工具栏中的【异型孔向导】按钮🔘，或者选择【插入】|【特征】|【孔向导】菜单命令，打开【孔规格】属性管理器。在【类型】选项卡中，保持【收藏】选项栏中的选项为默认；在【孔类型】选项栏中，选择【锥孔槽口】选项🔧，将【标准】设置为【GB】，设置【类型】为【十字槽沉头木螺钉】，在【孔规格】选项栏中，设置【大小】为【M10】，设置【配合】为【正常】；将【槽口长度】🔧设置为"10.00mm"；设置【终止条件】为【给定深度】，将【盲孔深度】⊘设置为"10mm"，选择【直至肩部的深度】选项🔘，剩下的选项保持默认设置。然后在【位置】选项卡中，设置【孔位置】为矩形的上平面，在上平面上单击，生成锥孔槽口特征，单击【确定】按钮，生成锥孔槽口–十字槽沉头木螺钉特征，如图4-80所示。

Step 07 单击【特征】工具栏中的【异型孔向导】按钮🔘，或者选择【插入】|【特征】|【孔向导】菜单命令，打开【孔规格】属性管理器。在【类型】选项卡中，保持【收藏】选项栏中的选项为默认；在【孔类型】选项栏中，选择【锥孔槽口】选项🔧，将【标准】设置为【GB】，设置【类型】为【十字槽沉头自攻螺钉】，在【孔规格】选项栏中，设置【大小】为【ST8】，设置【配合】为【正常】；将【槽口长度】🔧设置为"30.00mm"；设置【终止条件】为【给定深度】，将【盲孔深度】⊘设置为"10mm"，选择【直至肩部的深度】选项🔘，剩下的选项

保持默认设置。然后在【位置】选项卡中，设置【孔位置】为矩形的上平面，在上平面上单击，生成锥孔槽口特征，单击【确定】按钮，生成锥孔槽口 – 十字槽沉头自攻螺钉特征，如图 4-81 所示。

Step 08 单击【特征】工具栏中的【异型孔向导】按钮，或者选择【插入】|【特征】|【孔向导】菜单命令，打开【孔规格】属性管理器。在【类型】选项卡中，保持【收藏】选项栏中的选项为默认；在【孔类型】选项栏中，选择【锥孔槽口】选项，将【标准】设置为【GB】，设置【类型】为【开槽半沉头木螺钉】，在【孔规格】选项栏中，设置【大小】为【M10】，设置【配合】为【正常】；将【槽口长度】设置为"10.00mm"；设置【终止条件】为【给定深度】，将【盲孔深度】设置为"10mm"，选择【直至肩部的深度】选项，剩下的选项保持默认设置。然后在【位置】选项卡中，设置【孔位置】为矩形的上平面，在上平面上单击，生成锥孔槽口特征，单击【确定】按钮，生成锥孔槽口 – 开槽半沉头木螺钉特征，如图 4-82 所示。

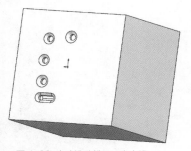
图 4-80 生成锥孔槽口 –十字槽
沉头木螺钉特征

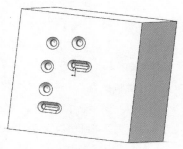
图 4-81 生成锥孔槽口 –十字槽
沉头自攻螺钉特征

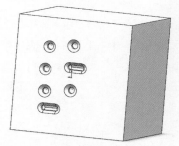
图 4-82 生成锥孔槽口 –开槽半
沉头木螺钉特征

Step 09 单击【特征】工具栏中的【异型孔向导】按钮，或者选择【插入】|【特征】|【孔向导】菜单命令，打开【孔规格】属性管理器。在【类型】选项卡中，保持【收藏】选项栏中的选项为默认；在【孔类型】选项栏中，选择【锥孔槽口】选项，将【标准】设置为【GB】，设置【类型】为【开槽半沉头自攻螺钉】，在【孔规格】选项栏中，设置【大小】为【ST8】，设置【配合】为【正常】；将【槽口长度】设置为"30.00mm"；设置【终止条件】为【给定深度】，将【盲孔深度】设置为"10mm"，选择【直至肩部的深度】选项，剩下的选项保持默认设置。然后在【位置】选项卡中，设置【孔位置】为矩形的上平面，在上平面上单击，生成锥孔槽口特征，单击【确定】按钮，生成锥孔槽口 – 开槽半沉头自攻螺钉特征，如图 4-83 所示。

Step 10 单击【特征】工具栏中的【异型孔向导】按钮，或者选择【插入】|【特征】|【孔向导】菜单命令，打开【孔规格】属性管理器。在【类型】选项卡中，保持【收藏】选项栏中的选项为默认；在【孔类型】选项栏中，选择【锥孔槽口】选项，将【标准】设置为【GB】，设置【类型】为【开槽半沉头螺钉】，在【孔规格】选项栏中，设置【大小】为【M10】，设置【配合】为【正常】；将【槽口长度】设置为"10.00mm"；设置【终止条件】为【给定深度】，将【盲孔深度】设置为"10mm"，选择【直至肩部的深度】选项，剩下的选项保持默认设置。然后在【位置】选项卡中，设置【孔位置】为矩形的上平面，在上平面上单击，生成锥孔槽口特征，单击【确定】按钮，生成锥孔槽口 – 开槽半沉头螺钉特征，如图 4-84 所示。

Step 11 单击【特征】工具栏中的【异型孔向导】按钮，或者选择【插入】|【特征】|【孔向导】菜单命令，打开【孔规格】属性管理器。在【类型】选项卡中，保持【收藏】选项栏中的选项为默认；在【孔类型】选项栏中，选择【锥孔槽口】选项，将【标准】设置为【GB】，设置【类型】为【开槽沉头木螺钉】，在【孔规格】选项栏中，设置【大小】为【M10】，设置【配合】为【正常】；将【槽口长度】设置为"10.00mm"；设置【终止条件】为【给定深度】，将【盲孔深度】设置为"10mm"，选择【直至肩部的深度】选项，剩下的选项保持默认设置。然后在【位置】选项卡中，设置【孔位置】为矩形的上平面，在上平面上单击，生成锥孔槽口特征，单击【确定】按钮，生成锥孔槽口 – 开槽沉头木螺钉特征，如图 4-85 所示。

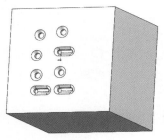

图 4-83 生成锥孔槽口 - 开槽半沉头
自攻螺钉特征

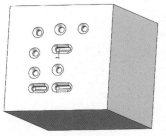

图 4-84 生成锥孔槽口 - 开槽
半沉头螺钉特征

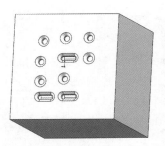

图 4-85 生成锥孔槽口 - 开槽
沉头木螺钉特征

Step 12 单击【特征】工具栏中的【异型孔向导】按钮，或者选择【插入】|【特征】|【孔向导】菜单命令，打开【孔规格】属性管理器。在【类型】选项卡中，保持【收藏】选项栏中的选项为默认；在【孔类型】选项栏中，选择【锥孔槽口】选项，将【标准】设置为【GB】，设置【类型】为【开槽沉头自攻螺钉】，在【孔规格】选项栏中，设置【大小】为【ST8】，设置【配合】为【正常】；将【槽口长度】设置为"30.00mm"；设置【终止条件】为【给定深度】，【盲孔深度】设置为"10mm"，选择【直至肩部的深度】选项，剩下的选项保持默认设置。然后在【位置】选项卡中，设置【孔位置】为矩形的上平面，在上平面上单击，生成锥孔槽口特征，单击【确定】按钮，生成锥孔槽口 – 开槽沉头自攻螺钉特征，如图 4-86 所示。

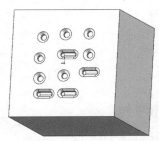

图 4-86 生成锥孔槽口 - 开槽沉头
自攻螺钉特征

4.3.9 槽口

Step 01 打开实例素材，如图 4-87 所示。

Step 02 单击【特征】工具栏中的【异型孔向导】按钮，或者选择【插入】|【特征】|【孔向导】菜单命令，打开【孔规格】属性管理器。在【类型】选项卡中，保持【收藏】选项栏中的选项为默认；在【孔类型】选项栏中，选择【槽口】选项，将【标准】设置为【GB】，设置【类型】为【暗销孔】，在【孔规格】选项栏中，设置【大小】为【直径10.0】，将【槽口长度】设置为"30.00mm"；设置【终止条件】为【给定深度】，将【盲孔深度】设置为"10.00mm"，选择【直至肩部的深度】选项，剩下的选项保持默认设置，如图 4-88 所示。然后在【位置】选项卡中，设置【孔位置】为矩形的上平面，在上平面上单击，生成槽口特征，单击【确定】按钮，生成槽口 – 暗销孔特征，如图 4-89 所示。

Step 03 单击【特征】工具栏中的【异型孔向导】按钮，或者选择【插入】|【特征】|【孔向导】菜单命令，打开【孔规格】属性管理器。在【类型】选项卡中，保持【收藏】选项栏中的选项为默认；在【孔类型】选项栏中，选择【槽口】选项，将【标准】设置为【GB】，设置【类型】为【螺纹钻孔】，在【孔规格】选项栏中，设置【大小】

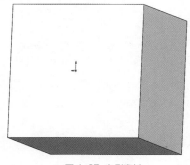

图 4-87 实例素材

图 4-88 【孔规格】属性管理器

为【M10】，将【槽口长度】▦设置为"30.00mm"；设置【终止条件】为【给定深度】，将【盲孔深度】◈设置为"10.00mm"，选择【直至肩部的深度】选项▣，剩下的选项保持默认设置。然后在【位置】选项卡中，设置【孔位置】为矩形的上平面，在上平面上单击，生成槽口特征，单击【确定】按钮，生成槽口－螺纹钻孔特征，如图 4-90 所示。

Step 04 单击【特征】工具栏中的【异型孔向导】按钮◉，或者选择【插入】|【特征】|【孔向导】菜单命令，打开【孔规格】属性管理器。在【类型】选项卡中，保持【收藏】选项栏中的选项为默认；在【孔类型】选项栏中，选择【槽口】选项▥，将【标准】设置为【GB】，设置【类型】为【螺钉间隙】，在【孔规格】选项栏中，设置【大小】为【M10】，设置【配合】为【正常】；将【槽口长度】▦设置为"30.00mm"；设置【终止条件】为【给定深度】，将【盲孔深度】◈设置为"10mm"，选择【直至肩部的深度】选项▣，剩下的选项保持默认设置。然后在【位置】选项卡中，设置【孔位置】为矩形的上平面，在上平面上单击，生成槽口特征，单击【确定】按钮，生成槽口－螺钉间隙按钮，如图 4-91 所示。

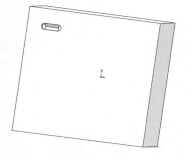

图 4-89 生成槽口-暗销孔特征

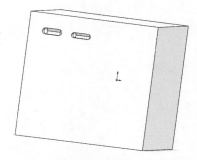

图 4-90 生成槽口-螺纹钻孔特征

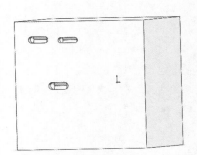

图 4-91 生成槽口-螺钉间隙特征

Step 05 单击【特征】工具栏中的【异型孔向导】按钮◉，或者选择【插入】|【特征】|【孔向导】菜单命令，打开【孔规格】属性管理器。在【类型】选项卡中，保持【收藏】选项栏中的选项为默认；在【孔类型】选项栏中，选择【槽口】选项▥，将【标准】设置为【GB】，设置【类型】为【钻孔大小】，在【孔规格】选项栏中，设置【大小】为【直径10.0】；将【槽口长度】▦设置为"30.00mm"；设置【终止条件】为【给定深度】，将【盲孔深度】◈设置为"10mm"，选择【直至肩部的深度】选项▣，剩下的选项保持默认设置。然后在【位置】选项卡中，设置【孔位置】为矩形的上平面，在上平面上单击，生成槽口特征，单击【确定】按钮，生成槽口－钻孔大小特征，如图 4-92 所示。

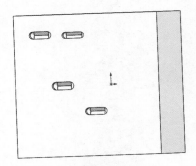

图 4-92 生成槽口-钻孔大小特征

4.4 螺纹线

使用螺纹线特征可以在三维模型的圆边线基础上自动生成一段螺纹线段，该特征主要用于模拟机械加工中车削螺纹线的过程。

选择【插入】|【特征】|【螺纹线】菜单命令，打开【螺纹线】属性管理器，如图 4-93 所示。

实例素材	课堂案例 / 第 04 章 /4.4
视频教学	录屏 / 第 04 章 /4.4
案例要点	掌握螺纹线特征功能的使用方法

Step 01 打开实例素材，如图 4-94 所示。

Step 02 单击【特征】工具栏中【异型孔向导】的下拉按钮，在下拉列表中选择【螺纹线】选项，或者选择【插入】|【特征】|【螺纹线】菜单命令，打开【螺纹线】属性管理器。保持【收藏】选项栏中的选项为默认；在【螺纹线位置】选项栏中，设置【圆柱体边线】为其中一条圆柱的外边线，对【可选起始位置】选项不作选择且不勾选【偏移】复选框，将【开始角度】设置为"2.00度"；设置【结束条件】为【给定深度】，将【深度】设置为"140.00mm"；在【规格】选项栏中，设置【类型】为【Inch Die】，设置【尺寸】为【#0-80】，将【覆盖直径】保持默认设置，将【覆盖螺距】设置为"4.05mm"，在【螺纹线方法】选项栏中，选中【剪切螺纹线】单选按钮，不勾选【镜像轮廓】复选框且不设置角度；在【螺纹选项】选项栏中，选中【右旋螺纹】单选按钮，剩下的选项保持默认设置，如图 4-95 所示。然后单击【确定】按钮，生成螺纹线 –Inch Die 特征，如图 4-96 所示。

图 4-93 【螺纹线】属性管理器

图 4-94 实例素材

图 4-95 【螺纹线】属性管理器

Step 03 单击【特征】工具栏中【异型孔向导】的下拉按钮，在下拉列表中选择【螺纹线】选项，或者选择【插入】|【特征】|【螺纹线】菜单命令，打开【螺纹线】属性管理器。保持【收藏】选项栏中的选项为默认；在【螺纹线位置】选项栏中，设置【圆柱体边线】为中间圆孔，对【可选起始位置】选项不作选择且不勾选【偏移】复选框，将【开始角度】设置为"2.00度"；设置【结束条件】为【给定深度】，将【深度】设置为"140.00mm"；在【规格】选项栏中，设置【类型】为【Inch Die】，【尺寸】为【#0-80】，将【覆盖直径】保持默认设置，将【覆盖螺距】设置为"4.00mm"，在【螺纹线方法】选项栏中，选中【剪切螺纹线】单选按钮，不勾选【镜像轮廓】复选框且不设置角度；在【螺纹选项】选项栏中，选中【右旋螺纹】单选按钮，剩下的选项保持默认设置。

然后单击【确定】按钮，生成螺纹线 –Inch Tap 特征，如图 4-97 所示。

Step 04 单击【特征】工具栏中【异型孔向导】🔩的下拉按钮 •，在下拉列表中选择【螺纹线】选项🔩，或者选择【插入】|【特征】|【螺纹线】菜单命令，打开【螺纹线】属性管理器。保持【收藏】选项栏中的选项为默认；在【螺纹线位置】选项栏中，设置【圆柱体边线】◎为其中一条圆柱的外边线，对【可选起始位置】选项🔩不作选择且不勾选【偏移】复选框，将【开始角度】📐设置为"2.00 度"；设置【结束条件】为【给定深度】，将【深度】设置为"140.00mm"；在【规格】选项栏中，设置【类型】为【Metric Die】，【尺寸】为【M80×4.0】，将【覆盖直径】⌀保持默认设置，将【覆盖螺距】📏设置为"4.00mm"，在【螺纹线方法】选项栏中，选中【剪切螺纹线】单选按钮，不勾选【镜像轮廓】复选框且不设置角度；在【螺纹选项】选项栏中，选中【右旋螺纹】单选按钮，剩下的选项保持默认设置。然后单击【确定】按钮，生成螺纹线 –Metric Die 特征，如图 4-98 所示。

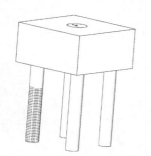

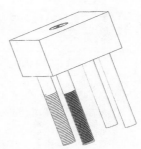

图 4-96 生成螺纹线 –Inch Die 特征　　图 4-97 生成螺纹线 –Inch Tap 特征　　图 4-98 生成螺纹线 –Metric Die 特征

Step 05 单击【特征】工具栏中【异型孔向导】🔩的下拉按钮 •，在下拉列表中选择【螺纹线】选项🔩，或者选择【插入】|【特征】|【螺纹线】菜单命令，打开【螺纹线】属性管理器。保持【收藏】选项栏中的选项为默认；在【螺纹线位置】选项栏中，设置【圆柱体边线】◎为其中一条圆柱的底面圆的外边线，对【可选起始位置】选项🔩不作选择且不勾选【偏移】复选框，将【开始角度】📐设置为"2.00 度"；设置【结束条件】为【给定深度】，将【深度】设置为"140.00mm"；在【规格】选项栏中，设置【类型】为【Metric Tap】，【尺寸】为【M100×4.0】，将【覆盖直径】⌀保持默认设置，将【覆盖螺距】📏设置为"4.00mm"，在【螺纹线方法】选项栏中，选中【拉伸螺纹线】单选按钮，不勾选【镜像轮廓】复选框且不设置角度；在【螺纹选项】选项栏中，选中【右旋螺纹】单选按钮，剩下的选项保持默认设置。然后单击【确定】按钮，生成螺纹线特征 –Metric Tap 特征，如图 4-99 所示。

Step 06 单击【特征】工具栏中【异型孔向导】🔩的下拉按钮 •，在下拉列表中选择【螺纹线】选项🔩，或者选择【插入】|【特征】|【螺纹线】菜单命令，打开【螺纹线】属性管理器。保持【收藏】选项栏中的选项为默认；在【螺纹线位置】选项栏中，设置【圆柱体边线】◎为其中一条圆柱的外边线，对【可选起始位置】选项🔩不作选择且不勾选【偏移】复选框，将【开始角度】📐设置为"2.00 度"；设置【结束条件】为【给定深度】，将【深度】设置为"140.00mm"；在【规格】选项栏中，设置【类型】为【SP4xx Bottle】，【尺寸】为【SP400-L-5】，将【覆盖直径】⌀保持默认设将置，【覆盖螺距】📏设置为"5.00mm"，在【螺纹线方法】选项栏中，选中【拉伸螺纹线】单选按钮，不勾选【镜像轮廓】复选框且不设置角度；在【螺纹选项】选项栏中，选中【右旋螺纹】单选按钮，剩下的选项保持默认设置。然后单击【确定】按钮，生成螺纹线 –SP4xx Bottle 特征，如图 4-100 所示。

图 4-99 生成螺纹线 –Metric Tap 特征　图 4-100 生成螺纹线 –SP4xx Bottle 特征

4.5 简单直孔

使用【简单直孔】特征 ⑩ 可以在模型上生成各种类型的简单直孔。在平面上放置孔并设置深度，可以通过标注尺寸的方法来定义它的位置。

选择【插入】|【特征】|【简单直孔】菜单命令，打开【孔】属性管理器，如图 4-101 所示。

课堂案例 在实体零件上创建简单直孔

实例素材	课堂案例 / 第 04 章 /4.5
视频教学	录屏 / 第 04 章 /4.5
案例要点	掌握简单直孔特征功能的使用方法

Step 01 打开实例素材中的零件模型，如图 4-102 所示。

Step 02 选择【插入】|【特征】|【简单直孔】命令 ⑩，并单击零件的最右侧表面，在打开的【孔】属性管理器中的【从】选项栏中将【开始条件】设置为【草图基准面】，在【方向 1】选项栏中将【终止条件】设置为【给定深度】，将【深度】 ⑩ 设置为 "5.00mm"，将【直径】 ⊘ 设置为 "5.00mm"，单击【确定】按钮，完成【简单直孔】特征的设置，如图 4-103 所示，选择的零件表面如图 4-104 所示。

图 4-101 【孔】属性管理器

图 4-102 打开零件模型

图 4-103 【孔】属性管理器

Step 03 完成【简单直孔】特征的设置，生成的图形如图 4-105 所示。

Step 04 选择【插入】|【特征】|【简单直孔】命令 ⑩，并单击零件的最右侧表面，在打开的【孔】属性管理器中的【从】选项栏中将【开始条件】设置为【草图基准面】，在【方向 1】选项栏中将【终止条件】设置为【完全贯穿】，将【直径】 ⊘ 设置为 "5.00mm"，单击【确定】按钮，完成【简单直孔】特征的设置，如图 4-106 所示。

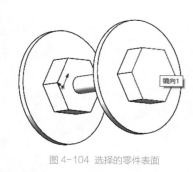

图 4-104 选择的零件表面

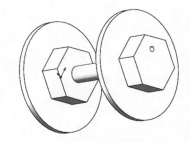

图 4-105 生成的图形（1）

图 4-106 【孔】属性管理器

Step 05 完成【简单直孔】特征的设置，生成的图形如图 4-107 所示。

Step 06 选择【插入】|【特征】|【简单直孔】命令，并单击零件右侧的法兰右表面，在打开的【孔】属性管理器中的【从】选项栏中将【开始条件】设置为【曲面/面/基准面】，将【曲面/面/基准面】设置为零件左侧的法兰右表面，在【方向1】选项栏中将【终止条件】设置为【成形到下一面】，将【直径】设置为"10.00mm"，将【拔模角度】设置为"30.00度"，并勾选【向外拔模】复选框，单击【确定】按钮，完成【简单直孔】特征的设置，如图 4-108 所示，选择的零件表面如图 4-109 所示。

图 4-107 生成的图形（2）

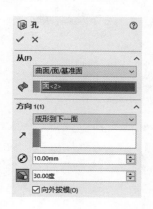

图 4-108 【孔】属性管理器

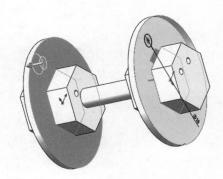

图 4-109 选择的零件表面

Step 07 完成【简单直孔】特征的设置，生成的图形如图 4-110 所示。

Step 08 选择【插入】|【特征】|【简单直孔】命令，并单击零件的最右侧表面，在打开的【孔】属性管理器中的【从】选项栏中将【开始条件】设置为【顶点】，将【顶点】设置为零件图示右侧的顶点，在【方向1】选项栏中将【终止条件】设置为【成形到一顶点】，将【顶点】设置为零件图示左侧的顶点，将【直径】设置为"10.00mm"单击【确定】按钮，完成【简单直孔】特征的设置，如图 4-111 所示，选择的零件表面如图 4-112 所示。

Step 09 完成【简单直孔】特征的设置，生成的图形如图 4-113 所示。

Step 10 选择【插入】|【特征】|【简单直孔】命令，并单击零件的最右侧表面，在打开的【孔】属性管理器中的【从】选项栏中将【开始条件】设置为【等距】，在【输入等距值】输入栏中输入"10.00mm"，在【方向1】选项栏中将【终止条件】设置为【成形到一面】，将【面/平面】设置为零件图示的平面，将【直径】设置为"10.00mm"，单击【确定】按钮，完成【简单直孔】特征的设置，如图 4-114 所示，选择的零件表面如图 4-115 所示。

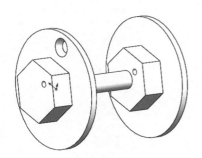

图 4-110 生成的图形（3）

图 4-111 【孔】属性管理器

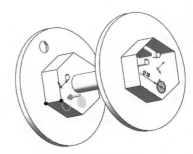

图 4-112 选择的零件表面

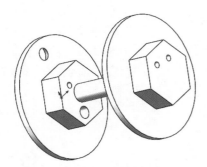

图 4-113 生成的图形（4）

图 4-114 【孔】属性管理器

图 4-115 选择的零件表面

Step 11 完成【简单直孔】特征的设置，生成的图形如图 4-116 所示。

Step 12 选择【插入】|【特征】|【简单直孔】命令 ，并单击零件的最右侧表面，在打开的【孔】属性管理器的【从】选项栏中，将【开始条件】设置为【草图基准面】，在【方向 1】选项栏中将【终止条件】设置为【到离指定面指定的距离】，将【面 / 平面】 设置为零件图示的平面，将【深度】 设置为"2.00mm"，将【直径】 设置为"15.00mm"，并勾选【反向等距】复选框，单击【确定】按钮，完成【简单直孔】特征的设置，如图 4-117 所示，选择的零件表面如图 4-118 所示。

图 4-116 生成的图形（5）

图 4-117 【孔】属性管理器

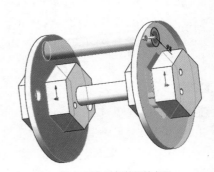

图 4-118 选择的零件表面

Step 13 完成【简单直孔】特征的设置，生成的图形如图 4-119 所示。

01 02 03 CHAPTER 04 05 06 07 08 09

💡 **技巧**

在进行【简单直孔】特征⊙的设置并需要对孔进行定位时，可以预先在零件上绘制特征点，或者选取坐标原点作为特征点，或者选取零件图形中的定位点，或在创建【简单直孔】特征后，使用草图功能对孔进行定位。

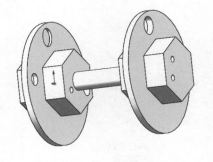

图 4-119 生成的图形（6）

4.6 拔模

使用【拔模】特征◆可以用指定的角度斜削模型中所选的面，使型腔零件更容易脱出模具，可以在现有的零件中插入拔模，或者在设置拉伸特征时拔模，也可以将拔模应用到实体或者曲面模型中。

选择【插入】|【特征】|【拔模】菜单命令，打开【拔模】属性管理器，如图 4-120 所示。

课堂案例 对已有特征生成拔模特征

实例素材	课堂案例 / 第 04 章 /4.6
视频教学	录屏 / 第 04 章 /4.6
案例要点	掌握拔模特征功能的使用方法

扫码观看视频

Step 01 打开实例素材中的零件模型，如图 4-121 所示。

Step 02 单击【特征】工具栏中【拔模】按钮◆，或者选择【插入】|【特征】|【拔模】命令◆，在打开的【拔模】属性管理器中的【拔模类型】选项栏中选中【中性面】单选按钮，将【拔模角度】☑设置为"20.00 度"，在【中性面】选项栏中选择第一个零件的前侧面，在【拔模面】选项栏中选择零件左侧的面，在【拔模沿面延伸】选项栏中选择【无】选项，单击【确定】按钮，完成【拔模】特征的设置，如图 4-122 所示，在零件图中选择对应面如图 4-123 所示。

Step 03 完成【拔模】特征的设置，生成的图形如图 4-124 所示。

Step 04 单击【特征】工具栏中【拔模】按钮◆，或者选择【插入】|【特征】|【拔模】命令◆，在打开的【拔模】属性管理器中的【拔模类型】选项栏中选中【中性面】单选按钮，将【拔模角度】☑设置为"20.00 度"，在【中性面】选项栏中选择第二个零件的前侧面，在【拔模面】选项栏中选择零件的上表面，在【拔模沿面延伸】选项栏中选择【沿切面】选项，单击【确定】按钮，完成【拔模】特征的设置，如图 4-125 所示，在零件图中选择对应面如图 4-126 所示。

图 4-120 【拔模】属性管理器

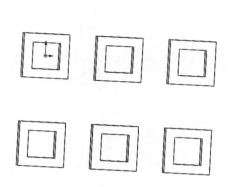

图 4-121 打开零件模型

图 4-122 【拔模】属性管理器

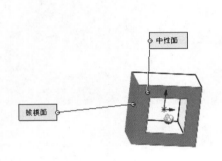

图 4-123 选择对应面

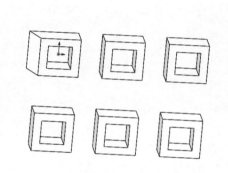

图 4-124 生成的图形(1)

图 4-125 【拔模】属性管理器

Step 05 完成【拔模】特征的设置，生成的图形如图 4-127 所示。

Step 06 单击【特征】工具栏中【拔模】按钮 ，或者选择【插入】|【特征】|【拔模】命令 ，在打开的【拔模】属性管理器中的【拔模类型】选项栏中选中【中性面】单选按钮，将【拔模角度】 设置为 "20.00 度"，在【中性面】选项栏中选择第三个零件的前侧面，在【拔模沿面延伸】选项栏中选择【所有面】选项，单击【确定】按钮，完成【拔模】特征的设置，如图 4-128 所示，在零件图中选择对应面如图 4-129 所示。

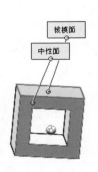

图 4-126 选择对应面

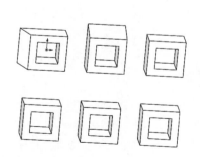

图 4-127 生成的图形（2）

图 4-128 【拔模】属性管理器

Step 07 完成【拔模】特征的设置，生成的图形如图 4-130 所示。

Step 08 单击【特征】工具栏中【拔模】按钮，或者选择【插入】|【特征】|【拔模】命令，在打开的【拔模】属性管理器中的【拔模类型】选项栏中选中【中性面】单选按钮，将【拔模角度】设置为"20.00 度"，在【中性面】选项栏中选择第四个零件的前侧面，在【拔模沿面延伸】选项栏中选择【内部的面】选项，单击【确定】按钮，完成【拔模】特征的设置，如图 4-131 所示。

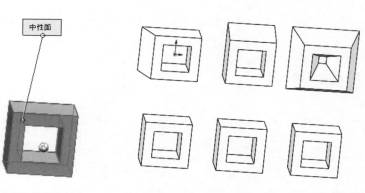

图 4-129 选择对应面 　　　　　　图 4-130 生成的图形（3）　　　　　　图 4-131 【拔模】属性管理器

Step 09 完成【拔模】特征的设置，生成的图形如图 4-132 所示。

Step 10 单击【特征】工具栏中【拔模】按钮，或者选择【插入】|【特征】|【拔模】命令，在打开的【拔模】属性管理器中的【拔模类型】选项栏中选中【中性面】单选按钮，将【拔模角度】设置为"20.00 度"，在【中性面】选项栏中选择第五个零件的前侧面，在【拔模沿面延伸】选项栏中选择【内部的面】选项，单击【确定】按钮，完成【拔模】特征的设置，如图 4-133 所示。

Step 11 完成【拔模】特征的设置，生成的图形如图 4-134 所示。

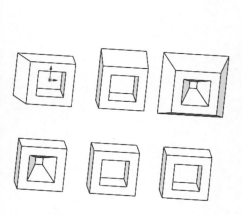

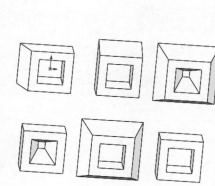

图 4-132 生成的图形（4）　　　　图 4-133 【拔模】属性管理器　　　　图 4-134 生成的图形（5）

 技巧

在进行【拔模】特征的设置时，当【拔模沿面延伸】选项栏中包括【所有面】、【外部的面】和【内部的面】3 个选项时，不需要在模型中选择【拔模面】。

图 4-135 【拔模】属性管理器

Step 12 单击【特征】工具栏中【拔模】按钮，或者选择【插入】|【特征】|【拔模】命令，在打开的【拔模】属性管理器中的【拔模类型】选项栏中选中【分型线】单选按钮，将【拔模角度】设置为"20.00度"，在【拔模方向】选项栏中选择第六个零件的上表面，在【分型线】选项栏中选择零件的前上边线，在【拔模沿面延伸】选项栏中选择【无】选项，单击【确定】按钮，完成【拔模】特征的设置，如图 4-135 所示，在零件图中选择对应面如图 4-136 所示。

Step 13 完成【拔模】特征的设置，生成的图形如图 4-137 所示。

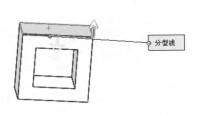

图 4-136 选择对应面

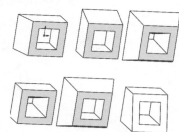

图 4-137 生成的图形（6）

4.7 抽壳

使用【抽壳】特征可以掏空零件，使所选择的面敞开，在其他面上生成薄壁特征。如果没有选择模型上的任何面，那么掏空实体零件，生成闭合的抽壳特征，也可以使用多个厚度以生成抽壳模型。

选择【插入】|【特征】|【抽壳】菜单命令，打开【抽壳】属性管理器，如图 4-138 所示。

课堂案例 对特征进行抽壳操作

实例素材	课堂案例 / 第 04 章 /4.7	
视频教学	录屏 / 第 04 章 /4.7	
案例要点	掌握抽壳特征功能的使用方法	

Step 01 打开实例素材中的零件模型，如图 4-139 所示。

Step 02 单击【特征】工具栏中【抽壳】按钮，或者选择【插入】|【特征】|【抽壳】命令，在打开的【抽壳】属性管理器中的【参数】选项栏中将【厚度】设置为"10.00mm"，将【移除的面】设置为左上角零件的前表面，勾选【显示预览】复选框，单击【确定】按钮，完成【抽壳】特征的设置，如图 4-140 所示，在零件图中选择对应面如图 4-141 所示。

图 4-138 【抽壳】属性管理器

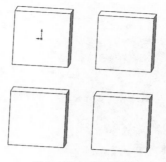

图 4-139 打开零件模型

图 4-140 【抽壳】属性管理器

Step 03 完成【抽壳】特征的设置，生成的图形如图 4-142 所示。

Step 04 单击【特征】工具栏中【抽壳】按钮 🗔，或者选择【插入】|【特征】|【抽壳】命令 🗔，在打开的【抽壳】属性管理器中的【参数】选项栏中将【厚度】🛋 设置为"10.00mm"，将【移除的面】🗔 设置为右上角零件的前表面和上表面，勾选【显示预览】复选框，单击【确定】按钮，完成【抽壳】特征的设置，如图 4-143 所示，在零件图中选择对应面如图 4-144 所示。

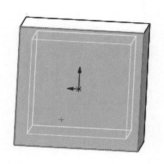

图 4-141 选择对应面

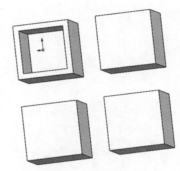

图 4-142 生成的图形（1）

图 4-143 【抽壳】属性管理器

Step 05 完成【抽壳】特征的设置，生成的图形如图 4-145 所示。

 技巧

在进行【抽壳】特征的设置时，将【移除的面】🗔 设置为零件模型中的多个面时需要注意：当选择的面剩余一个面时，则所形成的图形为用户设置【厚度】🛋 数值的平板模型；当选择所有面时，则会报错。

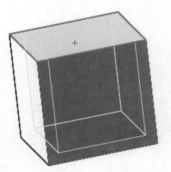

图 4-144 选择对应面

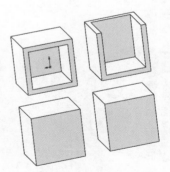

图 4-145 生成的图形（2）

Step 06 单击【特征】工具栏中【抽壳】按钮 🗔，或者选择【插入】|【特征】|【抽壳】命令 🗔，在打开的【抽壳】属性管理器中的【参数】选项栏中将【厚度】🛋 设置为"10.00mm"，将【移除的面】🗔 设置为左下角零件的前表面，勾选【显示预览】复选框，单击【多厚度面】选项框 🗔，将其激活，并选择左下角零件的左侧边，将【多厚度】🛋 设置为"30.00mm"，单击【确定】按钮，完成【抽壳】特征的设置，如图 4-146 所示，在零件图中选择对应面如图 4-147 所示。

Step 07 完成【抽壳】特征的设置，生成的图形如图 4-148 所示。

图 4-146 【抽壳】属性管理器

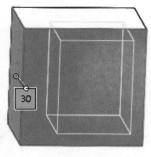

图 4-147 选择对应面

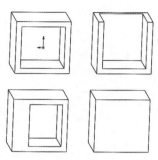

图 4-148 生成的图形（3）

Step 08 单击【特征】工具栏中【抽壳】按钮，或者选择【插入】|【特征】|【抽壳】命令，在打开的【抽壳】属性管理器中的【参数】选项栏中将【厚度】设置为"10.00mm"，将【移除的面】设置为右下角零件的前表面，勾选【壳厚朝外】和【显示预览】复选框，单击【多厚度面】选项框，将其激活，并选择右下角零件的左侧边和上侧边，将【多厚度】设置为"30.00mm"，单击【确定】按钮，完成【抽壳】特征的设置，如图 4-149 所示，在零件图中选择对应面如图 4-150 所示。

Step 09 完成【抽壳】特征的设置，生成的图形如图 4-151 所示。

图 4-149 【抽壳】属性管理器

图 4-150 在零件图中选择对应面

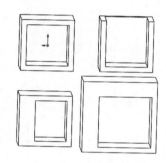

图 4-151 生成的图形（4）

4.8 筋

使用【筋】特征可以在轮廓与现有零件之间指定方向和厚度以进行延伸，可以使用单一或者多个草图生成筋特征，也可以使用拔模生成筋特征，或者选择要拔模的参考轮廓。

选择【插入】|【特征】|【筋】菜单命令，打开【筋】属性管理器，如图 4-152 所示。

课堂案例 对现有模型添加筋

实例素材	课堂案例 / 第 04 章 /4.8
视频教学	录屏 / 第 04 章 /4.8
案例要点	掌握筋功能的使用方法

扫码观看视频

Step 01 打开实例素材中的零件模型，如图 4-153 所示。

Step 02 选择【上视基准面】为草图绘制平面，单击【草图】工具栏中的【直线】按钮，绘制一条直线，如图 4-154 所示。

图 4-152 【筋】属性管理器

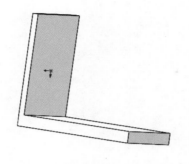

图 4-153 打开零件模型

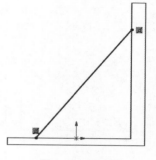

图 4-154 绘制直线

Step 03 单击【特征】工具栏中【筋】按钮，或者选择【插入】|【特征】|【筋】命令，在打开的【筋】属性管理器中的【参数】选项栏中将【厚度】设置为【两侧】，将【筋厚度】设置为"5.00mm"，在【拉伸方向】选项栏中选择【平行于草图】选项，并勾选【反转材料方向】复选框，使拉筋的方向朝内，先激活【拔模】按钮，再设置角度，并在【拔模】文本框中输入"10.00 度"，勾选【向外拔模】复选框，并选中【在草图基准面处】单选按钮，单击【确定】按钮，完成【筋】特征的设置，如图 4-155 所示。

> 💡 **技巧**
>
> 如果系统默认的拉筋方向为向内，那么不需要勾选【反转材料方向】复选框。

Step 04 完成【筋】特征的设置，生成的图形如图 4-156 所示。

Step 05 选择如图 4-157 所示的右侧平面为草图绘制平面。

图 4-155 【筋】属性管理器

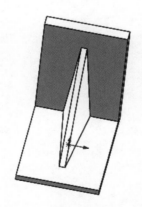

图 4-156 生成的图形（1）

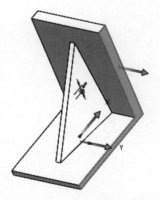

图 4-157 选择草图绘制平面

Step 06 单击【草图】工具栏中的【直线】按钮，绘制一条直线，如图 4-158 所示。

Step 07 单击【特征】工具栏中【筋】按钮，或者选择【插入】|【特征】|【筋】命令，在打开的【筋】属性管理器中的【参数】选项栏中将【厚度】设置为【第二边】，使拉筋方向为零件有实体的一侧，将【筋厚度】设置为"5.00mm"，在【拉伸方向】选项栏中选择【平行于草图】选项，并勾选【反转材料方向】复选框，使拉筋

的方向朝内，单击【确定】按钮，完成【筋】特征的设置，如图 4-159 所示。

Step 08 完成【筋】特征的设置，生成的图形如图 4-160 所示。

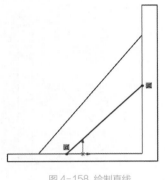
图 4-158 绘制直线

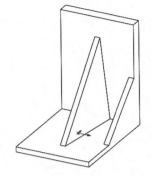
图 4-159 【筋】属性管理器

图 4-160 生成的图形（2）

Step 09 选择如图 4-161 所示的左侧平面为草图绘制平面。

Step 10 单击【草图】工具栏中的【样条曲线】按钮，绘制一条样条曲线，如图 4-162 所示。

Step 11 单击【特征】工具栏中【筋】按钮 🖐️，或者选择【插入】|【特征】|【筋】命令 🖐️，在打开的【筋】属性管理器中的【参数】选项栏中将【厚度】设置为【第一边】▤，将【筋厚度】🖐️ 设置为"2.00mm"，在【拉伸方向】选项栏中选择【垂直于草图】选项 🖐️，在【类型】选项栏中选中【线性】单选按钮，单击【确定】按钮，完成【筋】特征的设置，如图 4-163 所示。

Step 12 完成【筋】特征的设置，生成的图形如图 4-164 所示。

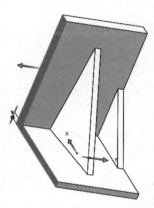
图 4-161 选择草图绘制平面

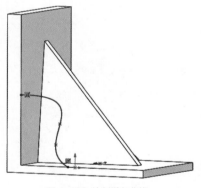
图 4-162 绘制样条曲线

图 4-163 【筋】属性管理器

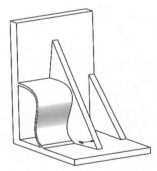
图 4-164 生成的图形（3）

4.9 圆顶

使用【圆顶】特征 🖐️ 可以在同一模型上同时生成一个或者多个圆顶。

选择【插入】|【特征】|【圆顶】菜单命令，打开【圆顶】属性管理器，如图 4-165 所示。

课堂案例 在现有零件模型上添加圆顶

实例素材	课堂案例 / 第 04 章 /4.9
视频教学	录屏 / 第 04 章 /4.9
案例要点	掌握圆顶特征功能的使用方法

扫码观看视频

Step 01 打开实例素材中的零件模型，如图 4-166 所示。

Step 02 选择【插入】|【特征】|【圆顶】命令 🥯，打开【圆顶】属性管理器，在【圆顶】属性管理器中将【到圆顶的面】 🔘 设置为零件的上表面，在【距离】文本框中输入"20.00mm"，勾选【显示预览】复选框，单击【确定】按钮，完成【圆顶】特征的设置，如图 4-167 所示，选择零件模型的面如图 4-168 所示。

图 4-165【圆顶】属性管理器

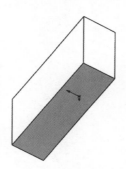

图 4-166 打开零件模型

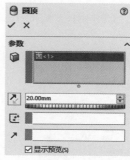

图 4-167【圆顶】属性管理器

Step 03 完成【圆顶】特征的设置，生成的图形如图 4-169 所示。

 技巧

单击【反转方向】按钮 ↗，可以在零件模型上生成一个凹陷圆顶，默认为凸起。

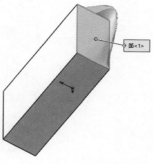

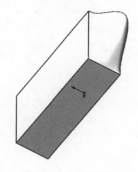

图 4-168 选择零件模型的面

图 4-169 生成的图形

自由形

使用【自由形】特征 🐁 可以通过拖动零件模型的一个或多个特征点来自由地变化模型。
选择【插入】|【特征】|【自由形】菜单命令，打开【自由形】属性管理器，如图 4-170 所示。

实例素材	课堂案例 / 第 04 章 /4.10
视频教学	录屏 / 第 04 章 /4.10
案例要点	掌握自由形特征功能的使用方法

Step 01 打开实例素材中的零件模型，如图 4-171 所示。

Step 02 单击【曲面】特征栏中的【自由形】按钮，或者选择【插入】|【特征】|【自由形】命令 ⬚，打开【自由形】属性管理器 ⬚，在该属性管理器中的【面设置】选项栏中选择零件模型的上表面，在【控制曲线】选项栏中，在【控制类型】选项组下选中【通过点】单选按钮，在【坐标系】选项组下选中【自然】单选按钮，在【控制点】选项栏中勾选【捕捉到几何体】复选框，在【三重轴方向】选项组下选中【曲线】单选按钮，并勾选【三重轴跟随选择】复选框，如图 4-172 所示，选择零件模型的点如图 4-173 所示。

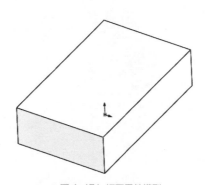

图 4-170 【自由形】属性管理器　　　　图 4-171 打开零件模型　　　　图 4-172 【自由形】属性管理器

Step 03 在零件模型下侧边线的【连续性】选项中选择【可移动 / 相切】选项，如图 4-174 所示。

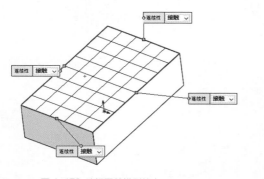

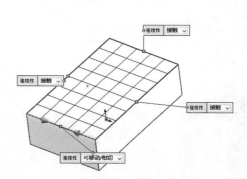

图 4-173 选择零件模型的点　　　　　　　　　图 4-174 选择【连续性】选项

Step 04 向左上角方向拖动上一步更改的可移动的边线，如图 4-175 所示。

Step 05 在零件模型右下边线的【连续性】选项中选择【曲率】选项，在零件模型右上边线的【连续性】选项中选择【相切】选项，如图 4-176 所示。

Step 06 单击【确定】按钮，完成【自由形】特征的设置，生成的图形如图 4-177 所示。

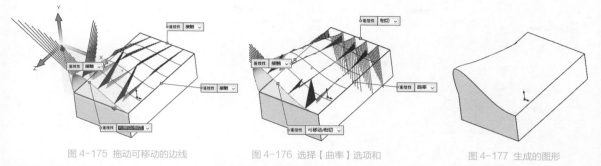

图 4-175 拖动可移动的边线　　　　图 4-176 选择【曲率】选项和　　　　图 4-177 生成的图形

 技巧

使用自由形特征一次只能修改一个面，但是该面可具有任何边数。

变形

使用【变形】特征 可以改变复杂曲面和实体模型的局部或者整体形状，无须考虑用于生成模型的草图或者特征约束。

选择【插入】|【特征】|【变形】菜单命令，打开【变形】属性管理器，如图 4-178 所示。

课堂案例 对现有零件实体进行变形操作

实例素材	课堂案例 / 第 04 章 /4.11
视频教学	录屏 / 第 04 章 /4.11
案例要点	掌握变形特征功能的使用方法

扫码观看视频

Step 01 打开实例素材中的零件模型，如图 4-179 所示。

Step 02 选择【插入】|【特征】|【变形】命令 ，打开【变形】属性管理器，在该属性管理器中的【变形类型】选项栏中选中【点】单选按钮，在【变形点】选项栏中将【变形点】设置为零件的左侧顶点，在【变形距离】文本框中输入"10.00mm"，并勾选【显示预览】复选框，在【变形区域】选项栏中，在【变形半径】文本框中输入"10.00mm"，在【形状选项】选项栏中选择【刚度 – 最小】选项，单击【确定】按钮，完成【变形】特征的设置，如图 4-180 所示，选择零件模型的点如图 4-181 所示。

图 4-178 【变形】属性管理器

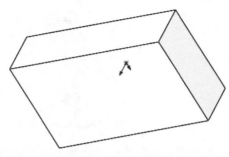

图 4-179 打开零件模型

图 4-180 【变形】属性管理器

Step 03 完成【变形】特征的设置,生成的图形如图 4-182 所示。

Step 04 选择【插入】|【特征】|【变形】命令 ●,打开【变形】属性管理器,在该属性管理器中的【变形类型】选项栏中选中【点】单选按钮,在【变形点】选项栏中将【变形点】 ● 设置为零件的右侧顶点,在【变形距离】文本框 ● 中输入 "10.00mm",并勾选【显示预览】复选框,在【变形区域】选项栏中,在【变形半径】文本框 ● 中输入 "20.00mm",在【形状选项】选项栏中将【变形轴】 ● 设置为零件的右侧边线,并选择【刚度 – 最大】选项 ● ,单击【确定】按钮,完成【变形】特征的设置,如图 4-183 所示,选择零件模型的点如图 4-184 所示。

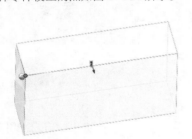

图 4-181 选择零件模型的点

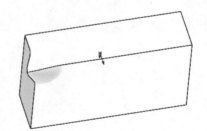

图 4-182 生成的图形(1)

图 4-183 【变形】属性管理器

Step 05 完成【变形】特征的设置,生成的图形如图 4-185 所示。

Step 06 选择【插入】|【特征】|【变形】命令 ●,打开【变形】属性管理器,在该属性管理器中的【变形类型】选项栏中选中【曲线到曲线】单选按钮,在【变形曲线】选项栏中将【初始曲线】 ● 设置为零件的右侧边线,将【目标曲线】 ● 设置为零件的右下侧边线,并勾选【显示预览】复选框,在【变形区域】选项栏中勾选【固定的边线】复选框,在【形状选项】选项栏中选择【刚度 – 中等】选项 ● ,单击【确定】按钮,

图 4-184 选择零件模型的点

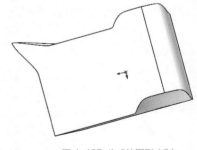

图 4-185 生成的图形(2)

完成【变形】特征的设置，如图 4-186 所示，选择零件模型的边如图 4-187 所示。

Step 07 完成【变形】特征的设置，生成的图形如图 4-188 所示。

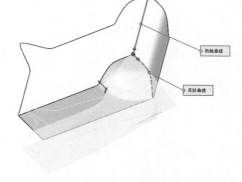

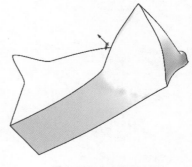

图 4-186 【变形】属性管理器 　　图 4-187 选择零件模型的边 　　图 4-188 生成的图形（3）

 技巧

变形特征提供一种简单的方法用来虚拟改变模型（无论是有机的，还是机械的），这在创建设计概念或对复杂模型进行几何修改时很有用，因为使用传统的草图、特征或历史记录编辑需要花费很长时间。

4.12 压凹

【压凹】特征❸是使用厚度和间隙而生成的特征，其应用包括封装、冲印、铸模及机器的压入配合等。根据所选实体类型，指定目标实体和工具实体之间的间隙数值，并为压凹特征指定厚度数值。

选择【插入】|【特征】|【压凹】菜单命令，打开【压凹】属性管理器，如图 4-189 所示。

课堂案例 对零件模型实施压凹

实例素材	课堂案例 / 第 04 章 /4.12
视频教学	录屏 / 第 04 章 /4.12
案例要点	掌握压凹特征功能的使用方法

扫码观看视频

Step 01 打开实例素材中的零件模型，如图 4-190 所示。

Step 02 选择零件图形的上表面为草图绘制平面，单击【草图】工具栏中的【中心矩形】按钮，绘制一个中心矩形，并标注尺寸，如图 4-191 所示。

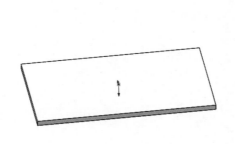

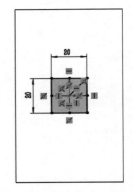

图 4-189 【压凹】属性管理器　　　图 4-190 打开零件模型　　　图 4-191 绘制中心矩形并标注尺寸

Step 03 单击【特征】工具栏中【凸台 – 拉伸】按钮，或者选择【插入】|【凸台 / 基体】|【拉伸】命令，打开【凸台 – 拉伸】属性管理器，在该属性管理器中的【从】选项栏中将【开始条件】设置为【草图基准面】，在【深度】文本框中输入"10.00mm"，取消勾选【合并结果】复选框，单击【确定】按钮，完成【凸台 – 拉伸】特征的设置，如图 4-192 所示。

Step 04 完成【凸台 – 拉伸】特征的设置，生成的图形如图 4-193 所示。

Step 05 选择【插入】|【特征】|【压凹】命令，打开【压凹】属性管理器，在该属性管理器中将【目标实体】选择为平板实体，选中【保留选择】单选按钮，将【工具实体区域】设置为在上一步操作中创建的凸台实体，在【参数】选项栏中，在【厚度】文本框中输入"2.00mm"，在【间隙】文本框中输入"2.00mm"，单击【确定】按钮，完成【压凹】特征的设置，如图 4-194 所示，选择零件模型的实体如图 4-195 所示。

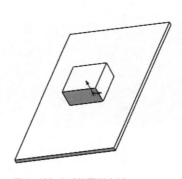

图 4-192 【凸台 – 拉伸】属性管理器　　　图 4-193 生成的图形（1）　　　图 4-194 【压凹】属性管理器

Step 06 在 FeatureManager 设计树中的【凸台 – 拉伸】（在步骤 4 中生成的拉伸凸台）图标上单击鼠标右键，在弹出的快捷菜单中单击【隐藏】按钮，如图 4-196 所示。

Step 07 隐藏工具实体后，即完成【压凹】特征的设置，生成的图形如图 4-197 所示。

Step 08 选择零件图形的上表面为草图绘制平面，单击【草图】工具栏中的【中心矩形】按钮，绘制一个中心矩形，并标注尺寸，如图 4-198 所示。

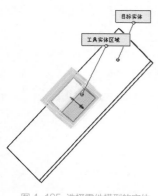

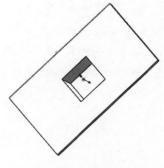

图 4-195 选择零件模型的实体 　　　　　　图 4-196 快捷菜单 　　　　　　　　　图 4-197 生成的图形（2）

Step 09 单击【特征】工具栏中【凸台－拉伸】按钮 ，或者选择【插入】|【凸台/基体】|【拉伸】命令 ，
打开【凸台－拉伸】属性管理器，在该属性管理器中的【从】选项栏中将【开始条件】设置为【草图基准面】，
在【深度】文本框 中输入"10.00mm"，取消勾选【合并结果】复选框，单击【确定】按钮，完成【凸台－拉伸】
特征的设置，如图 4-199 所示。

Step 10 完成【凸台－拉伸】特征的设置，生成的图形如图 4-200 所示。

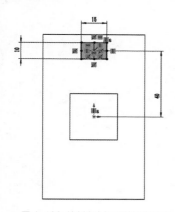

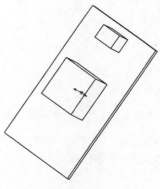

图 4-198 绘制中心矩形并标注尺寸 　　　图 4-199 【凸台－拉伸】属性管理器 　　　　图 4-200 生成的图形（3）

Step 11 选择【插入】|【特征】|【压凹】命令 ，
打开【压凹】属性管理器，在该属性管理器中将【目
标实体】 设置为平板实体，选中【移除选择】单选
按钮，将【工具实体区域】 设置为在上一步操作中
创建的凸台实体，在【参数】选项栏中，在【厚度】
文本框 中输入"2.00mm"，在【间隙】文本框
中输入"2.00mm"，单击【确定】按钮，完成【压凹】
特征的设置，如图 4-201 所示。

Step 12 在 FeatureManager 设计树中的【凸台－拉
伸】（在步骤 10 中生成的拉伸凸台）图标上单击鼠
标右键，在弹出的快捷菜单中单击【隐藏】按钮 ，
如图 4-202 所示。

图 4-201 【压凹】属性管理器 　　　　图 4-202 快捷菜单

Step 13 隐藏工具实体后，即完成【压凹】特征 的设置，生成的图形如图 4-203 所示。

Step 14 选择零件图形的上表面为草图绘制平面，单击【草图】工具栏中的【中心矩形】按钮 ⬜，绘制一个中心矩形，并标注尺寸，如图 4-204 所示。

Step 15 单击【特征】工具栏中【凸台 – 拉伸】按钮 🔲，或者选择【插入】|【凸台 / 基体】|【拉伸】命令 🔲，打开【凸台 – 拉伸】属性管理器，在该属性管理器中的【从】选项组中将【开始条件】设置为【草图基准面】，在【深度】文本框 ⬛ 中输入"10.00mm"，取消勾选【合并结果】复选框，单击【确定】按钮，完成【凸台 – 拉伸】特征的设置，如图 4-205 所示。

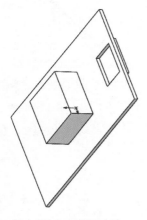

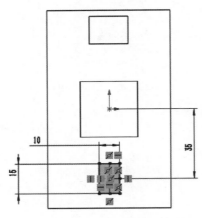

图 4-203 生成的图形（4）　　　　图 4-204 绘制中心矩形并标注尺寸　　　　图 4-205 【凸台 – 拉伸】属性管理器

Step 16 完成【凸台 – 拉伸】特征的设置，生成的图形如图 4-206 所示。

Step 17 选择【插入】|【特征】【压凹】命令 🐢，打开【压凹】属性管理器，在该属性管理器中将【目标实体】🐢设置为平板实体，将【工具实体区域】🐢设置为在上一步操作中创建的凸台实体，勾选【切除】复选框，在【参数】选项栏中，在【间隙】文本框中输入"5.00mm"，单击【确定】按钮，完成【压凹】特征的设置，如图 4-207 所示。

Step 18 在 FeatureManager 设计树中的【凸台 – 拉伸】（在步骤 16 中生成的拉伸凸台）上单击鼠标右键，在弹出的快捷菜单中单击【隐藏】按钮 🐢，隐藏工具实体后，即完成【压凹】特征 🐢 的设置，生成的图形如图 4-208 所示。

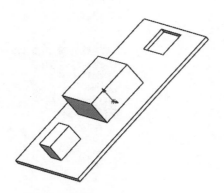

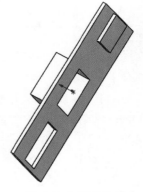

图 4-206 生成的图形（5）　　　　图 4-207 【压凹】属性管理器　　　　图 4-208 生成的图形（6）

 技巧

如果工具实体为曲面，且正在切除材料，那么会出现一个操纵杆来控制切除方向。

弯曲

使用【弯曲】特征 ⬜ 可以以直观的方式对复杂的模型进行变形。

选择【插入】|【特征】|【弯曲】菜单命令，打开【弯曲】属性管理器，如图 4-209 所示。

课堂案例 对零件模型实施弯曲

实例素材	课堂案例 / 第 04 章 /4.13
视频教学	录屏 / 第 04 章 /4.13
案例要点	掌握弯曲特征功能的使用方法

扫码观看视频

Step 01 打开实例素材中的零件模型，如图 4-210 所示。

Step 02 选择【插入】|【特征】|【弯曲】命令 ⬜，打开【弯曲】属性管理器，在该属性管理器中将【弯曲的实体】⬜ 设置为平板实体，并选中【折弯】单选按钮，勾选【粗硬边线】复选框，在【角度】文本框 ⬜ 中输入"28.65 度"，在【半径】文本框 ⬜ 中输入"200mm"，单击【确定】按钮，完成【弯曲】特征的设置，如图 4-211 所示。

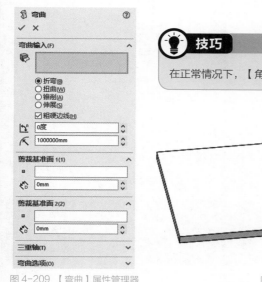

技巧

在正常情况下，【角度】⬜ 值不超过 360 度。

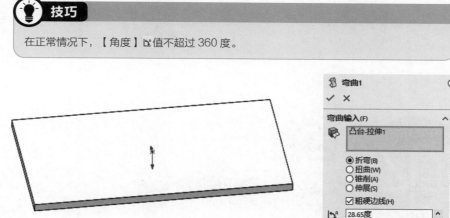

图 4-209 【弯曲】属性管理器　　　　图 4-210 打开零件模型　　　　图 4-211 【弯曲】属性管理器

Step 03 完成【弯曲】特征的设置，生成的图形如图 4-212 所示。

Step 04 选择【插入】|【特征】|【弯曲】命令 ⬜，打开【弯曲】属性管理器，在该属性管理器中将【弯曲的实体】⬜ 设置为零件实体，并选中【扭曲】单选按钮，勾选【粗硬边线】复选框，在【角度】文本框 ⬜ 中输入"20 度"，单击【确定】按钮，完成【弯曲】特征的设置，如图 4-213 所示。

Step 05 完成【弯曲】特征的设置，生成的图形如图 4-214 所示。

Step 06 选择【插入】|【特征】|【弯曲】命令 🗾，打开【弯曲】属性管理器，在该属性管理器中将【弯曲的实体】🗾 设置为零件实体，并选中【锥削】单选按钮，勾选【粗硬边线】复选框，在【锥剃因子】文本框 🗾 中输入 "1"，单击【确定】按钮，完成【弯曲】特征的设置，如图 4-215 所示。

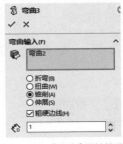

图 4-212 生成的图形（1）　　图 4-213【弯曲】属性管理器　　图 4-214 生成的图形（2）　　图 4-215【弯曲】属性管理器

Step 07 完成【弯曲】特征的设置，生成的图形如图 4-216 所示。

Step 08 选择【插入】|【特征】|【弯曲】命令 🗾，打开【弯曲】属性管理器，在该属性管理器中将【弯曲的实体】🗾 设置为零件实体，并选中【伸展】单选按钮，勾选【粗硬边线】复选框，在【伸展距离】文本框 🗾 中输入 "100mm"，单击【确定】按钮，完成【弯曲】特征的设置，如图 4-217 所示。

Step 09 完成【弯曲】特征的设置，生成的图形如图 4-218 所示。

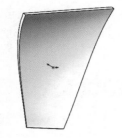

图 4-216 生成的图形（3）　　图 4-217【弯曲】属性管理器　　图 4-218 生成的图形（4）

包覆

使用【包覆】特征 🗾 可以将草图模型以某种方式包覆至曲面表面。

选择【插入】|【特征】|【包覆】菜单命令，打开【包覆】属性管理器，如图 4-219 所示。

课堂案例　对零件模型实施包覆

实例素材	课堂案例 / 第 04 章 /4.14
视频教学	录屏 / 第 04 章 /4.14
案例要点	掌握包覆特征功能的使用方法

扫码观看视频

Step 01 打开实例素材中的零件模型，如图 4-220 所示。

Step 02 单击【特征】工具栏中【包覆】按钮 🔘，选择【插入】|【特征】|【包覆】命令 🔘，打开【包覆】属性管理器，在该属性管理器中的【包覆类型】选项栏中选择【浮雕】🔲 选项，在【包覆方法】选项栏中选择【分析】选项 🔘，在【包覆参数】选项栏中将【源草图】◻ 设置为左侧的草图，将【包覆草图的面】🔲 设置为零件模型的圆柱面，在【厚度】文本框 ✎ 中输入"5.00mm"，单击【确定】按钮，完成【包覆】特征的设置，如图 4-221 所示，选择零件模型的草图和面如图 4-222 所示。

图 4-219 【包覆】属性管理器　　图 4-220 打开零件模型　　图 4-221 【包覆】属性管理器　　图 4-222 选择零件模型的草图和面

Step 03 完成【包覆】特征的设置，生成的图形如图 4-223 所示。

 技巧

> 在单击【包覆】按钮 🔘 前可以先选中所要包覆的草图，也可以在单击【包覆】按钮 🔘 后再单击包覆的草图。

Step 04 单击【特征】工具栏中【包覆】按钮 🔘，选择【插入】|【特征】|【包覆】命令 🔘，打开【包覆】属性管理器，在该属性管理器中的【包覆类型】选项栏中选择【蚀雕】选项 🔲，在【包覆方法】选项栏中选择【样条曲线】选项 🔲，在【包覆参数】选项栏中将【源草图】◻ 设置为中间的草图，将【包覆草图的面】🔲 设置为零件模型的圆柱面，在【厚度】文本框 ✎ 中输入"5.00mm"，单击【确定】按钮，完成【包覆】特征的设置，如图 4-224 所示，选择零件模型的草图和面如图 4-225 所示。

Step 05 完成【包覆】特征的设置，生成的图形如图 4-226 所示。

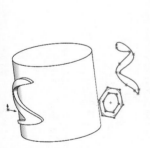

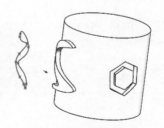

图 4-223 生成的图形（1）　　图 4-224 【包覆】属性管理器　图 4-225 选择零件模型　　图 4-226 生成的图形（2）

 技巧

> 在包覆的草图中只可包含多个闭合轮廓，但是不能从包含任何开放性轮廓的草图中生成包覆特征。

Step 06 单击【特征】工具栏中【包覆】按钮，选择【插入】|【特征】|【包覆】命令，打开【包覆】属性管理器，在该属性管理器中的【包覆类型】选项栏中选择【刻划】选项，在【包覆方法】选项栏中选择【样条曲面】选项，在【包覆参数】选项栏中将【源草图】设置为中间的草图，将【包覆草图的面】设置为零件模型的圆柱面，在【厚度】输入栏中输入"5.00mm"，单击【确定】按钮，完成【包覆】特征的设置，如图 4-227 所示，选择零件模型的草图和面如图 4-228 所示。

Step 07 完成【包覆】特征的设置，生成的图形如图 4-229 所示。

图 4-227 【包覆】属性管理器

图 4-228 选择零件模型的草图和面

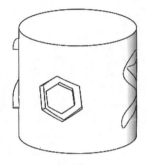

图 4-229 生成的图形（3）

 技巧

草图基准面必须与面相切，从而使面法向和草图法向在最近点平行。

4.15 课堂习题

课堂案例 建立椅子三维模型

实例素材	课堂习题 / 第 04 章 /4.15
视频教学	录屏 / 第 04 章 /4.15
案例要点	掌握高级特征功能的使用方法

扫码观看视频

图 4-230 椅子模型

建立椅子三维模型，本案例最终效果如图 4-230 所示。

1. 新建 SolidWorks 零件并保存文件

Step 01 启动中文版 SolidWorks，单击【文件】工具栏中的【新建】按钮，弹出【新建 SolidWorks 文件】对话框，单击【零件】按钮，单击【确定】按钮，如图 4-231 所示。

Step 02 选择【文件】|【另存为】菜单命令，弹出【另存为】对话框，在【文件名】文本框中输入"高级特征模型实例"，单击【保存】按钮，如图 4-232 所示。

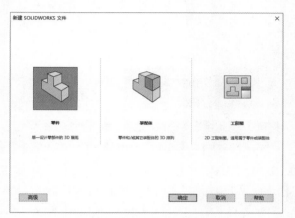

图 4-231 【新建 SolidWorks 文件】对话框

图 4-232 【另存为】对话框

2. 建立基体部分

Step 01 单击特征管理器设计树中的【上视基准面】按钮，使上视基准面成为草图绘制平面。单击【视图定向】下拉按钮中的【正视于】按钮，并单击【草图】工具栏中的【草图绘制】按钮，进入草图绘制状态。单击【草图】工具栏中的【中心矩形】按钮，绘制草图，如图 4-233 所示。

Step 02 单击【草图】工具栏中的【智能尺寸】按钮，标注所绘制草图的尺寸，双击，退出草图，如图 4-234 所示。

Step 03 单击【插入】工具栏中的【凸台/基体】按钮，然后单击【拉伸】按钮，在打开的【凸台-拉伸】属性管理器中的【从】选项栏中选择【草图基准面】选项，将【方向1】选项栏中将【终止条件】设置为【给定深度】，在【深度】文本框中输入"20.00mm"，如图 4-235 所示，最后单击【确认】按钮，完成【凸台-拉伸】特征的设置，生成的图形如图 4-236 所示。

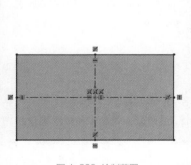

图 4-233 绘制草图

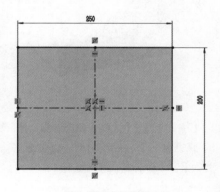

图 4-234 标注草图尺寸

图 4-235 【凸台-拉伸】属性管理器

Step 04 单击特征管理器设计树中的【上视基准面】按钮，使上视基准面成为草图绘制平面。单击【视图定向】下

拉按钮中 🖱 的【正视于】按钮 ⊥，并单击【草图】工具栏中的【草图绘制】按钮 └，进入草图绘制状态。单击【草图】工具栏中的【中心矩形】按钮 ▣，绘制草图，如图 4-237 所示。

Step 05 单击【草图】工具栏中的 【智能尺寸】按钮 ⟨，标注所绘制草图的尺寸，双击，退出草图，如图 4-238 所示。

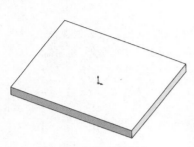

图 4-236 生成的图形（1）

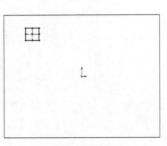

图 4-237 绘制草图

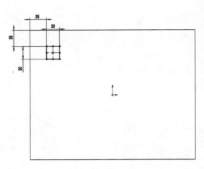

图 4-238 标注草图尺寸

Step 06 单击【插入】工具栏中的【凸台/基体】按钮，然后单击【拉伸】按钮 🗊，在打开的【凸台-拉伸】属性管理器中的【从】选项栏中选择【草图基准面】选项，在【方向 1】选项栏中将【终止条件】设置为【给定深度】，在【深度】文本框中输入 "200.00mm"，并取消勾选【合并结果】复选框，单击【反向】按钮 ⚡，使其向着相反的方向拉伸，如图 4-239 所示，最后单击【确认】按钮 ✓，完成【凸台-拉伸】特征的设置，生成的图形如图 4-240 所示。

Step 07 单击【插入】工具栏中的【阵列/镜像】按钮，然后单击【镜像】按钮 ▶◀，在打开的【镜像】属性管理器中的【镜像面/基准面】选项栏中选择【前视基准面】选项，在【要镜像的实体】选项栏中选择在上一步操作中生成的支腿实体，取消勾选【合并实体】、【缝合曲面】复选框，勾选【延伸视像属性】复选框并选中【部分预览】单选按钮，如图 4-241 所示，最后单击【确认】按钮 ✓，完成【镜像】特征的设置，生成的图形如图 4-242 所示。

图 4-239 【凸台-拉伸】
属性管理器

图 4-240 生成的图形（2）

图 4-241 【镜像】属性管理器

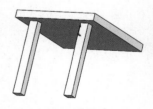

图 4-242 生成的图形（3）

Step 08 单击【插入】工具栏中的【阵列/镜像】按钮，然后单击【镜像】按钮 ▶◀，在打开的【镜像】属性管理器中的【镜像面/基准面】选项栏中选择【右视基准面】选项，在【要镜像的实体】选项栏中选择模型的两个支腿实体，取消勾选【合并实体】、【缝合曲面】复选框，勾选【延伸视像属性】复选框并选中【部分预览】单选按钮如图 4-243 所示，最后单击【确认】按钮 ✓，完成【镜像】特征的设置，生成的图形如图 4-244 所示。

Step 09 单击【插入】工具栏中的【特征】按钮，然后单击【抽壳】按钮 ，在打开的【抽壳】属性管理器中的【参数】选项栏中，在【厚度】文本框 中输入"2.00mm"，将【移除的面】 设置为其中一个支腿的底面，取消勾选【壳厚朝外】、【显示预览】复选框，如图4-245所示，最后单击【确认】按钮 ✔，完成【抽壳】特征的设置，生成的图形如图4-246所示。

图4-243 【镜像】属性管理器

图4-244 生成的图形（4）

图4-245 【抽壳】属性管理器

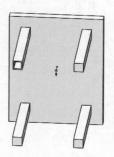

图4-246 生成的图形（5）

Step 10 单击【插入】工具栏中的【特征】按钮，然后单击【抽壳】按钮 ，在打开的【抽壳】属性管理器中的【参数】选项栏中，在【厚度】文本框 中输入"2.00mm"，将【移除的面】 设置为第二个支腿的底面，取消勾选【壳厚朝外】、【显示预览】复选框，如图4-247所示，最后单击【确认】按钮 ✔，完成【抽壳】特征的设置，生成的图形如图4-248所示。

Step 11 用同样的方式继续完成其余两个支腿的【抽壳】特征的设置。完成抽壳后的模型如图4-249所示。

Step 12 单击【插入】工具栏中的【圆顶】按钮，然后单击【圆顶】按钮 ，在打开的【圆顶】属性管理器中的【参数】选项栏中将【到圆顶的面】 设置为如图4-250所示的平面，在【距离】文本框中输入"10.00mm"，勾选【显示预览】复选框，如图4-251所示，最后单击【确认】按钮 ✔，完成【圆顶】特征 的设置，生成的图形如图4-252所示。

图4-247 【抽壳】属性管理器

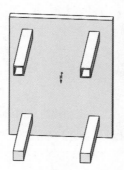

图4-248 生成的图形（6）

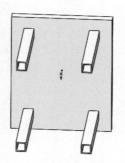

图4-249 完成抽壳后的模型

图4-250 选择模型的平面

Step 13 单击【插入】工具栏中的【弯曲】按钮，然后单击【弯曲】按钮 ，在打开的【弯曲】属性管理器中的【弯曲输入】选项栏中将【弯曲的实体】 设置为如图4-253所示的一个支腿，选中【折弯】单选按钮，并勾选【粗硬边线】复选框，在【角度】文本框 中输入"10度"，这时系统会自动根据输入的角度在【半径】文本框 中输入"1145.92mm"，在【三重轴】选项栏中的【X旋转原点】文本框 中输入"-90mm"，在【Y旋转原点】文本框 中输入"-130mm"，在【Z旋转原点】文本框 中输入"65mm"，在【X旋转角度】文本框 中输入

"270 度", 在【Y 旋转角度】文本框中输入 "0 度", 在【Z 旋转角度】文本框中输入 "0 度", 如图 4-254 所示, 最后单击【确认】按钮 ✓, 完成【弯曲】特征 的设置, 生成的图形如图 4-255 所示。

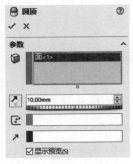

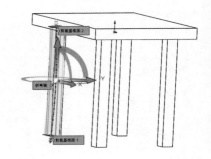

图 4-251 【圆顶】属性管理器　　　　　图 4-252 生成的图形（7）　　　　　图 4-253 选择弯曲的实体

Step 14 用同样的方式继续完成与【圆顶】特征相反方向的另一个支腿的【弯曲】特征的设置。完成后的模型如图 4-256 所示。

图 4-254 【弯曲】属性管理器　　　　　图 4-255 生成的图形（8）　　　　　图 4-256 完成弯曲后的模型

3. 建立椅背部分

Step 01 单击特征管理器设计树中的【右视基准面】按钮, 使右视基准面成为草图绘制平面。单击【视图定向】下拉按钮中的【正视于】按钮 ↓, 并单击【草图】工具栏中的【草图绘制】按钮 □, 进入草图绘制状态, 如图 4-257 所示。

Step 02 单击【草图】工具栏中的【直线】按钮 ╱, 绘制草图, 如图 4-258 所示。

Step 03 单击【草图】工具栏中的 【智能尺寸】按钮 ✦, 标注所绘制草图的尺寸, 其中最上面的边线长为 20mm, 左侧边线长为 200mm, 最上面的边线与左侧、右侧的边线均垂直, 最下面的顶点与椅子的顶点重合, 右侧顶点在椅子面上, 左侧边线与椅子竖直边呈 20° 夹角, 双击, 退出草图, 如图 4-259 所示。

图 4-257 进入草图绘制状态

图 4-258 绘制草图

图 4-259 标注草图的尺寸

Step 04 单击【插入】工具栏中的【凸台/基体】按钮，然后单击【拉伸】按钮 ▣ ，在打开的【凸台－拉伸】属性管理器中的【从】选项栏中选择【草图基准面】选项，在【方向 1】选项栏中将【终止条件】设置为【成形到一顶点】，将【顶点】 ◉ 设置为如图 4-260 所示的一个顶点，并勾选【合并结果】复选框；勾选【方向 2】复选框，在【方向 2】选项栏中将【终止条件】设置为【成形到一顶点】，将【顶点】 ◉ 设置为如图 4-260 所示的另个一顶点，如图 4-261 所示，最后单击【确认】按钮 ✓，完成【凸台－拉伸】特征的设置，生成的图形如图 4-262 所示。

图 4-260 选择模型的顶点

图 4-261 【凸台－拉伸】属性管理器

图 4-262 生成的图形

4. 建立支撑部分

Step 01 单击椅子的一侧表面，使其成为草图的绘制平面。单击【视图定向】下拉按钮 🔳 中的【正视于】按钮 ↓ ，并单击【草图】工具栏中的【草图绘制】按钮 ⬜，进入草图绘制状态。单击【草图】工具栏中的【直线】按钮 ╱ ，绘制草图，如图 4-263 所示。

Step 02 单击【草图】工具栏中的【智能尺寸】按钮 ⬭ ，标注所绘制草图的尺寸，双击，退出草图，如图 4-264 所示。

Step 03 单击【特征】工具栏中【筋】按钮🖐，或者选择【插入】|【特征】|【筋】命令🖐，打开【筋】属性管理器，在该属性管理器中的【参数】选项栏中将【厚度】选择为【第二边】选项▤，在【筋厚度】文本框🖐中输入"10.00mm"，在【拉伸方向】选项组中选择【平行于草图】选项📐，取消勾选【反转材料方向】复选框，将【所选实体】设置为如图 4-265 所示的椅子基体实体，如图 4-266 所示，最后单击【确认】按钮✓，完成【筋】特征的设置，生成的图形如图 4-267 所示。

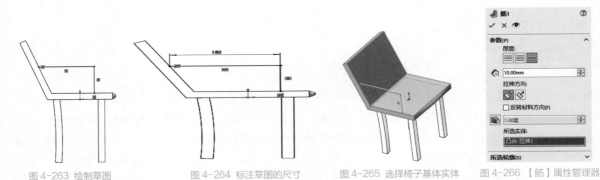

图 4-263 绘制草图　　　　图 4-264 标注草图的尺寸　　　　图 4-265 选择椅子基体实体　　　图 4-266 【筋】属性管理器

Step 04 单击【插入】工具栏中的【阵列/镜像】按钮，然后单击【镜像】按钮⬛⬛，在打开的【镜像】属性管理器中的【镜像面/基准面】选项栏中选择【右视基准面】选项，在【要镜像的实体】选项栏🖐中选择在上一步操作中创建的【筋】特征，勾选【延伸视像属性】复选框并选中【部分预览】单选按钮，如图 4-268 所示，最后单击【确认】按钮✓，完成【镜像】特征的设置，生成的图形如图 4-269 所示。

图 4-267 生成的图形（1）　　　　图 4-268 【镜像】属性管理器　　　　图 4-269 生成的图形（2）

5. 建立辅助部分

Step 01 单击【插入】工具栏中的【参考几何体】按钮，然后单击【基准面】按钮▣，在打开的【基准面】属性管理器中的【第一参考】选项栏中将【第一参考】⬛设置为椅子靠背的平面，在【偏移距离】文本框🖐中输入"10.00mm"，取消勾选【反转等距】复选框，在【要生成的基准面数】文本框🖐中输入"1"，如图 4-270 所示，最后单击【确认】按钮✓，完成【基准面】特征的设置，生成的图形如图 4-271 所示。

Step 02 选择在上一步操作中新建的基准面，使其成为草图绘制平面。单击【视图定向】下拉按钮🖐中的【正视于】按钮⬛，并单击【草图】工具栏中的【草图绘制】按钮⬛，进入草图绘制状态，单击【草图】工具栏中的【多边形】按钮⬛，在打开的【多边形】属性管理器中的【参数】选项栏中，在【边数】文本框⬛中输入"6"，选中【内切圆】单选按钮，如图 4-272 所示。

Step 03 绘制草图，如图 4-273 所示。

图 4-270 【基准面】属性管理器

图 4-271 完成【基准面】特征的设置生成的图形

图 4-272 【多边形】属性管理器

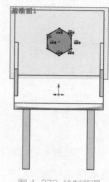
图 4-273 绘制草图

Step 04 单击【草图】工具栏中的【智能尺寸】按钮 ◇，标注所绘制草图的尺寸，其中多边形的边长为 40mm，多边形的中心距离底边为 100mm，如图 4-274 所示。

Step 05 单击【草图】工具栏中的【多边形】按钮 ◎，在打开的【多边形】属性管理器中的【参数】选项栏中，在【边数】文本框 ⬡ 中输入"6"，选中【内切圆】单选按钮，绘制草图，使两个多边形的中心点重合，如图 4-275 所示。

Step 06 单击【草图】工具栏中的【智能尺寸】按钮 ◇，标注所绘制草图的尺寸，使两个多边形的间距为 5mm，双击，退出草图，如图 4-276 所示。

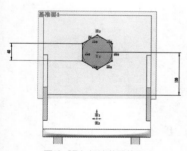
图 4-274 标注草图的尺寸

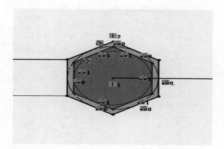
图 4-275 绘制草图

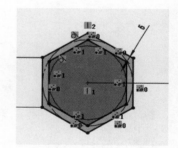
图 4-276 标注草图的尺寸

Step 07 单击【插入】工具栏中的【特征】按钮，然后单击【包覆】按钮 ▣，在打开的【包覆】属性管理器中的【包覆类型】选项栏中选择【蚀雕】选项 ▣，在【包覆方法】选项栏中选择【分析】选项 ▣，在【包覆参数】选项栏中将【源草图】匸设置为在上一步中建立的两个多边形草图，将【包覆草图的面】▣设置为椅背的平面，在【深度】文本框 ◈ 中输入"1.00mm"，如图 4-277 所示，最后单击【确认】按钮 ✓，完成【包覆】特征的设置，生成的图形如图 4-278 所示。

Step 08 在特征管理器设计树中的【基准面 1】图标上单击鼠标右键，在弹出的快捷菜单中单击【隐藏】按钮 ◈，使基准面 1 隐藏，如图 4-279 所示。隐藏基准面 1 后的模型如图 4-280 所示。

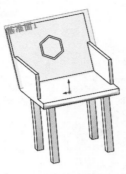

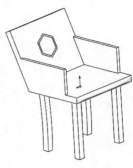

图 4-277 【包覆】属性管理器　　图 4-278 生成的图形（2）　　图 4-279 快捷菜单　　图 4-280 隐藏基准面 1

Step 09 单击【插入】工具栏中的【特征】按钮，然后单击【自由形】按钮 🖐，在打开的【自由形】属性管理器中的【面设置】选项栏中，将【要变形的面】 🗊 设置为如图 4-281 所示的左侧椅子把手内表面，在【控制曲线】选项栏中，在【控制类型】选项组下选中【通过点】单选按钮，在【坐标系】选项组下选中【自然】单选按钮，在【控制点】选项栏中勾选【捕捉到几何体】复选框，在【三重轴方向】选项组下选中【曲线】单选按钮，并勾选【三重轴跟随选择】复选框，在【显示】选项框中勾选【网格预览】复选框，并在其文本框中输入"5"，勾选【曲率检查梳形图】复选框，并勾选【方向 2】复选框，在【曲率类型】选项组下选中【曲面】单选按钮，在【比例】输入栏中输入"25"，在【密度】文本框中输入"96"，如图 4-282 所示。

Step 10 在最左侧的特征点将【接触】选项改为【可移动】选项，并拖动其向内侧移动，如图 4-283 所示。

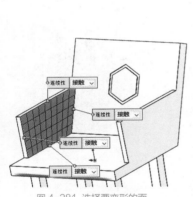

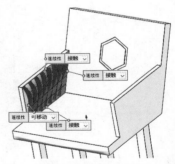

图 4-281 选择要变形的面　　图 4-282 【自由形】属性管理器　　图 4-283 拖动可移动的点

Step 11 单击【自由形】属性管理器中的【确认】按钮 ✓，完成【自由形】特征的设置，生成的图形如图 4-284 所示。

Step 12 用同样的方式继续完成椅子右把手的【自由形】特征的设置。完成设置后的模型如图 4-285 所示。

Step 13 单击【插入】工具栏中的【特征】按钮，然后单击【变形】按钮 🖐，在打开的【变形】属性管理器中的【变形类型】选项栏中选中【点】单选按钮，在【变形点】选项栏中将【变形点】 🖐 设置为如图 4-286 所示的椅背顶部的右侧边线。在【变形距离】文本框 ⚙ 中输入"10.00mm"，勾选【显示预览】复选框，在【变形区域】选项栏中的【变形半径】文本框 ⚙ 中输入"20.00mm"，在【形状选项】选项栏中选择【刚度 - 中等】选项 ◢，如图 4-287 所示，最后单击【确认】按钮 ✓，完成【变形】特征的设置，生成的图形如图 4-288 所示。

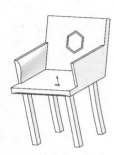
图 4-284 生成的图形（3）

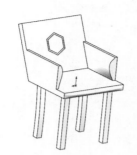
图 4-285 完成设置后的模型

图 4-286 选择模型的边线

图 4-287 【变形】属性管理器

Step 14 用同样的方式继续完成椅背另一侧边线的【变形】特征的设置。完成设置后的模型如图 4-289 所示。

Step 15 选择椅子的背面，使其成为草图绘制平面。单击【视图定向】下拉按钮 中的【正视于】按钮 ，并单击【草图】工具栏中的【草图绘制】按钮 ，进入草图绘制状态，单击【草图】工具栏中的【中心矩形】按钮 ，绘制草图，如图 4-290 所示。

Step 16 单击【草图】工具栏中的【智能尺寸】按钮 ，标注所绘制草图的尺寸，双击，退出草图，如图 4-291 所示。

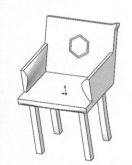
图 4-288 生成的图形（4）

图 4-289 完成设置后的模型

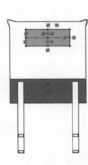
图 4-290 绘制草图

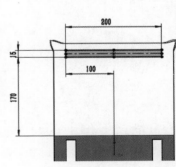
图 4-291 标注草图的尺寸

Step 17 单击【插入】工具栏中的【凸台／基体】按钮，然后单击【拉伸】按钮 ，在打开的【凸台 - 拉伸】属性管理器中的【从】选项栏中选择【草图基准面】选项，在【方向 1】选项栏中将【终止条件】设置为【给定深度】，在【深度】文本框中输入 "10.00mm"，取消勾选【合并结果】复选框，如图 4-292 所示，最后单击【确认】按钮 ，完成【凸台 - 拉伸】特征的设置，生成的图形如图 4-293 所示。

Step 18 单击【插入】工具栏中的【特征】按钮，然后单击【压凹】按钮 ，在打开的【压凹】属性管理器中的【选择】选项栏中将【目标实体】 设置为新建【凸台 - 拉伸】实体，在【工具实体区域】选项栏 中选择椅子实体，如图 4-294 所示，勾选【切除】复选框，在【间隙】文本框中输入 "2.00mm"，如图 4-295 所示，最后单击【确认】按钮 ，完成【压凹】特征的设置，生成的图形如图 4-296 所示。

Step 19 在特征管理器设计树中的【凸台 - 拉伸 4】图标上单击鼠标右键，在弹出的快捷菜单中单击【隐藏】按钮 ，使其隐藏，如图 4-297 所示。隐藏后的模型如图 4-298 所示。

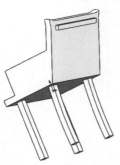

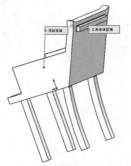

图 4-292 【凸台 - 拉伸】　　　图 4-293 生成的图形（5）　　图 4-294 选择目标实体和工具实体　　图 4-295 【压凹】属性管理器
　　　属性管理器

Step 20 选择【插入】|【特征】|【简单直孔】命令 ，单击零件六边形所在平面，在打开的【孔】属性管理器中的【从】选项栏中将【开始条件】设置为【草图基准面】，在【方向 1】选项栏中将【终止条件】设置为【完全贯穿】，在【直径】文本框 中输入"10.00mm"，如图 4-299 所示，最后单击【确认】按钮 ，完成【简单直孔】特征的设置，如图 4-300 所示。

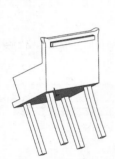

图 4-296 生成的图形（6）　　图 4-297 快捷菜单　　图 4-298 隐藏凸台 - 拉伸 4　　图 4-299 【孔】属性管理器

Step 21 在特征管理器设计树中的【孔 1】图标上单击鼠标右键，在弹出的快捷菜单中单击【编辑草图】按钮 ，进入草图绘制界面，如图 4-301 所示。

Step 22 单击【草图】工具栏中的【添加几何关系】按钮 ，在打开的【添加几何关系】属性管理器中的【所选实体】选项栏中选择圆孔中心和六边形的底点，在【添加几何关系】选项栏中选择【竖直】选项 ，如图 4-302 所示，最后单击【确认】按钮 ，完成【添加几何关系】特征的设置，如图 4-303 所示。

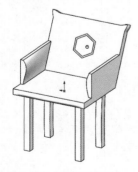

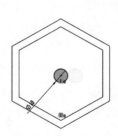

图 4-300 生成的图形（7）　　图 4-301 快捷菜单　　图 4-302 【添加几何关系】属性管理器　　图 4-303 添加几何关系

Step 23 单击【草图】工具栏中的【添加几何关系】按钮 ⊥，在打开的【添加几何关系】属性管理器中的【所选实体】选项栏中选择圆孔中心和六边形的左上点，在【添加几何关系】选项栏中选择【水平】选项 ━，如图 4-304 所示，最后单击【确认】按钮 ✓，完成【添加几何关系】特征的设置，如图 4-305 所示。

Step 24 双击，退出草图，生成的图形如图 4-306 所示。

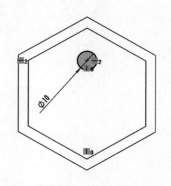

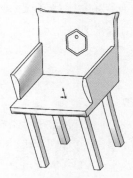

图 4-304 【添加几何关系】属性管理器　　　图 4-305 添加几何关系　　　图 4-306 生成的图形（8）

Step 25 单击【插入】工具栏中的【特征】按钮，然后单击【拔模】按钮 🔲，在打开的【拔模】属性管理器中的【拔模类型】选项栏中选中【中性面】单选按钮，在【拔模角度】文本框 🔲 中输入 "5.00 度"，在【中性面】选项栏中选择椅子零件的底面，在【拔模面】选项栏中选择椅子零件的左、右面，如图 4-307 所示，将【拔模沿面延伸】设置为【无】，如图 4-308 所示，最后单击【确认】按钮 ✓，完成【拔模】特征的设置，生成的图形如图 4-309 所示。

至此，完成椅子模型的绘制，如图 4-310 所示。

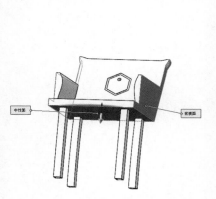

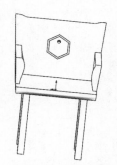

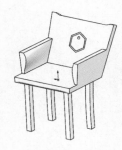

图 4-307 选择中性面和拔模面　　　图 4-308 【拔模】属性管理器　　　图 4-309 生成的图形（9）　　　图 4-310 椅子模型

课后习题

一、判断题

1. 对于压凹特征必须使用多实体技术。（　　　）

2. 筋的草图必须要和实体相交。（　　　）

3. 使用螺纹线特征生成的是装饰螺纹线。（　　　）

4. 使用简单直孔特征能生成螺纹孔。（　　　）

5. 使用圆角特征能将顶点圆角化。（　　　）

二、案例习题

习题要求：将课堂习题中的椅子模型去掉扶手部分。

案例习题文件：课后习题 / 第 04 章 /4.sldprt

视频教学：录屏 / 第 04 章 /4.mp4

习题要点：

（1）使用【拉伸切除】工具。

（2）使用【镜像】工具。

Chapter

05

辅助特征

在进行 SolidWorks 三维建模时，使用一些特征命令可以建立空间曲线，可以将现有的特征进行各种形式的复制，进而产生多个相同的特征。

SOLIDWORKS

学习要点

- 分割线特征
- 线性阵列特征
- 镜像特征
- 草图驱动的阵列特征
- 填充阵列特征

- 曲线特征
- 圆周阵列特征
- 表格驱动的阵列特征
- 曲线驱动的阵列特征
- 变量阵列特征

技能目标

- 掌握生成分割线特征的方法
- 掌握生成曲线特征的方法
- 掌握生成线性阵列特征的方法
- 掌握生成圆周阵列特征的方法
- 掌握生成镜像特征的方法
- 掌握生成表格驱动的阵列特征的方法
- 掌握生成草图驱动的阵列特征的方法
- 掌握生成曲线驱动的阵列特征的方法
- 掌握生成填充阵列特征的方法
- 掌握生成变量阵列特征的方法

5.1 分割线

【分割线】特征 是通过将实体投影到曲面或者平面上来生成的。它将所选的面分割为多个分离的面，从而可以选择其中一个分离面进行操作。分割线也可以通过将草图投影到曲面实体来生成，投影的实体可以是草图、模型实体、曲面、面、基准面或者曲面样条曲线。

选择【插入】|【曲线】|【分割线】菜单命令，打开【分割线】属性管理器，如图5-1所示。

课堂案例 对圆柱曲面进行分割线相关操作

实例素材	课堂案例 / 第 05 章 /5.1
视频教学	录屏 / 第 05 章 /5.1
案例要点	掌握分割线特征功能的使用方法

操作步骤

Step 01 打开实例素材中的零件模型，如图5-2所示。

Step 02 使用【轮廓】分割类型对圆柱面进行分割。单击【特征】工具栏中的【分割线】按钮 ，或者选择【插入】|【曲线】|【分割线】命令，在打开的【分割线】属性管理器中，在【分割类型】选项栏中选中【轮廓】单选按钮，在【选择】选项栏中将【拔模方向】 设置为【基准面2】，将【要分割的面】 设置为【圆柱面】，在【角度】文本框 中输入"20.00度"，单击【确定】按钮，完成【分割线】特征的设置，如图5-3所示。

Step 03 完成【分割线】特征的设置，生成的图形如图5-4所示。

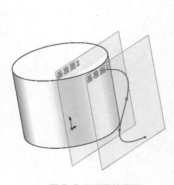

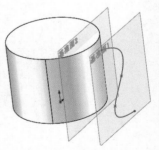

图 5-1 【分割线】属性管理器　　图 5-2 打开零件模型　　图 5-3 【分割线】属性管理器　　图 5-4 生成的图形（1）

Step 04 使用【投影】分割类型对圆柱面进行分割。单击【特征】工具栏中的【分割线】按钮 ，或者选择【插入】|【曲线】|【分割线】命令，在打开的【分割线】属性管理器中，在【分割类型】选项栏中选中【投影】单选按钮，在【选择】选项栏中将【要投影的草图】 设置为【基准面1中的曲线草图】，单击【确定】按钮，完成【分割线】特征的设置，如图5-5所示。

Step 05 完成【分割线】特征的设置，生成的图形如图 5-6 所示。

技巧

当使用【投影】分割类型对圆柱面进行分割时，所选择的草图必须至少跨越模型的两条边线。

Step 06 使用【交叉点】分割类型对圆柱面进行分割。单击【特征】工具栏中的【分割线】按钮，或者选择【插入】|【曲线】|【分割线】命令，在打开的【分割线】属性管理器中，在【分割类型】选项栏中选中【交叉点】单选按钮，在【选择】选项栏中将【分割实体/面/基准面】设置为【基准面2】，将【要分割的面/实体】设置为【圆柱面】，在【曲面分割选项】选项栏中选中【自然】单选按钮，单击【确定】按钮，完成【分割线】特征的设置，如图 5-7 所示。

Step 07 完成【分割线】特征的设置，生成的图形如图 5-8 所示。

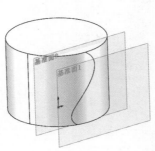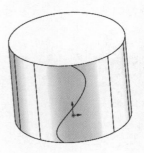

图 5-5【分割线】属性管理器　　图 5-6 生成的图形（2）　　图 5-7【分割线】属性管理器　　图 5-8 生成的图形（3）

技巧

在使用【交叉点】分割类型对圆柱面进行分割时，由于先前已经对圆柱面进行了投影，并生成了曲线，所以在【要分割的面/实体】选项中要选择左、右两片曲面。

# 5.2 投影曲线

使用【投影曲线】特征，可以通过将绘制的曲线投影到模型面上的方式来生成一条三维曲线，即"草图到面"的投影类型，也可以使用另一种方式生成投影曲线，即"草图到草图"的投影类型。首先在两个相交的基准面上分别绘制草图，此时系统会将每个草图沿所在平面的垂直方向投影以得到相应的曲面，然后这两个曲面在空间中相交，生成一条三维曲线。

选择【插入】|【曲线】|【投影曲线】菜单命令，打开【投影曲线】属性管理器，如图 5-9 所示。

课堂案例　对圆柱曲面进行投影曲线相关操作

实例素材	课堂案例 / 第 05 章 /5.2	扫码观看视频
视频教学	录屏 / 第 05 章 /5.2	
案例要点	掌握投影曲线特征功能的使用方法	

操作步骤

Step 01 打开实例素材中的零件模型，如图 5-10 所示。

Step 02 新建基准面。单击【参考几何体】工具栏中的【基准面】按钮，打开【基准面】属性管理器。在【第一参考】选项栏中，单击【参考实体】选择框，在 FeatureManager 设计树中单击【上视基准面】按钮，设置【距离】为"50.00mm"，如图 5-11 所示，在图形区域上视基准面上方 50mm 处生成【基准面 1】，如图 5-12 所示。

图 5-9 【投影曲线】属性管理器

图 5-10 打开零件模型

图 5-11 【基准面】属性管理器

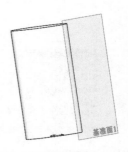

图 5-12 生成【基准面 1】

Step 03 选择【基准面 1】为草图绘制平面，单击【草图】工具栏中的【样条曲线】按钮，绘制一条样条曲线 . 如图 5-13 所示。

Step 04 单击 FeatureManager 设计树中的【基准面 1】，在弹出的快捷菜单中选择【隐藏】命令 ，将【基准面 1】进行隐藏，隐藏后如图 5-14 所示。

 技巧

在使用【投影曲线】特征时，它不同于【投影】的【分割线】特征，当使用后者时，所选的草图必须至少跨越模型的两条边线，而使用【投影曲线】特征时，可以在模型边线的内部进行。

Step 05 使用【面上草图】投影类型对草图进行投影。单击【特征】工具栏中的【投影曲线】按钮 ，或者选择【插入】|【曲线】|【投影曲线】菜单命令，在打开的【投影曲线】属性管理器中的【选择】选项栏中，选中【面上草图】单选按钮。将【要投影的草图】 设置为在步骤 3 中绘制的草图，单击【投影面】 选择框，在图形区域中选择圆柱面，勾选【反转投影】复选框，单击【确定】按钮，完成【投影曲线】特征的设置，如图 5-15 所示。

Step 06 完成【投影曲线】特征的设置，生成的图形如图 5-16 所示。

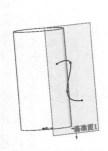
图 5-13 绘制样条曲线 1

图 5-14 隐藏【基准面 1】

图 5-15 【投影曲线】属性管理器

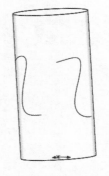
图 5-16 生成的图形（1）

Step 07 选择【前视基准面】为草图绘制平面，单击【草图】工具栏中的【样条曲线】按钮，绘制一条样条曲线．如图 5-17 所示。

Step 08 选择【上视基准面】为草图绘制平面，单击【草图】工具栏中的【样条曲线】按钮，绘制一条样条曲线．如图 5-18 所示。

Step 09 使用【面上草图】投影类型对草图进行投影。单击【特征】工具栏中的【投影曲线】按钮 ，或者选择【插入】|【曲线】|【投影曲线】菜单命令，在打开的【投影曲线】属性管理器中的【选择】选项栏中，选中【草图上草图】单选按钮。将【要投影的草图】匚设置为在步骤 7 和步骤 8 中绘制的草图，单击【投影面】选择框 匚，在图形区域中选择圆柱面，单击【确定】按钮，完成【投影曲线】特征的设置，如图 5-19 所示。

Step 10 完成【投影曲线】特征的设置，生成的图形如图 5-20 所示。

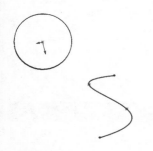
图 5-17 绘制样条曲线 2

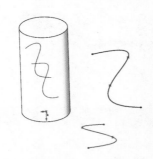
图 5-18 绘制样条曲线 3

图 5-19 【投影曲线】属性管理器

图 5-20 生成的图形（2）

5.3 组合曲线

【组合曲线】特征 🔽 是通过将曲线、草图几何体和模型边线组合为一条单一曲线来生成的。组合曲线可以作为生成放样特征或者扫描特征的引导线或者轮廓线。

选择【插入】|【曲线】|【组合曲线】菜单命令，打开【组合曲线】属性管理器，如图 5-21 所示。

实例素材	课堂案例 / 第 05 章 /5.3
视频教学	录屏 / 第 05 章 /5.3
案例要点	掌握组合曲线特征功能的使用方法

扫码观看视频

操作步骤

Step 01 打开实例素材中的零件模型，如图 5-22 所示。

Step 02 单击【特征】工具栏中的【组合曲线】按钮 ，或者选择【插入】|【曲线】|【组合曲线】菜单命令，在打开的【组合曲线】属性管理器中单击【要连接的草图、边线以及曲线】选择框 ，在图形区域中选择立方体零件模型上表面的 4 条边线，单击【确定】按钮，完成【组合曲线】特征的设置，如图 5-23 所示。

Step 03 完成【组合曲线】特征的设置，生成的图形如图 5-24 所示。

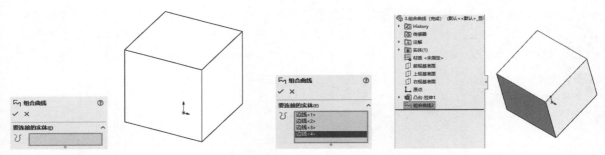

图 5-21 【组合曲线】   图 5-22 打开零件模型   图 5-23 【组合曲线】属性管理器   图 5-24 生成的图形
　　　　属性管理器

 技巧

在使用【组合曲线】特征时，所选择的曲线、草图几何体和模型边线必须是连续的，中间不允许有间断。

5.4 通过 X、Y、Z 点的曲线

使用【通过 X、Y、Z 点的曲线】特征 可以通过用户定义的点来生成样条曲线，以这种方式生成的曲线被称为通过 X、Y、Z 点的曲线。在 SolidWorks 中，用户既可以自定义样条曲线通过的点，也可以利用点坐标文件生成样条曲线。

选择【插入】|【曲线】|【通过 X、Y、Z 点的曲线】菜单命令，打开【曲线文件】对话框，如图 5-25 所示。

课堂案例　通过 X、Y、Z 点创建曲线

实例素材	课堂案例 / 第 05 章 /5.4
视频教学	录屏 / 第 05 章 /5.4
案例要点	掌握通过 X、Y、Z 点的曲线特征功能的使用方法

扫码观看视频

操作步骤

Step 01 打开实例素材中的空白文件，如图 5-26 所示。

Step 02 单击【特征】工具栏中的【通过 X、Y、Z 点的曲线】按钮 ，或者选择【插入】|【曲线】|【通过 X、Y、Z 点的曲线】菜单命令，打开【曲线文件】对话框。在【曲线文件】对话框中的【X】、【Y】、【Z】单元格中输入生成曲线的坐标点数值，单击【确定】按钮，完成【通过 X、Y、Z 点的曲线】特征的设置，如图 5-27 所示。

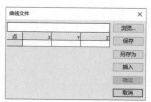

图 5-25 打开【曲线文件】对话框

图 5-26 打开空白文件

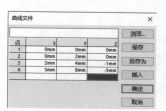

图 5-27 【曲线文件】对话框

 技巧

在使用【通过 X、Y、Z 点的曲线】特征时，在【曲线文件】对话框中输入数值时，双击文本框即可进行编辑。

Step 03 完成【通过 X、Y、Z 点的曲线】特征的设置，生成的图形如图 5-28 所示。

Step 04 单击【特征】工具栏中的【通过 X、Y、Z 点的曲线】按钮 ，或者选择【插入】|【曲线】|【通过 X、Y、Z 点的曲线】菜单命令 ，打开【曲线文件】对话框。在【曲线文件】对话框中的【X】、【Y】、【Z】单元格中输入生成曲线的坐标点数值，如图 5-29 所示。

Step 05 单击【曲线文件】对话框中的【另存为】按钮，打开【另存为】对话框，在【另存为】对话框中的【文件名】输入栏中输入"通过 X、Y、Z 点的曲线 .sldcrv"，单击【保存】按钮，将【曲线文件】进行保存，并单击【曲线文件】对话框中的【关闭】按钮，如图 5-30 所示。

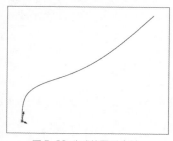

图 5-28 生成的图形（1）

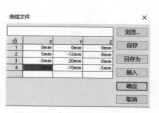

图 5-29 【曲线文件】对话框

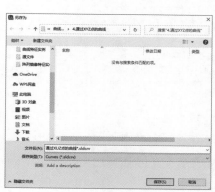

图 5-30 【另存为】对话框

Step 06 单击【特征】工具栏中的【通过 X、Y、Z 点的曲线】按钮 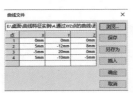，或者选择【插入】|【曲线】|【通过 X、Y、Z 点的曲线】菜单命令，打开【曲线文件】对话框。在【曲线文件】对话框中单击【浏览】按钮，打开【打开】对话框，在【打开】对话框中单击上一步另存的"通过 X、Y、Z 点的曲线 .sldcrv"文件，并单击【打开】按钮，如图 5-31 所示。

Step 07 此时要选择的文件的路径和文件名会出现在【曲线文件】对话框上方的空白框中，单击【确定】按钮，如图 5-32 所示。

Step 08 完成【通过 X、Y、Z 点的曲线】特征的设置，生成的图形如图 5-33 所示。

图 5-31 【打开】对话框

图 5-32 【曲线文件】对话框

图 5-33 生成的图形（2）

5.5 通过参考点的曲线

使用【通过参考点的曲线】特征 可以通过一个或者多个平面上的点来生成曲线。

选择【插入】|【曲线】|【通过参考点的曲线】菜单命令，打开【通过参考点的曲线】属性管理器，如图 5-34 所示。

课堂案例 通过参考点创建曲线

实例素材	课堂案例 / 第 05 章 /5.5
视频教学	录屏 / 第 05 章 /5.5
案例要点	掌握通过参考点的曲线特征功能的使用方法

扫码观看视频

操作步骤

Step 01 打开实例素材中的零件模型，如图 5-35 所示。

Step 02 单击【特征】工具栏中的【通过参考点的曲线】按钮 ，或者选择【插入】|【曲线】|【通过参考点的曲线】菜单命令，在打开的【通过参考点的曲线】属性管理器中单击【通过点】选择框，在图形区域中选择立方体零件模型上的 4 个顶点，单击【确定】按钮，完成【通过参考点的曲线】特征的设置，如图 5-36 所示。

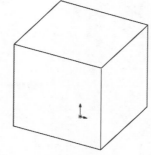

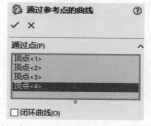

图 5-34 【通过参考点的曲线】属性管理器　　　　图 5-35 打开零件模型　　　　图 5-36 【通过参考点的曲线】属性管理器

💡 **技巧**

在使用【通过参考点的曲线】特征时，在【通过点】选择框中对点进行选择时，若想取消该点，则再次单击该点即可。

Step 03 完成【通过参考点的曲线】特征的设置，生成的图形如图 5-37 所示。

Step 04 单击【特征】工具栏中的【通过参考点的曲线】按钮 ，或者选择【插入】|【曲线】|【通过参考点的曲线】菜单命令，在打开的【通过参考点的曲线】属性管理器中单击【通过点】选择框，在图形区域中选择立方体零件模型上的 4 个顶点，勾选【闭环曲线】复选框，单击【确定】按钮，完成【通过参考点的曲线】特征的设置，如图 5-38 所示。

Step 05 完成【通过参考点的曲线】特征的设置，生成的图形如图 5-39 所示。

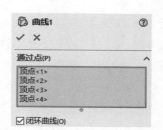

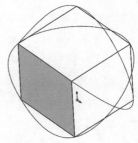

图 5-37 生成的图形（1）　　　　图 5-38 【通过参考点的曲线】属性管理器　　　　图 5-39 生成的图形（2）

5.6 螺旋线/涡状线

　　【螺旋线／涡状线】特征 可以作为扫描特征的路径或引导线，也可以作为放样特征的引导线，通常用来生成螺纹、弹簧、发条等零件，也可以在工业设计中作为装饰使用。

　　选择【插入】|【曲线】|【螺旋线／涡状线】菜单命令，打开【螺旋线／涡状线】属性管理器，如图 5-40 所示。

课堂案例　创建螺旋线和涡状线

实例素材	课堂案例 / 第 05 章 /5.6
视频教学	录屏 / 第 05 章 /5.6
案例要点	掌握创建螺旋线和涡状线的方法

操作步骤

Step 01 打开实例素材中的空白文件，如图 5-41 所示。

Step 02 选择【上视基准面】为草图绘制平面，以坐标原点为圆心，绘制一个直径为 100mm 的圆形草图并标注尺寸，如图 5-42 所示。

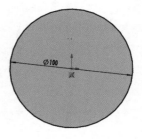

图 5-40 【螺旋线 / 涡状线】属性管理器　　　图 5-41 打开零件模型　　　图 5-42 绘制草图并标注尺寸

Step 03 单击【特征】工具栏中的【螺旋线 / 涡状线】按钮 ⅀，或者选择【插入】|【曲线】|【螺旋线 / 涡状线】菜单命令，在打开的【螺旋线 / 涡状线】属性管理器中，在【定义方式】选项栏中选择【螺距和圈数】选项，在【参数】选项栏中选中【恒定螺距】单选按钮，在【螺距】文本框中输入"10.00mm"，在【圈数】文本框中输入"8"，在【起始角度】文本框中输入"45.00 度"，并选中【顺时针】单选按钮，单击【确定】按钮，完成【螺旋线 / 涡状线】特征的设置，如图 5-43 所示。

Step 04 完成【螺旋线 / 涡状线】特征的设置，生成的图形如图 5-44 所示。

Step 05 选择【上视基准面】为草图绘制平面，以坐标原点右侧 150mm 位置为圆心，绘制一个直径为 100mm 的圆形草图并标注尺寸，如图 5-45 所示。

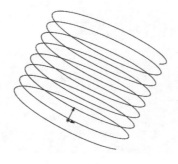

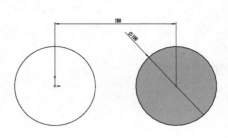

图 5-43 【螺旋线 / 涡状线】属性管理器　　　图 5-44 生成的图形（1）　　　图 5-45 绘制草图并标注尺寸

Step 06 单击【特征】工具栏中的【螺旋线 / 涡状线】按钮 ⅀，或者选择【插入】|【曲线】|【螺旋线 / 涡状线】菜单命令，在打开的【螺旋线 / 涡状线】属性管理器中，在【定义方式】选项栏中选择【高度和圈数】选项，在【参数】选项栏中选中【恒定螺距】单选按钮，在【高度】文本框中输入"150.00mm"，勾选【反向】复选框，在【圈数】文本框中输入"8"，在【起始角度】文本框中输入"20.00 度"，并选中【逆时针】单选按钮，单击【确定】按钮，完成【螺旋线 / 涡状线】的设置，如图 5-46 所示。

Step 07 完成【螺旋线 / 涡状线】特征的设置，生成的图形如图 5-47 所示。

Step 08 选择【上视基准面】为草图绘制平面，以坐标原点上方 150mm 位置为圆心，绘制一个直径为 100mm 的圆形草图并标注尺寸，如图 5-48 所示。

图 5-46 【螺旋线 / 涡状线】属性管理器

图 5-47 生成的图形（2）

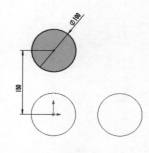

图 5-48 绘制草图并标注尺寸

Step 09 单击【特征】工具栏中的【螺旋线 / 涡状线】按钮 ⅀，或者选择【插入】|【曲线】|【螺旋线 / 涡状线】菜单命令，在打开的【螺旋线 / 涡状线】属性管理器中，在【定义方式】选项栏中选择【高度和圈数】选项，在【参数】选项栏中选中【可变螺距】单选按钮，在【区域参数】文本框中输入若干参数，在【起始角度】文本框中输入"20.00 度"，并选中【顺时针】单选按钮，单击【确定】按钮，完成【螺旋线 / 涡状线】特征的设置，如图 5-49 所示。

Step 10 完成【螺旋线 / 涡状线】特征的设置，生成的图形如图 5-50 所示。

Step 11 选择【上视基准面】为草图绘制平面，以坐标原点下方 150mm 位置为圆心，绘制一个直径为 100mm 的圆形草图并标注尺寸，如图 5-51 所示。

图 5-49 【螺旋线 / 涡状线】属性管理器

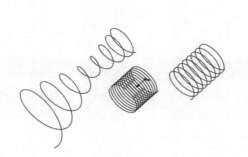

图 5-50 生成的图形（3）

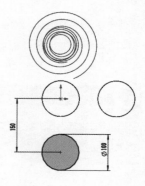

图 5-51 绘制草图并标注尺寸

Step 12 单击【特征】工具栏中的【螺旋线/涡状线】按钮 ⅀，或者选择【插入】|【曲线】|【螺旋线/涡状线】菜单命令，在打开的【螺旋线/涡状线】属性管理器中，在【定义方式】选项栏中选择【高度和螺距】选项，在【参数】选项栏中选中【恒定螺距】单选按钮，在【高度】文本框中输入"100.00mm"，在【螺距】文本框中输入"10.00mm"，选中【顺时针】单选按钮，勾选【锥形螺纹线】复选框，并在【锥形角度】文本框 ⊾ 中输入"10.00度"，单击【确定】按钮，完成【螺旋线/涡状线】特征的设置，如图 5-52 所示。

Step 13 完成【螺旋线/涡状线】特征的设置，生成的图形如图 5-53 所示。

Step 14 选择【上视基准面】为草图绘制平面，在距离坐标系原点左侧 150mm 位置绘制一个直径为 50mm 的圆形草图并标注尺寸，如图 5-54 所示。

图 5-52 【螺旋线/涡状线】属性管理器

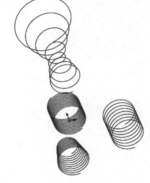

图 5-53 生成的图形（4）

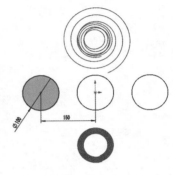

图 5-54 绘制草图并标注尺寸

Step 15 单击【特征】工具栏中的【螺旋线/涡状线】按钮 ⅀，或者选择【插入】|【曲线】|【螺旋线/涡状线】菜单命令，在打开的【螺旋线/涡状线】属性管理器中，在【定义方式】选项栏中选择【涡状线】选项，在【参数】选项栏中的【螺距】文本框中输入"15.00mm"，在【圈数】文本框中输入"4"，在【起始角度】文本框中输入"20.00度"，并选中【顺时针】单选按钮，单击【确定】按钮，完成【螺旋线/涡状线】特征的设置，如图 5-55 所示。

Step 16 完成【螺旋线/涡状线】特征的设置，生成的图形如图 5-56 所示。

图 5-55 【螺旋线/涡状线】属性管理器

图 5-56 生成的图形（5）

 技巧

使用【涡状线】特征时，生成的曲线在同一个面内，而使用【螺旋线】特征时，只能在空间内生成曲线。

5.7 线性阵列

使用【线性阵列】特征🔡，可以在一个或者几个方向上生成多个指定的源特征。

选择【插入】|【阵列／镜像】|【线性阵列】菜单命令，打开【线性阵列】属性管理器，如图 5-57 所示。

课堂案例 对已有特征生成线性阵列特征

实例素材	课堂案例 / 第 05 章 /5.7	扫码观看视频
视频教学	录屏 / 第 05 章 /5.7	
案例要点	掌握线性阵列特征功能的使用方法	

操作步骤

Step 01 打开实例素材中的零件模型，如图 5-58 所示。

Step 02 单击【特征】工具栏中的【线性阵列】按钮🔡，或者选择【插入】|【阵列／镜像】|【线性阵列】命令，在打开的【线性阵列】属性管理器中，在【方向 1）】选项栏中将【阵列方向】设置为图示对应的长边边线，并选中【间距与实例数】单选按钮，在【间距】文本框🔧中输入"35.00mm"，在【实例数】文本框🔢中输入"3"；在【方向 2）】选项栏中将【阵列方向】设置为图示对应的短边边线，并选中【间距与实例数】单选按钮，在【间距】文本框🔧中输入"35.00mm"，在【实例数】文本框🔢中输入"2"；勾选【特征和面】复选框，将【要阵列的特征】设置为【凸台－拉伸 2】，在【选项】选项栏中勾选【延伸视像属性】复选框，单击【确定】按钮，完成【线性阵列】特征的设置，如图 5-59 所示，在零件图中选择对应边线，如图 5-60 所示。

图 5-57 【线性阵列】属性管理器

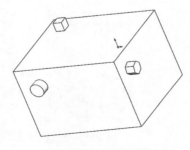

图 5-58 打开零件模型

图 5-59 【线性阵列】属性管理器

Step 03 完成【线性阵列】特征的设置，生成的图形如图 5-61 所示。

Step 04 单击【特征】工具栏中的【线性阵列】按钮 ❑❑，或者选择【插入】|【阵列／镜像】|【线性阵列】命令，在打开的【线性阵列】属性管理器中，在【方向1)】选项栏中将【阵列方向】设置为图示对应的长边边线，并选中【到参考】单选按钮，将【参考几何体】 ❑ 设置为模型的右侧边线，选中【重心】单选按钮，激活【设置间距】按钮 ❑，在【间距】文本框 ❑ 中输入 "45.00mm"；在【方向2)】选项栏中将【阵列方向】设置为图示对应的短边边线，并选中【到参考】单选按钮，将【参考几何体】 ❑ 设置为模型的下侧边线，在【偏移距离】文本框中输入 "10.00mm"，选中【重心】单选按钮，激活【设置实例】按钮 ❑，并在【实例数】文本框 ❑ 中输入 "3"，勾选【特征和面】复选框，将【要阵列的特征】设置为【凸台－拉伸3】，单击【确定】按钮，完成【线性阵列】特征的设置，如图 5-62 所示，在零件图中选择对应边线如图 5-63 所示。

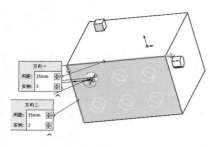

图 5-60 在零件图中选择对应边线

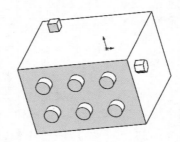

图 5-61 生成的图形（1）

图 5-62 【线性阵列】属性管理器

Step 05 完成【线性阵列】特征的设置，生成的图形如图 5-64 所示。

Step 06 单击【特征】工具栏中的【线性阵列】按钮 ❑❑，或者选择【插入】|【阵列／镜像】|【线性阵列】命令，在打开的【线性阵列】属性管理器中，在【方向1】选项栏中将【阵列方向】设置为图示对应的长边边线，并选中【间距与实例数】单选按钮，在【间距】文本框 ❑ 中输入 "30.00mm"，在【实例数】文本框 ❑ 中输入 "3"；在【方向2)】选项栏中将【阵列方向】设置为图示对应的短短边线，并选中【间距与实例数】单选按钮，在【间距】文本框 ❑ 中输入 "35.00mm"，在【实例数】文本框 ❑ 中输入 "2"，并勾选【只阵列源】复选框，勾选【特征和面】复选框，将【要阵列的特征】设置为【凸台－拉伸4】，单击【确定】按钮，完成【线性阵列】特征的设置，如图 5-65 所示，在零件图中选择对应边线如图 5-66 所示。

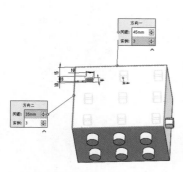

图 5-63 在零件图中选择对应边线

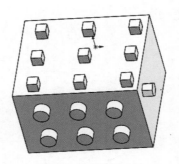

图 5-64 生成的图形（2）

图 5-65 【线性阵列】属性管理器

Step 07 完成【线性阵列】特征的设置，生成的图形如图 5-67 所示。

 技巧

如果在【线性阵列】属性管理器 ⚏ 中勾选【只阵列源】复选框，那么生成的阵列图形只会为源特征的对应延伸。

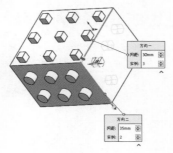

图 5-66 在零件图中选择对应边线

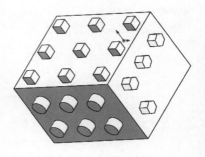

图 5-67 生成的图形（3）

Step 08 单击【特征】工具栏中的【线性阵列】按钮 ⚏，或者选择【插入】|【阵列／镜像】|【线性阵列】命令，在打开的【线性阵列】属性管理器中，在【方向 1】选项栏中将【阵列方向】设置为图示对应的长边边线，并选中【间距与实例数】单选按钮，在【间距】文本框 ⚙ 中输入"150.00mm"，在【实例数】文本框 ⚏ 中输入"2"；在【方向 2】选项栏中将【阵列方向】设置为图示对应的短边边线，并选中【间距与实例数】单选按钮，在【间距】文本框 ⚙ 中输入"200.00mm"，在【实例数】文本框 ⚏ 中输入"2"；勾选【实体】复选框，将【要阵列的实体／曲面实体】⚏ 设置为该零件实体，单击【确定】按钮，完成【线性阵列】特征的设置，如图 5-68 所示，在零件图中选择对应边线如图 5-69 所示。

Step 09 完成【线性阵列】特征的设置，生成的图形如图 5-70 所示。

图 5-68 【线性阵列】属性管理器

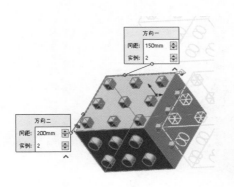

图 5-69 在零件图中选择对应边线

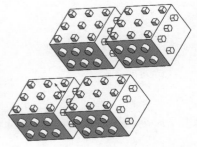

图 5-70 生成的图形（4）

 # 5.8 圆周阵列

使用【圆周阵列】特征 ⚏，可以将源特征围绕指定的轴线、圆柱面或圆复制多个特征。选择【插入】|【阵列／镜像】|【圆周阵列】菜单命令，打开【阵列（圆周）】属性管理器，如图 5-71 所示。

课堂案例 对已有特征生成圆周阵列特征

实例素材	课堂案例 / 第 05 章 /5.8
视频教学	录屏 / 第 05 章 /5.8
案例要点	掌握圆周阵列特征功能的使用方法

操作步骤

Step 01 打开实例素材中的零件模型，如图 5-72 所示。

Step 02 单击【特征】工具栏中的【圆周阵列】按钮，或者选择【插入】|【阵列 / 镜像】|【圆周阵列】命令，在打开的【圆周阵列】属性管理器中，在【方向 1】选项栏中将【阵列方向】设置为图示对应的圆形边线，并选中【实例间距】单选按钮，在【角度】文本框中输入"60.00 度"，在【实例数】文本框中输入"3"；勾选【特征和面】复选框，将【要阵列的特征】设置为【凸台 - 拉伸 3】，单击【确定】按钮，完成【圆周阵列】特征的设置，如图 5-73 所示，在零件图中选择对应边线如图 5-74 所示。

图 5-71 【阵列（圆周）】属性管理器

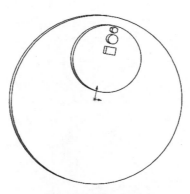

图 5-72 打开零件模型

图 5-73 【阵列（圆周）】属性管理器

Step 03 完成【圆周阵列】特征的设置，生成的图形如图 5-75 所示。

Step 04 单击【特征】工具栏中的【圆周阵列】按钮，或者选择【插入】|【阵列 / 镜像】|【圆周阵列】命令，在打开的【圆周阵列】属性管理器中，在【方向 1】选项栏中将【阵列方向】设置为图示对应的圆形边线，并选中【等间距】单选按钮，在【角度】文本框中输入"360.00度"，在【实例数】文本框中输入"3"；勾选【特征和面】复选框，将【要阵列的特征】设置为【凸台 - 拉伸 4】，单击【确定】按钮，完成【圆周阵列】特征的设置，如图 5-76 所示，在零件图中选择对应边线如图 5-77 所示。

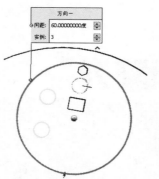

图 5-74 在零件图中选择对应边线

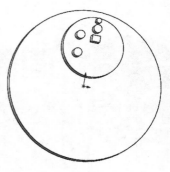

图 5-75 生成的图形（1）

Step 05 完成【圆周阵列】特征的设置，生成的图形如图 5-78 所示。

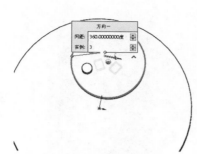

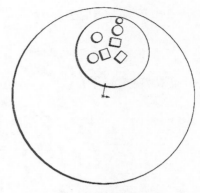

图 5-76 【阵列（圆周）】属性管理器　　图 5-77 在零件图中选择对应边线　　图 5-78 生成的图形（2）

Step 06 单击【特征】工具栏中的【圆周阵列】按钮🔏，或者选择【插入】|【阵列 / 镜像】|【圆周阵列】命令，在打开的【圆周阵列】属性管理器中，在【方向1】选项栏中将【阵列方向】设置为图示对应的圆形边线，并选中【实例间距】单选按钮，在【角度】文本框🔁中输入 "30.00 度"，在【实例数】文本框❋中输入 "4"；勾选【方向2】复选框，在【方向2】选项栏中勾选【对称】复选框；勾选【特征和面】复选框，将【要阵列的特征】设置为【凸台 - 拉伸 5】，单击【确定】按钮，完成【圆周阵列】特征的设置，如图 5-79 所示，在零件图中选择对应边线如图 5-80 所示。

Step 07 完成【圆周阵列】特征的设置，生成的图形如图 5-81 所示。

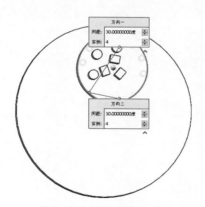

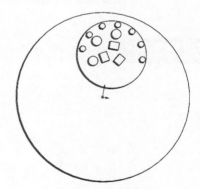

图 5-79 【阵列（圆周）】属性管理器　　图 5-80 在零件图中选择对应边线　　图 5-81 生成的图形（3）

 技巧

如果在【阵列（圆周）】属性管理器中的【可跳过的实例】选项中单击某一个阵列的特征点，那么该特征点将被跳过，而不被阵列。

Step 08 单击【特征】工具栏中的【圆周阵列】按钮🔏，或者选择【插入】|【阵列 / 镜像】|【圆周阵列】命令，在打开的【圆周阵列】属性管理器中，在【方向1】选项栏中将【阵列方向】设置为图示对应的大圆形边线，并选中【等间距】单选按钮，在【总角度】文本框🔁中输入 "360.00 度"，在【实例数】文本框❋中输入 "3"；勾

选【实体】复选框，将【要阵列的实体/曲面实体】 🔲 设置为大圆盘上面的整个实体，单击【确定】按钮，完成【圆周阵列】特征的设置，如图 5-82 所示，在零件图中选择对应边线如图 5-83 所示。

Step 09 完成【圆周阵列】特征的设置，生成的图形如图 5-84 所示。

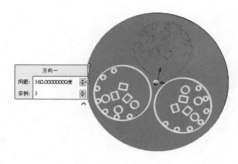

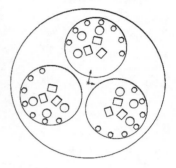

图 5-82 【阵列（圆周）】属性管理器　　　　图 5-83 在零件图中选择对应边线　　　　图 5-84 生成的图形（4）

5.9 镜像

使用【镜像】特征 🔛，可以使特征沿面或者基准面镜像以生成一个特征或者多个特征。选择【插入】|【阵列/镜像】|【镜像】菜单命令，打开【镜像】属性管理器，如图 5-85 所示。

课堂案例　对特征进行镜像操作

实例素材	课堂案例/第 05 章 /5.9
视频教学	录屏/第 05 章 /5.9
案例要点	掌握镜像特征功能的使用方法

操作步骤

Step 01 打开实例素材中的零件模型，如图 5-86 所示。

Step 02 单击【特征】工具栏中的【镜像】按钮 🔛，或者选择【插入】|【阵列/镜像】|【镜像】命令，在打开的【镜像】属性管理器中，在【镜像面/基准面】选项栏 🔲 中单击特征树中的【右视基准面】图标，在【要镜像的特征】选项栏 🔲 中单击特征树中的【凸台－拉伸 2】按钮，在【选项】选项栏中勾选【延伸视像属性】复选框并选中【部分预览】单选按钮，单击【确定】按钮，

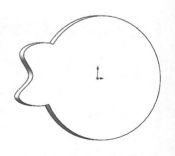

图 5-85 【镜像】属性管理器　　　　图 5-86 打开零件模型

完成【镜像】特征的设置，如图 5-87 所示，特征树如图 5-88 所示。

 技巧

特征树一般存在于视图页面的左上角，在通常情况下，特征树中的内容会被隐藏，单击按钮 ▶，使其显示为按钮 ▼ 时，即可对特征树下的内容进行一系列操作。

Step 03 完成【镜像】特征的设置，生成的图形如图 5-89 所示。

图 5-87 【镜像】属性管理器

图 5-88 特征树

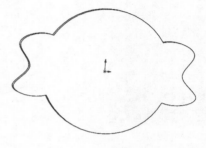

图 5-89 生成的图形

5.10 表格驱动的阵列

使用【表格驱动的阵列】特征可以通过 x 和 y 坐标对指定的源特征进行阵列。使用 x 和 y 坐标的孔阵列是【表格驱动的阵列】的常见应用，但也可以由【表格驱动的阵列】使用其他源特征。

选择【插入】|【阵列/镜像】|【表格驱动的阵列】菜单命令，打开【由表格驱动的阵列】对话框，如图 5-90 所示。

 课堂案例 用表格驱动对特征进行阵列

实例素材	课堂案例/第 05 章/5.10
视频教学	录屏/第 05 章/5.10
案例要点	掌握表格驱动的阵列功能的使用方法

操作步骤

Step 01 打开实例素材中的零件模型，如图 5-91 所示。

Step 02 单击【特征】工具栏中的【表格驱动的阵列】按钮 ▦，或者选择【插入】|【阵列/镜像】|【表格驱动的阵列】命令，在打开的【由表格驱动的阵列】对话框中将【坐标系】设置为【坐标系1】，将【要复制的特征】设置为【凸台‑拉伸2】，勾选【延伸视像属性】复选框并选中【部分预览】单选按钮，当选中坐标系后会自动在0点处显示出当前特征的坐标点，为 X：−35.00mm，Y：20.00mm；在1点输入 X：0.00mm，Y：0.00mm；2点 X：−35.00mm，Y：0.00mm；3点 X：−35.00mm，Y：−20.00mm；4点 X：−35.00mm，Y：20.00mm。单击【确定】按钮，完成【表格驱动的阵列】特征的设置，如图5‑92所示。

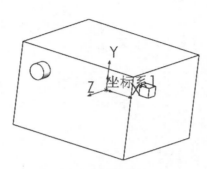

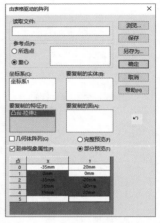

图5‑90 【由表格驱动的阵列】对话框　　　图5‑91 打开零件模型　　　图5‑92 【由表格驱动的阵列】对话框

 技巧

使用【表格驱动的阵列】特征时，首先建立一个坐标系，然后在【由表格驱动的阵列】对话框中将【坐标系】设置为所建立的【坐标系】。

Step 03 完成【表格驱动的阵列】特征的设置，生成的图形如图5‑93所示。

Step 04 单击【特征】工具栏中的【表格驱动的阵列】按钮 ▦，或者选择【插入】|【阵列/镜像】|【表格驱动的阵列】命令，在打开的【由表格驱动的阵列】对话框中将【坐标系】设置为【坐标系1】，将【要复制的特征】设置为【凸台‑拉伸3】，勾选【延伸视像属性】复选框并选中【部分预览】单选按钮，当选中坐标系后会自动在0点处显示出当前特征的坐标点，为 X：60.00mm，Y：25.00mm；在1点输入 X：60.00mm，Y：0.00mm；2点 X：60.00mm，Y：−25.00mm。设置完的【由表格驱动的阵列】对话框如图5‑94所示。

Step 05 单击【由表格驱动的阵列】对话框中的【另存为】按钮，打开【另存为】对话框，在该对话框中的【文件名】文本框中输入"表格驱动的阵列"，单击【保存】按钮，将"表格驱动的阵列"文件进行保存，并单击【关闭】按钮，如图5‑95所示。

Step 06 单击【特征】工具栏中的【表格驱动的阵列】按钮 ▦，或者选择【插入】|【阵列/镜像】|【表格驱动的阵列】菜单命令，打开【由表格驱动的阵列】对话框。单击【浏览】按钮，打开【打开】对话框，在该对话框中单击上一步另存的"表格驱动的阵列"文件，并单击【打开】按钮，如图5‑96所示。

Step 07 此时要选择的文件的路径和文件名会出现在【由表格驱动的阵列】对话框上方的空白框中，在该对话框中将【坐标系】设置为【坐标系1】，将【要复制的特征】设置为【凸台‑拉伸3】选项，勾选【延伸视像属性】复选框并选中【部分预览】单选按钮，单击【确定】按钮，如图5‑97所示。

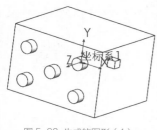

图 5-93 生成的图形（1）

图 5-94 【由表格驱动的阵列】对话框

图 5-95 【另存为】对话框

Step 08 完成【表格驱动的阵列】特征的设置，生成的图形如图 5-98 所示。

图 5-96 【打开】对话框

图 5-97 【由表格驱动的阵列】对话框

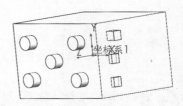

图 5-98 生成的图形（2）

5.11 草图驱动的阵列

使用【草图驱动的阵列】特征 可以通过草图中的特征点对源特征进行阵列。

选择【插入】|【阵列/镜像】|【草图驱动的阵列】菜单命令，打开【由草图驱动的阵列】属性管理器，如图 5-99 所示。

课堂案例 用草图驱动对特征进行阵列

实例素材	课堂案例 / 第 05 章 /5.11
视频教学	录屏 / 第 05 章 /5.11
案例要点	掌握草图驱动的阵列特征功能的使用方法

扫码观看视频

操作步骤

Step 01 打开实例素材中的零件模型，如图 5-100 所示。

Step 02 单击【特征】工具栏中的【草图驱动的阵列】按钮，或者选择【插入】|【阵列/镜像】|【草图驱动的阵列】命令，在打开的【由草图驱动的阵列】属性管理器中，将【参考草图】设置为【草图】，在【参考点】选项组中选中【重心】单选按钮，勾选【特征和面】复选框，并将【要阵列的特征】设置为【切除-拉伸1】，在【选项】选项栏中勾选【延伸视像属性】复选框并选中【部分预览】单选按钮，单击【确定】按钮，完成【草图驱动的阵列】特征的设置，如图 5-101 所示，特征树如图 5-102 所示。

图 5-99 【由草图驱动的阵列】
属性管理器

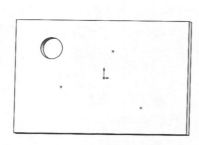

图 5-100 打开零件模型

图 5-101 【由草图驱动的阵列】
属性管理器

图 5-102 特征树

 技巧

使用【草图驱动的阵列】特征时，首先需要建立一个草图，该草图是由若干个点组成的，而不是由线组成的。

Step 03 完成【草图驱动的阵列】特征的设置，生成的图形如图 5-103 所示。

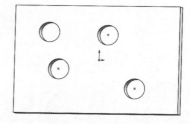

图 5-103 生成的图形

5.12 曲线驱动的阵列

使用【曲线驱动的阵列】特征可以通过曲线对源特征进行阵列。

选择【插入】|【阵列/镜像】|【曲线驱动的阵列】菜单命令，打开【曲线驱动的阵列】属性管理器，如图 5-104 所示。

课堂案例 用曲线驱动对特征进行阵列

实例素材	课堂案例/第 05 章/5.12	 扫码观看视频
视频教学	录屏/第 05 章/5.12	
案例要点	掌握曲线驱动的阵列特征功能的使用方法	

操作步骤

Step 01 打开实例素材中的零件模型，如图5-105所示。

Step 02 单击【特征】工具栏中的【曲线驱动的阵列】按钮 💑，或者选择【插入】|【阵列／镜像】|【曲线驱动的阵列】命令，在打开的【曲线驱动的阵列】属性管理器中，在【方向1】选项栏中将【阵列方向】设置为【样条曲线1】，在【实例数】文本框 💑 中输入"4"，并勾选【等间距】复选框，在【曲线方法】选项组中选中【转换曲线】单选按钮，在【对齐方法】选项组中选中【对齐到源】单选按钮，勾选【特征和面】复选框，并将【要阵列的特征】 🎁 设置为【切除－拉伸1】，单击【确定】按钮，完成【曲线驱动的阵列】特征的设置，如图5-106所示。

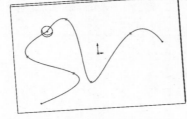

图5-104 【曲线驱动的阵列】属性管理器　　　　图5-105 打开零件模型　　　　图5-106 【曲线驱动的阵列】属性管理器

 技巧

使用【曲线驱动的阵列】特征时，首先需要建立一个草图，该草图是由曲线或直线组成的。

Step 03 完成【曲线驱动的阵列】特征的设置，生成的图形如图5-107所示。

Step 04 单击【特征】工具栏中的【曲线驱动的阵列】按钮 💑，或者选择【插入】|【阵列／镜像】|【曲线驱动的阵列】命令，在打开的【曲线驱动的阵列】属性管理器中，在【方向1】选项栏中将【阵列方向】设置为【样条曲线1】，取消勾选【等间距】复选框，在【实例数】文本框 💑 中输入"6"，在【间距】文本框 🎁 中输入"20.00mm"，在【曲线方法】选项组中选中【转换曲线】单选按钮，在【对齐方法】选项组中选中【对齐到源】单选按钮，勾选【特征和面】复选框，并将【要阵列的特征】 🎁 设置为【切除－拉伸1】，单击【确定】按钮，完成【曲线驱动的阵列】特征的设置，设置完成的【曲线驱动的阵列】属性管理器如图5-108所示。

Step 05 完成【曲线驱动的阵列】特征的设置，生成的图形如图5-109所示。

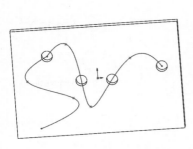

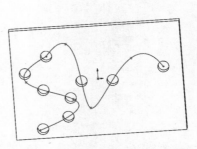

图5-107 生成的图形（1）　　　　图5-108 【曲线驱动的阵列】属性管理器　　　　图5-109 生成的图形（2）

5.13 填充阵列

使用【填充阵列】特征🔲可以在限定的实体平面或者草图区域进行阵列复制。

选择【插入】|【阵列/镜像】|【填充阵列】菜单命令，打开【填充阵列】属性管理器，如图 5-110 所示。

课堂案例 用填充阵列对特征进行阵列

实例素材	课堂案例 / 第 05 章 /5.13
视频教学	录屏 / 第 05 章 /5.13
案例要点	掌握填充阵列特征功能的使用方法

操作步骤

Step 01 打开实例素材中的零件模型，如图 5-111 所示。

Step 02 单击【特征】工具栏中的【填充阵列】按钮🔲，或者选择【插入】|【阵列/镜像】|【填充阵列】命令，在打开的【填充阵列】属性管理器中，将【填充边界】🔲设置为【凸台 - 拉伸 2】特征所在的平面，在【阵列布局】选项栏中选择【穿孔】选项🔲，在【实例间距】文本框🔧中输入"20.00mm"，在【交错断续角度】文本框🔧中输入"60.00 度"，在【边距】文本框🔲中输入"0.00mm"，系统自动在【阵列方向】选项🔧中填入默认的【边线 <1>】选项，勾选【特征和面】复选框，并选中【所选特征】单选按钮，将【要阵列的特征】🔲设置为【凸台 - 拉伸 2】，单击【确定】按钮，完成【填充阵列】特征的设置，如图 5-112 所示。

图 5-110 【填充阵列】属性管理器

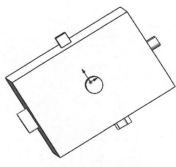

图 5-111 打开零件模型

图 5-112 【填充阵列】属性管理器

Step 03 完成【填充阵列】特征的设置，生成的图形如图 5-113 所示。

Step 04 单击【特征】工具栏中的【填充阵列】按钮，或者选择【插入】|【阵列/镜像】|【填充阵列】命令，在打开的【填充阵列】属性管理器中将【填充边界】设置为【凸台－拉伸3】特征所在的平面，在【阵列布局】选项栏中选择【圆周】选项，在【环间距】文本框中输入"20.00mm"，选中【目标间距】单选按钮，在【实例间距】文本框中输入"20.00mm"，在【边距】文本框中输入"5.00mm"，勾选【特征和面】复选框，并选中【所选特征】单选按钮，将【要阵列的特征】设置为【凸台－拉伸3】，单击【确定】按钮，完成【填充阵列】特征的设置，如图5-114所示。

Step 05 完成【填充阵列】特征的设置，生成的图形如图5-115所示。

Step 06 单击【特征】工具栏中的【填充阵列】按钮，或者选择【插入】|【阵列/镜像】|【填充阵列】命令，在打开的【填充阵列】属性管理器中将【填充边界】设置为【凸台－拉伸4】特征所在的平面，在【阵列布局】选项栏中选择【方形】选项，在【环间距】文本框中输入"30.00mm"，选中【每边的实例】单选按钮，在【实例数】文本框中输入"3"，勾选【特征和面】复选框，并选中【所选特征】单选按钮，将【要阵列的特征】设置为【凸台－拉伸4】，单击【确定】按钮，完成【填充阵列】特征的设置，如图5-116所示。

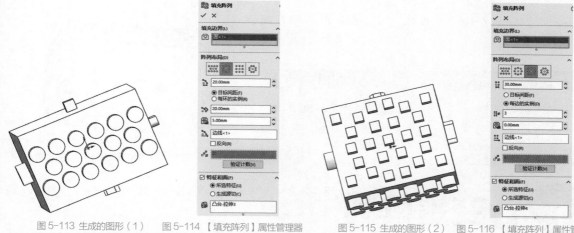

图5-113 生成的图形（1）　　图5-114【填充阵列】属性管理器　　　图5-115 生成的图形（2）　　图5-116【填充阵列】属性管理器

Step 07 完成【填充阵列】特征的设置，生成的图形如图5-117所示。

Step 08 单击【特征】工具栏中的【填充阵列】按钮，或者选择【插入】|【阵列/镜像】|【填充阵列】命令，在打开的【填充阵列】属性管理器中将【填充边界】设置为【凸台－拉伸5】特征所在的平面，在【阵列布局】选项栏中选择【多边形】选项，在【环间距】文本框中输入"35.00mm"，在【多边形边】文本框中输入"5"，选中【目标间距】单选按钮，在【实例数】文本框中输入"10.00mm"，勾选【特征和面】复选框，并选中【所选特征】单选按钮，将【要阵列的特征】设置为【凸台－拉伸5】，单击【确定】按钮，完成【填充阵列】特征的设置，如图5-118所示。

Step 09 完成【填充阵列】特征的设置，生成的图形如图5-119所示。

Step 10 单击【特征】工具栏中的【填充阵列】按钮，或者选择【插入】|【阵列/镜像】|【填充阵列】命令，在打开的【填充阵列】属性管理器中将【填充边界】设置为【凸台－拉伸6】特征所在的平面，在【阵列布局】选项栏中选择【方形】选项，在【环间距】文本框中输入"20.00mm"，选中【目标间距】单选按钮，在【实例间距】文本框中输入"20.00mm"，勾选【特征和面】复选框，并选中【生成源切】单选按钮，单击【方形】按钮，在【尺寸】文本框中输入"5.00mm"，单击【确定】按钮，完成【填充阵列】特征的设置，如图5-120所示。

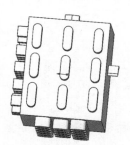

图 5-117 生成的图形（3）　　　图 5-118 【填充阵列】　　　图 5-119 生成的图形（4）　　图 5-120 【填充阵列】属性管理器
　　　　　　　　　　　　　　　　属性管理器

Step 11 完成【填充阵列】特征的设置，生成的图形如图 5-121 所示。

 技巧

使用【填充阵列】特征时，可以不选中【所选特征】单选按钮生成
阵列，即在【特征和面】选项栏中选中【生成源切】单选按钮，即
可对系统中默认的源切进行【填充阵列】特征的操作。

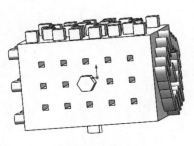

图 5-121 生成的图形（5）

5.14 变量阵列

使用【变量阵列】特征 可以不通过尺寸来完成随形阵列，而直接通过阵列来实现对特
征的形状变化阵列。

选择【插入】|【阵列/镜像】|【变量阵列】菜单命令，打开【变量阵列】属性管理器，
如图 5-122 所示。

课堂案例 用变量阵列对特征进行阵列

实例素材	课堂案例 / 第 05 章 /5.14	
视频教学	录屏 / 第 05 章 /5.14	
案例要点	掌握变量阵列特征功能的使用方法	

操作步骤

Step 01 打开实例素材中的零件模型，如图 5-123 所示。

Step 02 单击【特征】工具栏中的【变量阵列】按钮 ![], 或者选择【插入】|【阵列/镜像】|【变量阵列】命令，在打开的【变量阵列】属性管理器中将【要阵列的特征】 ![] 设置为【切除 – 拉伸 1】，单击【创建阵列表格】按钮，打开【阵列表】表格，如图 5-124 所示。

Step 03 打开【阵列表】表格后，分别单击图形中【切除 – 拉伸 1】的参数，其中包括【长】、【宽】、【X 位置】和【Y 位置】，这样会在【阵列表】表格中显示所添加的参数，如图 5-125 所示，所选图形中的参数如图 5-126 所示。

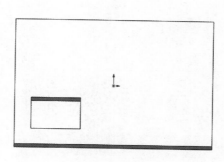

图 5-122 【变量阵列】属性管理器　　　　　图 5-123 打开零件模型　　　　　图 5-124 【变量阵列】属性管理器

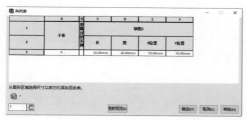

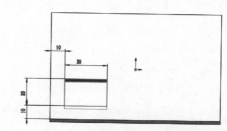

图 5-125 【阵列表】表格　　　　　　　　　　图 5-126 所选图形中的参数

Step 04 在【阵列表】表格中的【要添加的实例数量】文本框中输入"1"，并单击【添加实例】 ![] 按钮两次，将在灰色的实例下添加两行新的实例，这两个新实例的参数与灰色实例相同，如图 5-127 所示。

Step 05 在【阵列表】表格中将【字体 1】中的【X 位置】文本框中的数值改为"50.00mm"，将【字体 2】中的【Y 位置】文本框中的数值改为"40.00mm"，【长】文本框中的数值改为"20.00mm"，【宽】文本框中的数值改为"10.00mm"，单击【确定】按钮，完成设置，如图 5-128 所示。

Step 06 单击【变量阵列】属性管理器中的【确定】按钮，完成【变量阵列】特征的设置，生成的图形如图 5-129 所示。

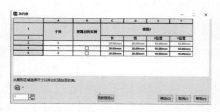

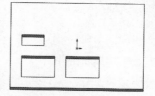

图 5-127 【阵列表】表格　　　　　　图 5-128 【阵列表】表格　　　　　图 5-129 生成的图形

 技巧

使用【变量阵列】特征时，用户可以随意设置可能进行变更的变量，首先将其设置在【阵列表】表格中，然后添加阵列，并对【阵列表】表格中的数值进行更改。使用【变量阵列】特征不仅可以对源特征的位置进行复制，也可以在复制的特征中修改尺寸。

5.15 课堂习题

课堂案例 建立车轮三维模型

实例素材	课堂习题 / 第 05 章 /5.15
视频教学	录屏 / 第 05 章 /5.15
案例要点	掌握辅助特征的使用方法

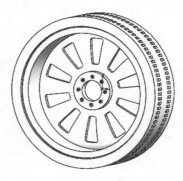

图 5-130 车轮模型

建立车轮三维模型，本案例最终效果如图 5-130 所示。

1. 新建 SolidWorks 零件并保存文件

操作步骤

Step 01 启动中文版 SolidWorks，单击【文件】工具栏中的【新建】按钮 🗋，打开【新建 SolidWorks 文件】对话框，单击【零件】按钮，单击【确定】按钮，如图 5-131 所示。

Step 02 选择【文件】|【另存为】菜单命令，打开【另存为】对话框，在【文件名】文本框中输入"轮胎模型"，单击【保存】按钮，如图 5-132 所示。

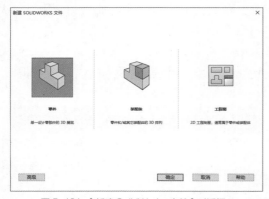

图 5-131 【新建 SolidWorks 文件】对话框　　　图 5-132 【另存为】对话框

2. 建立基体部分

操作步骤

Step 01 单击特征管理器设计树中的【前视基准面】按钮，使【前视基准面】成为草图绘制平面。单击【视图定向】下拉按钮 🔲 中的【正视于】按钮 ↓，并单击【草图】工具栏中的【草图绘制】按钮 □，进入草图绘制状态。单击【草图】工具栏中的【圆形】按钮 ⊙，绘制草图，如图 5-133 所示。

Step 02 单击【草图】工具栏中的【智能尺寸】按钮 ❖，标注所绘制草图的尺寸，双击，退出草图，如图 5-134 所示。

Step 03 单击【插入】工具栏中的【凸台／基体】按钮，然后单击【拉伸】按钮 📦，在打开的【凸台－拉伸】属性管理器中，在【从】选项栏中选择【草图基准面】选项，在【方向1】选项栏中将【终止条件】设置为【给定深度】，在【深度】文本框中输入"25.00mm"，如图 5-135 所示，最后单击【确认】按钮 ✓，完成【凸台－拉伸】特征的设置，生成的图形如图 5-136 所示。

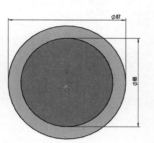

图 5-133　绘制草图　　　　图 5-134　标注草图尺寸　　　图 5-135　【凸台－拉伸】属性管理器　　　图 5-136　生成的图形（1）

Step 04 单击【插入】工具栏中的【参考几何体】按钮，然后单击【基准面】按钮 📗，在打开的【基准面】属性管理器中，在【第一参考】选项栏中将【第一参考】📖 设置为【前视基准面】，在【偏移距离】文本框📐中输入"10.00mm"，取消勾选【反转等距】复选框，在【要生成的基准面数】文本框🔁中输入"1"，如图 5-137 所示，最后单击【确认】按钮 ✓，完成【基准面】特征的设置，生成的图形如图 5-138 所示。

Step 05 选择上一步新建的基准面，使其成为草图绘制平面。单击【视图定向】下拉按钮📷中的【正视于】按钮 ⊥，并单击【草图】工具栏中的【草图绘制】按钮 └，进入草图绘制状态，单击【草图】工具栏中的【圆形】按钮 ⊙，绘制草图，如图 5-139 所示。

Step 06 单击【草图】工具栏中的【智能尺寸】按钮 ✎，标注所绘制草图的尺寸，双击，退出草图，如图 5-140 所示。

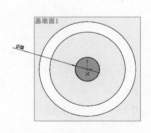

图 5-137　【基准面】属性管理器　　图 5-138　生成的图形（2）　　　图 5-139　绘制草图　　　　图 5-140　标注草图尺寸

Step 07 单击【插入】工具栏中的【凸台／基体】按钮，然后单击【拉伸】按钮 📦，在打开的【凸台－拉伸】属性管理器中，在【从】选项栏中选择【草图基准面】选项，在【方向1】选项栏中将【终止条件】设置为【给定深度】，在【深度】文本框中输入"4.00mm"，并取消勾选【合并结果】复选框；勾选【方向2】复选框，在【方向2】选项栏中将【终止条件】设置为【给定深度】，在【深度】文本框中输入"2.00mm"，如图 5-141 所示，最后单击【确认】按钮 ✓，完成【凸台－拉伸】特征的设置，生成的图形如图 5-142 所示。

Step 08 在特征管理器设计树中的【基准面 1】选项上单击鼠标右键，在弹出的快捷菜单中单击【隐藏】按钮 👁，使【基准面 1】隐藏，如图 5-143 所示。隐藏后的模型如图 5-144 所示。

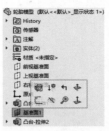

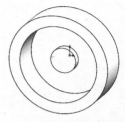

图 5-141 【凸台 -拉伸】属性管理器　　　图 5-142 生成的图形（3）　　　图 5-143 快捷菜单　　　图 5-144 隐藏【基准面 1】

3. 建立轮毂部分

操作步骤

Step 01 单击特征管理器设计树中的【上视基准面】按钮，使【上视基准面】成为草图绘制平面。单击【视图定向】下拉按钮中的【正视于】按钮，并单击【草图】工具栏中的【草图绘制】按钮，进入草图绘制状态。单击【草图】工具栏中的【样条曲线】按钮，绘制草图，如图 5-145 所示。

Step 02 选择上一步绘制的样条曲线后单击【草图】工具栏中的【等距实体】按钮，在打开的【等距实体】属性管理器中，在【参数】选项栏中的【等距距离】文本框中输入"2.00mm"，并勾选【添加尺寸】、【反向】和【选择链】复选框，如图 5-146 所示，最后单击【确认】按钮，完成【等距实体】特征的设置，生成的图形如图 5-147 所示。

Step 03 单击【草图】工具栏中的【直线】按钮，绘制草图，使两条样条曲线的头部连接、尾部连接，如图 5-148所示。

图 5-145 绘制样条曲线　　　图 5-146 【等距实体】　　　图 5-147 生成的图形（1）　　　图 5-148 连接样条曲线
　　　　　　　　　　　　　　　属性管理器

Step 04 单击图形中的左侧直线，在打开的【线条属性】属性管理器中，在【添加几何关系】选项栏中选择｜【竖直】选项，如图 5-149 所示，最后单击【确认】按钮，完成【线条属性】特征的设置。这时左侧直线旁边会出现【竖直】选项｜，如图 5-150 所示。

Step 05 使用同样的方法添加图形中右侧直线【几何关系】的【竖直】选项｜，如图 5-151 所示。

Step 06 单击【草图】工具栏中的【直线】按钮，在打开的【插入线条】属性管理器中，在【选项】选项栏中勾选【作为构造线】复选框，如图 5-152 所示，绘制草图，如图 5-153 所示。

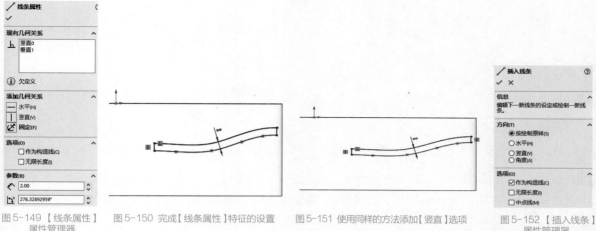

图 5-149 【线条属性】　　图 5-150 完成【线条属性】特征的设置　　图 5-151 使用同样的方法添加【竖直】选项　　图 5-152 【插入线条】
　　　属性管理器　　　属性管理器

Step 07 单击【草图】工具栏中的 【智能尺寸】按钮 ✎ ，标注所绘制草图的尺寸，双击，退出草图，如图 5-154 所示。

Step 08 单击【插入】工具栏中的【凸台 / 基体】按钮，然后单击【旋转】按钮 🔊 ，在打开的【旋转】属性管理器中，在【旋转轴】选项栏中选择在图形中绘制的构造线，在【方向 1】选项栏中将【终止条件】设置为【给定深度】，在【角度】文本框 ♒ 中输入 "360.00 度" ，勾选【合并结果】复选框，如图 5-155 所示，最后单击【确认】按钮 ✓ ，完成【旋转】特征的设置，生成的图形如图 5-156 所示。

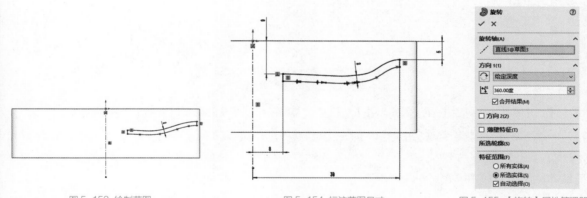

图 5-153 绘制草图　　　　　　　　图 5-154 标注草图尺寸　　　　　　图 5-155 【旋转】属性管理器

Step 09 单击特征管理器设计树中的【前视基准面】按钮，使【前视基准面】成为草图绘制平面。单击【视图定向】下拉按钮 中的【正视于】按钮 ↧ ，并单击【草图】工具栏中的【草图绘制】按钮 ，进入草图绘制状态。单击【草图】工具栏中的【圆形】按钮 ⊙ ，绘制草图，如图 5-157 所示。

Step 10 单击【草图】工具栏中的【智能尺寸】按钮 ✎ ，标注所绘制草图的尺寸，如图 5-158 所示。

Step 11 单击【草图】工具栏中的【直线】按钮 ／ ，绘制草图，如图 5-159 所示。

Step 12 单击【草图】工具栏中的【直线】按钮 ／ ，在打开的【插入线条】属性管理器中，在【选项】选项栏中勾选【作为构造线】复选框，如图 5-160 所示，绘制草图，如图 5-161 所示。

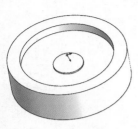

图 5-156 生成的图形（2）

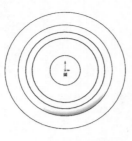

图 5-157 绘制草图

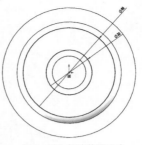

图 5-158 标注草图尺寸

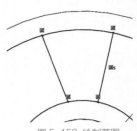

图 5-159 绘制草图

Step 13 单击【草图】工具栏中的【添加几何关系】按钮 ⊥，在打开的【添加几何关系】属性管理器中，在【所选实体】选项栏中选择左、右两条斜线和中间的构造线，在【添加几何关系】选项栏中选择【对称】选项 ☑，如图 5-162 所示，最后单击【确认】按钮 ✓，完成【添加几何关系】特征的设置，如图 5-163 所示。

图 5-160 【插入线条】
属性管理器

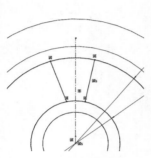

图 5-161 绘制草图

图 5-162 【添加几何关系】
属性管理器

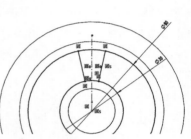

图 5-163 添加几何关系

Step 14 单击【草图】工具栏中的【智能尺寸】按钮 ✦，标注所绘制草图的尺寸，如图 5-164 所示。

Step 15 单击【草图】工具栏中的【剪裁实体】按钮 ⅀，在打开的【剪裁】属性管理器中，在【选项】选项栏中选择【强劲剪裁】选项 ⟟，如图 5-165 所示，用鼠标划过不需要的部分，最后单击【确认】按钮 ✓，完成【剪裁】特征 ⅀ 的设置，生成的图形如图 5-166 所示。

Step 16 单击【草图】工具栏中的【绘制圆角】按钮 ⌐，在打开的【绘制圆角】属性管理器中，在【要圆角化的实体】选项栏中选择图形的 4 个顶点，在【圆角参数】选项栏中的【圆角半径】文本框 ⟟ 中输入"1.00mm"，并勾选【保持拐角处约束条件】复选框，如图 5-167 所示，最后单击【确认】按钮 ✓，完成【绘制圆角】特征 ⌐ 的设置，生成的图形如图 5-168 所示。

Step 17 单击【插入】工具栏中的【切除】按钮，然后单击【拉伸】按钮 ⊡，在打开的【切除－拉伸】属性管理器中，在【从】选项栏中选择【草图基准面】选项，在【方向1】选项栏中将【终止条件】设置为【完全贯穿】，单击【反向】按钮 ⊠，如图 5-169 所示，最后单击【确认】按钮 ✓，完成【切除－拉伸】特征的设置，生成的图形如图 5-170 所示。

Step 18 单击【插入】工具栏中的【阵列／镜像】按钮，然后单击【圆周阵列】按钮 ⅏，在打开的【阵列（圆周）】属性管理器中，在【方向（1）】选项栏中将【阵列方向】设置为图示对应的圆柱面，并选中【等间距】单选按钮，在【角度】文本框 ⟟ 中输入"360.00 度"，在【实例数】文本框 ❋ 中输入"10"；勾选【特征和面】复选框，将【要阵列的特征】设置为【切除－拉伸 1】，单击【确定】按钮，完成【圆周阵列】特征的设置，如图 5-171 所示，在零件图中选择对应边线，如图 5-172 所示。

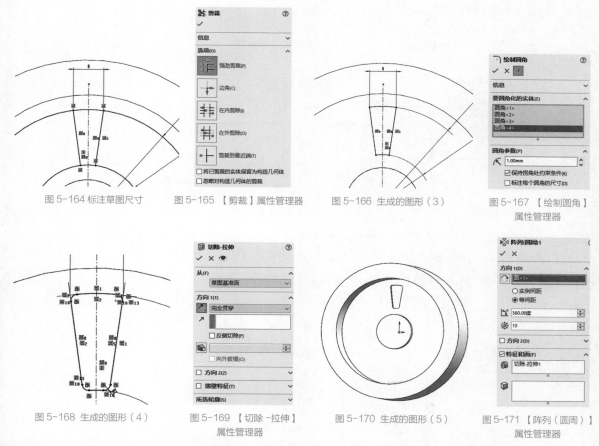

图 5-164 标注草图尺寸　　　图 5-165 【剪裁】属性管理器　　　图 5-166 生成的图形（3）　　　图 5-167 【绘制圆角】属性管理器

图 5-168 生成的图形（4）　　　图 5-169 【切除－拉伸】属性管理器　　　图 5-170 生成的图形（5）　　　图 5-171 【阵列（圆周）】属性管理器

Step 19 完成【圆周阵列】特征的设置，生成的图形如图 5-173 所示。

Step 20 单击特征管理器设计树中的【上视基准面】按钮，使【上视基准面】成为草图绘制平面。单击【视图定向】下拉按钮 中的【正视于】按钮，并单击【草图】工具栏中的【草图绘制】按钮，进入草图绘制状态。单击【草图】工具栏中的【直线】按钮，绘制草图，如图 5-174 所示。

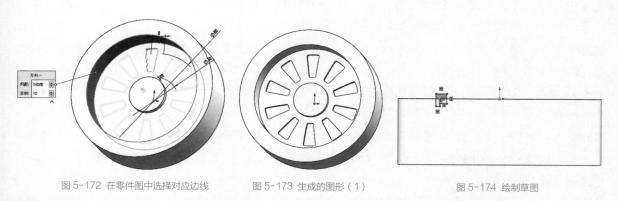

图 5-172 在零件图中选择对应边线　　　图 5-173 生成的图形（1）　　　图 5-174 绘制草图

Step 21 单击【草图】工具栏中的【智能尺寸】按钮，标注草图的尺寸，如图 5-175 所示。

Step 22 继续标注草图的位置尺寸，如图 5-176 所示。

Step 23 单击【草图】工具栏中的【直线】按钮 ✏，在打开的【插入线条】属性管理器中，在【选项】选项栏中勾选【作为构造线】复选框，如图 5-177 所示，绘制草图，如图 5-178 所示。

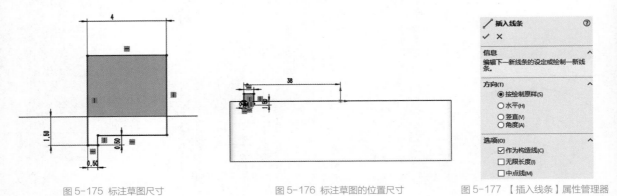

图 5-175 标注草图尺寸　　　　　　图 5-176 标注草图的位置尺寸　　　　　图 5-177 【插入线条】属性管理器

Step 24 单击【插入】工具栏中的【切除】按钮，然后单击【旋转】按钮 🌀，在打开的【切除－旋转】属性管理器中，在【旋转轴】选项栏中选择在图形中绘制的构造线，在【方向 1】选项栏中将【终止条件】设置为【给定深度】，在【角度】文本框 🔄 中输入"360.00 度"，并勾选【合并结果】复选框，如图 5-179 所示，最后单击【确认】按钮 ✔，完成【切除－旋转】特征的设置，生成的图形如图 5-180 所示。

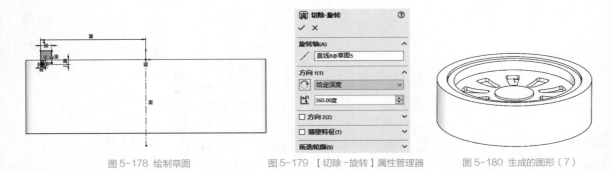

图 5-178 绘制草图　　　　　图 5-179 【切除－旋转】属性管理器　　　　图 5-180 生成的图形（7）

Step 25 单击【特征】工具栏中【参考几何体】下的【下拉箭头】按钮 ▾，在打开的下拉列表中选择【基准面】选项 ▮，在【第一参考】选项栏中将【第一参考】 🔲 设置为零件的上表面，并激活【两侧对称】选项 ▤，在【第二参考】选项栏中将【第二参考】 🔲 设置为零件的下表面，并激活【两侧对称】选项 ▤，如图 5-181 所示，最后单击【确认】按钮 ✔，完成【基准面】特征的设置，生成的图形如图 5-182 所示。

Step 26 单击【插入】工具栏中的【阵列／镜像】按钮，然后单击【镜像】按钮 ▐◀▌，在打开的【镜像】属性管理器中，在【镜像面／基准面】选项栏中选择上一步新建的【基准面 2】，在【要镜像的特征】选项栏 ⛶ 中选择【切除－旋转 1】选项，勾选【延伸视像属性】复选框并选中【部分预览】单选按钮，如图 5-183 所示，最后单击【确认】按钮，完成【镜像】特征的设置，生成的图形如图 5-184 所示。

Step 27 在特征管理器设计树中的【基准面 2】选项上单击鼠标右键，在弹出的快捷菜单中单击【隐藏】按钮 ◥，使【基准面 2】隐藏，如图 5-185 所示。隐藏后的模型如图 5-186 所示。

Step 28 选择图形的平面，使其成为草图绘制平面。单击【视图定向】下拉按钮 📷 中的【正视于】按钮 ⬆，并单击【草图】工具栏中的【草图绘制】按钮 ▭，进入草图绘制状态，单击【草图】工具栏中的【圆形】按钮 ⊙，绘制草图。所选择的草图平面如图 5-187 所示。绘制的草图如图 5-188 所示。

图 5-181 添加基准面

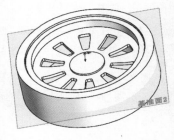

图 5-182 生成的图形（8）

图 5-183 【镜像】属性管理器

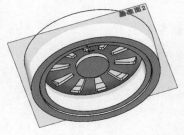

图 5-184 生成的图形（9）

图 5-185 快捷菜单

图 5-186 隐藏【基准面 2】

图 5-187 所选择的草图平面

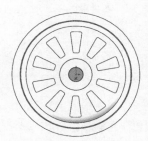

图 5-188 绘制的草图

Step 29 单击【草图】工具栏中的【智能尺寸】按钮 ✎，标注所绘制草图的尺寸，双击，退出草图，如图 5-189 所示。

Step 30 单击【插入】工具栏中的【切除】按钮，然后单击【拉伸】按钮 ⬛，在打开的【切除 – 拉伸】属性管理器中，在【从】选项栏中选择【草图基准面】选项，在【方向 1】选项栏中将【终止条件】设置为【给定深度】，并在【深度】文本框 ✎ 中输入 "4.00mm"，如图 5-190 所示，最后单击【确认】按钮 ✔，完成【切除 – 拉伸】特征的设置，生成的图形如图 5-191 所示。

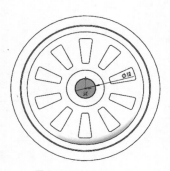

图 5-189 标注草图尺寸

图 5-190 【切除 –拉伸】属性管理器

图 5-191 生成的图形（10）

4. 建立轮纹部分

操作步骤

Step 01 单击【插入】工具栏中的【参考几何体】按钮，然后单击【基准面】按钮⬛，在打开的【基准面】属性管理器中，在【第一参考】选项栏中将【第一参考】⬛设置为【前视基准面】，在【偏移距离】文本框⬛中输入"4.50mm"，取消勾选【反转等距】复选框，在【要生成的基准面数】文本框⬛中输入"1"，如图5-192所示，最后单击【确认】按钮✔，完成【基准面】特征的设置，生成的图形如图5-193所示。

Step 02 单击新建的【基准面3】，使其成为草图绘制平面。单击【视图定向】下拉按钮⬛中的【正视于】按钮⬛，并单击【草图】工具栏中的【草图绘制】按钮⬛，进入草图绘制状态。单击【草图】工具栏中的【圆形】按钮⬛，绘制两个圆形，如图5-194所示。

Step 03 单击【草图】工具栏中的【智能尺寸】按钮⬛，标注所绘制草图的尺寸，小圆的直径为85mm，大圆的直径为90mm，如图5-195所示。

图5-192 【基准面】属性管理器

图5-193 生成的图形（1）

图5-194 绘制草图

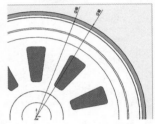
图5-195 标注草图尺寸

Step 04 单击【草图】工具栏中的【直线】按钮⬛，绘制草图，如图5-196所示。

Step 05 单击【草图】工具栏中的【智能尺寸】按钮⬛，标注所绘制草图的尺寸，如图5-197所示。

Step 06 单击【草图】工具栏中的【剪裁实体】按钮⬛，在打开的【剪裁】属性管理器中，在【选项】选项栏中选择【强劲剪裁】选项⬛，如图5-198所示，用鼠标划过不需要的部分，最后单击【确认】按钮✔，完成【剪裁】特征的设置，生成的图形如图5-199所示。

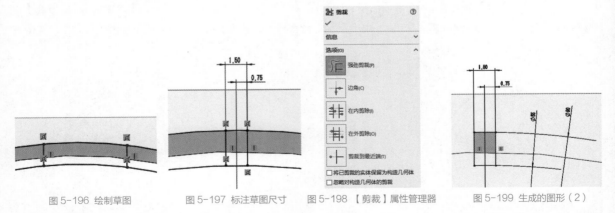

图5-196 绘制草图　　　图5-197 标注草图尺寸　　　图5-198 【剪裁】属性管理器　　　图5-199 生成的图形（2）

Step 07 单击【插入】工具栏中的【切除】按钮，然后单击【拉伸】按钮⬛，在打开的【切除–拉伸】属性管理器中，在【从】选项栏中选择【草图基准面】选项，在【方向1】选项栏中将【终止条件】设置为【给定深度】，并单击【反向】按钮，在【深度】文本框中输入"4.00mm"，如图 5-200 所示，最后单击【确认】按钮✓，完成【切除 - 拉伸】特征的设置，生成的图形如图 5-201 所示。

Step 08 在特征管理器设计树中的【基准面 3】选项上单击鼠标右键，在弹出的快捷菜单中单击【隐藏】按钮，使【基准面 3】隐藏，如图 5-202 所示。隐藏后的模型如图 5-203 所示。

图 5-200 【切除 - 拉伸】属性管理器　　图 5-201 生成的图形（3）　　　图 5-202 快捷菜单　　　　图 5-203 隐藏【基准面 3】

Step 09 单击【插入】工具栏中的【阵列 / 镜像】按钮，然后单击【圆周阵列】按钮，在打开的【阵列（圆周）】属性管理器中，在【方向（1）】选项栏中将【阵列方向】设置为车轮圆柱面，并选中【等间距】单选按钮，在【角度】文本框中输入"360.00 度"，在【实例数】文本框中输入"100"；勾选【特征和面】复选框，将【要阵列的特征】设置为【切除 - 拉伸 3】，单击【确定】按钮，完成【圆周阵列】特征的设置，如图 5-204 所示，最后单击【确认】按钮✓，完成【圆周阵列】特征的设置，生成的图形如图 5-205 所示。

Step 10 单击【插入】工具栏中的【阵列 / 镜像】按钮，然后单击【镜像】按钮，在打开的【镜像】属性管理器中，在【镜像面 / 基准面】选项栏中选择【基准面 2】选项，在【要镜像的特征】选项栏中选择【陈列（圆周）2】选项，勾选【延伸视像属性】复选框并选中【部分预览】单选按钮，如图 5-206 所示，最后单击【确认】按钮✓，完成【镜像】特征的设置，生成的图形如图 5-207 所示。

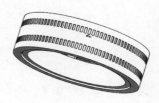

图 5-204 【阵列（圆周）】　　　图 5-205 生成的图形（4）　　图 5-206 【镜像】属性管理器　　图 5-207 生成的图形（5）
　　　属性管理器

5. 建立安装孔部分

操作步骤

Step 01 单击【插入】工具栏中的【特征】按钮，然后单击【简单直孔】按钮，并单击零件六边形所在平面，在打开的【孔】属性管理器中，在【从】选项栏中将【开始条件】设置为【草图基准面】，在【方向 1】选项栏中将【终止条件】设置为【完全贯穿】，在【直径】文本框中输入"2.00mm"，如图 5-208 所示，最后单击【确认】按钮✓，完成【孔】特征的设置，生成的图形如图 5-209 所示。

Step 02 在特征管理器设计树中的【孔 1】选项上单击鼠标右键，在弹出的快捷菜单中单击【编辑草图】按钮 ⌇，进入草图绘制界面，如图 5-210 所示。

Step 03 单击【草图】工具栏中的【添加几何关系】按钮 ⌐，在打开的【添加几何关系】属性管理器中，在【所选实体】选项栏中选择圆孔中心和坐标原点，在【添加几何关系】选项栏中选择【竖直】选项 ⏐，如图 5-211 所示，最后单击【确认】按钮 ✓，完成【添加几何关系】特征的设置，如图 5-212 所示。

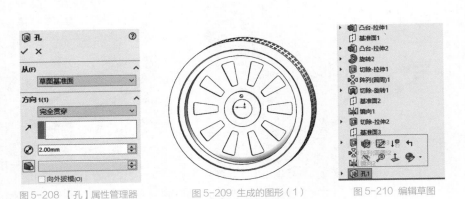

图 5-208 【孔】属性管理器　　　　图 5-209 生成的图形（1）　　　　图 5-210 编辑草图　　　　图 5-211 【添加几何关系】属性管理器

Step 04 单击【草图】工具栏中的【智能尺寸】按钮 ⌇，标注所绘制草图的尺寸，双击，退出草图，如图 5-213 所示。

Step 05 完成【孔】特征的设置，生成的图形如图 5-214 所示。

Step 06 单击新建【简单直孔】特征的平面，使其成为草图绘制平面。单击【视图定向】下拉按钮 ⧉ 中的【正视于】按钮 ⊥，并单击【草图】工具栏中的【草图绘制】按钮 ⌁，进入草图绘制状态。单击【草图】工具栏中的【圆形】按钮 ⊙，绘制草图，该圆与简单直孔圆心重合，如图 5-215 所示。

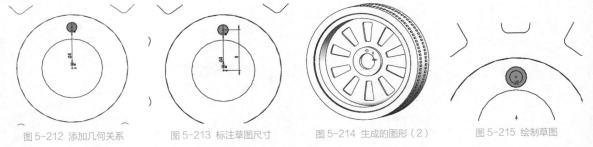

图 5-212 添加几何关系　　　　图 5-213 标注草图尺寸　　　　图 5-214 生成的图形（2）　　　　图 5-215 绘制草图

Step 07 单击【草图】工具栏中的【智能尺寸】按钮 ⌇，标注所绘制草图的尺寸，双击，退出草图，如图 5-216 所示。

Step 08 单击【插入】工具栏中的【曲线】按钮，然后单击【螺旋线／涡状线】按钮 ⧗，在打开的【螺旋线／涡状线】属性管理器中，在【定义方式】选项栏中选择【高度和螺距】选项，在【参数】选项栏中选中【恒定螺距】单选按钮，在【高度】文本框中输入"6.00mm"，在【螺距】文本框中输入"0.50mm"，勾选【反向】复选框，在【起始角度】文本框中输入"180.00 度"，并选中【顺时针】单选按钮，如图 5-217 所示，最后单击【确认】按钮 ✓，完成【螺旋线／涡状线】特征的设置，生成的图形如图 5-218 所示。

单击特征管理器设计树中的【右视基准面】图标，使【右视基准面】成为草图绘制平面。单击【视图定向】下拉按钮🔽中的【正视于】按钮↓，并单击【草图】工具栏中的【草图绘制】按钮🔲，进入草图绘制状态。单击【草图】工具栏中的【直线】按钮✏，绘制草图，如图 5-219 所示。

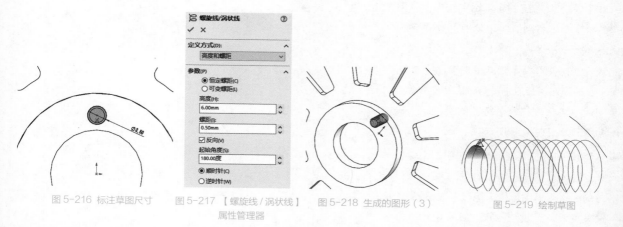

图 5-216 标注草图尺寸　　　图 5-217 【螺旋线/涡状线】　　　图 5-218 生成的图形（3）　　　图 5-219 绘制草图
　　　　　　　　　　　　　　　　属性管理器

Step 10 单击【草图】工具栏中的【添加几何关系】按钮⊥，在打开的【添加几何关系】属性管理器中，在【所选实体】选项栏中选择所绘制三角形的顶点和底边的中点，在【添加几何关系】选项栏中选择【竖直】选项∣，如图 5-220 所示，最后单击【确认】按钮✔，完成【添加几何关系】特征的设置，如图 5-221 所示。

Step 11 单击【草图】工具栏中的【添加几何关系】按钮⊥，在打开的【添加几何关系】属性管理器中，在【所选实体】选项栏中选择所绘制三角形的顶点和螺旋线，在【添加几何关系】选项栏中选择【穿透】选项🔧，如图 5-222 所示，最后单击【确认】按钮✔，完成【添加几何关系】特征的设置，如图 5-223 所示。

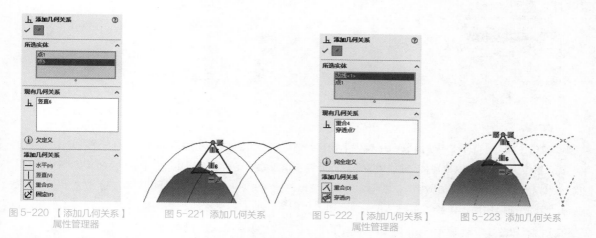

图 5-220 【添加几何关系】　　　图 5-221 添加几何关系　　　图 5-222 【添加几何关系】　　　图 5-223 添加几何关系
　　　　属性管理器　　　　　　　　　　　　　　　　　　　　　　属性管理器

Step 12 单击【草图】工具栏中的【添加几何关系】按钮⊥，在打开的【添加几何关系】属性管理器中，在【所选实体】选项栏中选择所绘制三角形的 3 条边线，在【添加几何关系】选项栏中选择【相等】选项＝，如图 5-224 所示，最后单击【确认】按钮✔，完成【添加几何关系】特征的设置，如图 5-225 所示。

Step 13 单击【草图】工具栏中的【智能尺寸】按钮↗，标注所绘制草图的尺寸，双击，退出草图，如图 5-226 所示。

Step 14 单击【插入】工具栏中的【切除】按钮，然后单击【扫描】按钮 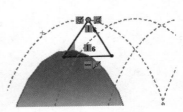，在打开的【切除－扫描】属性管理器中，在【轮廓和路径】选项栏中选中【草图轮廓】单选按钮，将【轮廓】○ 设置为三角形草图轮廓，将【路径】ᑕ 设置为螺旋线，并选择【双向】选项 ᖴ，如图 5-227 所示，最后单击【确认】按钮 ✓，完成【切除－扫描】特征的设置，生成的图形如图 5-228 所示。

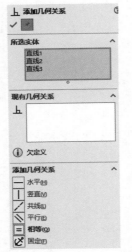

图 5-224 【添加几何关系】属性管理器

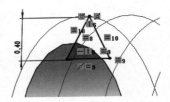

图 5-225 添加几何关系

图 5-226 标注草图尺寸

Step 15 在特征管理器设计树中的【螺旋线／涡状线】选项上单击鼠标右键，在弹出的快捷菜单中单击【隐藏】按钮 ，使螺旋线／涡状线隐藏，如图 5-229 所示。隐藏螺旋线／涡状线后的模型如图 5-230 所示。

图 5-227 【切除－扫描】属性管理器

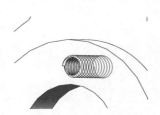

图 5-228 生成的图形（4）

图 5-229 快捷菜单

图 5-230 隐藏螺旋线／涡状线

Step 16 单击【插入】工具栏中的【阵列／镜像】按钮，然后单击【圆周阵列】按钮 ，在打开的【阵列（圆周）】属性管理器中，在【方向（1）】选项栏中将【阵列方向】设置为车轮圆柱面，并选中【等间距】单选按钮，在【角度】文本框 中输入"360.00 度"，在【实例数】文本框 中输入"8"；勾选【特征和面】复选框，在【要阵列的特征】选项中选择新建的【简单直孔】特征和【切除－拉伸】特征，单击【确定】按钮，完成【圆周阵列】特征的设置，如图 5-231 所示，最后单击【确认】按钮 ✓，完成【圆周阵列】特征的设置，生成的图形如图 5-232 所示。

至此，车轮模型绘制完成，如图 5-233 所示。

图 5-231 【阵列（圆周）】属性管理器

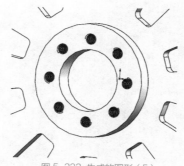

图 5-232 生成的图形（5）

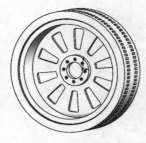

图 5-233 车轮模型

课后习题

一、判断题

1. 使用螺旋线特征能生成变距的螺旋线。（　　　）

2. 分割线特征所使用的草图必须是封闭的。（　　　）

3. 投影曲线只能在平面上产生投影。（　　　）

4. 使用线性阵列特征不能阵列实体。（　　　）

5. 圆周阵列特征需要的旋转轴只能为轴线。（　　　）

二、案例习题

习题要求：将课堂习题中的车轮模型更改减重孔的数量和轮胎花纹的数量。

案例习题文件：课后习题 / 第 05 章 /5.sldprt

视频教学：录屏 / 第 05 章 /5.mp4

习题要点：

（1）使用【拉伸】工具和【放样】工具。

（2）使用【圆周阵列】工具。

（3）使用【圆顶】工具。

（4）使用【倒角】工具。

（5）使用【圆角】工具。

Chapter

06

第 06 章

图片渲染

PhotoView 360 是一个 SolidWorks 插件，可将 SolidWorks 模型渲染成具有真实感的图片。渲染的图像组合包括模型的外观、光源、布景和贴图。PhotoView 360 可用于 SolidWorks Professional 和 SolidWorks Premium。

SOLIDWORKS

学习要点

- 布景特征
- 光源特征
- 外观特征
- 贴图特征
- 图片渲染

技能目标

- 掌握生成布景特征的方法
- 掌握生成光源特征的方法
- 掌握生成外观特征的方法
- 掌握生成贴图特征的方法
- 掌握生成图片渲染的方法

建立布景

6.1

布景是由环绕 SolidWorks 模型的虚拟框或者球形组成的，可以调整布景壁的大小和位置。此外，可以为每个布景壁切换显示状态和反射度，并将背景添加到布景中。

选择【PhotoView360】|【编辑布景】菜单命令，打开【编辑布景】属性管理器，如图6-1所示。

课堂案例　在实体零件上编辑布景

实例素材	课堂案例 / 第 06 章 /6.1
视频教学	录屏 / 第 06 章 /6.1
案例要点	掌握编辑布景特定功能的使用方法

操作步骤

Step 01 打开实例素材，如图 6-2 所示。

Step 02 选择【PhotoView 360】|【编辑布景】菜单命令，在右侧任务窗格中选择【布景】|【演示布景】选项，在任务窗格的下方双击【院落背景】图片，如图 6-3 所示。

图 6-1 【编辑布景】属性管理器

图 6-2 打开实例素材

图 6-3 编辑布景

建立光源

6.2

SolidWorks 提供 3 种光源类型，即线光源、点光源和聚光源。

1. 线光源

在特征管理器设计树中，展开【显示管理器】文件夹 ，单击【查看布景、光源和相机】按钮，在【SolidWorks 光源】选项上单击鼠标右键，在弹出的快捷菜单中选择【添加线光源】命令，如图6-4所示。在属性管理器中打开【线光源】属性管理器（根据生成的线光源、数字顺序排序），如图 6-5 所示。

课堂案例 在实体零件上添加线光源

实例素材	课堂案例 / 第 06 章 /6.2
视频教学	录屏 / 第 06 章 /6.2
案例要点	掌握添加线光源特征功能的使用方法

操作步骤

Step 01 打开实例素材，如图 6-6 所示。

Step 02 单击特征树上方的【显示管理器】选项卡 ⬤，在该选项卡下，单击【查看布景、光源和相机】按钮，将展开光源选项，如图 6-7 所示。

图 6-4 选择【添加线光源】命令　　图 6-5 【线光源】属性管理器　　图 6-6 打开实例素材　　图 6-7 展开光源选项

Step 03 在【SolidWorks 光源】选项上单击鼠标右键，在弹出的快捷菜单中选择【添加线光源】命令，对线光源的预览将显示在绘图区中。在【线光源】属性管理器中，设置 经度(L): 为 "45 度"， 纬度(A): 为 "45 度"，单击【确定】按钮 ✔，完成线光源的添加，如图 6-8 所示。

2．点光源

在特征管理器设计树中展开【显示管理器】文件夹 ⬤，单击【查看布景、光源和相机】按钮，在【SolidWorks 光源】选项上单击鼠标右键，在弹出的快捷菜单中选择【点光源 2】命令，在【属性管理器】中弹出【点光源 2】属性管理器，如图 6-9 所示。

课堂案例 在实体零件上添加点光源

实例素材	课堂案例 / 第 06 章 /6.2
视频教学	录屏 / 第 06 章 /6.2
案例要点	掌握添加点光源特征功能的使用方法

操作步骤

Step 01 打开实例素材，如图 6-10 所示。

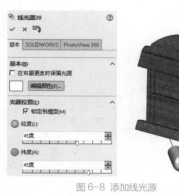

图 6-8 添加线光源　　　　　　　　图 6-9 【点光源】属性管理器　　　图 6-10 打开实例素材

Step 02 单击特征树旁的【显示管理器】选项卡 ●，在该选项卡下，单击【查看布景、光源和相机】按钮 ◙，将展开光源选项。

Step 03 在【SolidWorks 光源】选项上单击鼠标右键，在弹出的快捷菜单中选择【添加点光源】命令，对点光源的预览将显示在绘图区中。在【点光源】属性管理器中，设置 ◢ 为 "-150mm"，◢ 为 "100mm"，◢ 为 "-30mm"，单击【确定】按钮 ✔，完成点光源的添加，如图 6-11 所示。

3．聚光源

在特征管理器设计树中，展开【显示管理器】文件夹 ●，单击【查看布景、光源和相机】按钮 ◙，在【SolidWorks 光源】选项上单击鼠标右键，在弹出的快捷菜单中选择【聚光源 1】命令，在属性管理器中打开【聚光源 1】属性管理器，如图 6-12 所示。

图 6-11 添加点光源　　　　　　　图 6-12 【聚光源】属性管理器

操作步骤

Step 01 打开实例素材，如图 6-13 所示。

Step 02 单击特征树旁的【显示管理器】选项卡 ●，在该选项卡下，单击【查看布景、光源和相机】按钮 ◙，将展开光源选项。

Step 03 在【SolidWorks 光源】选项上单击鼠标右键，在弹出的快捷菜单中选择【添加聚光源】命令，对聚光源的预览将显示在绘图区中。在【聚光源】属性管理器中，设置 ◢ 为 "500mm"，◢ 为 "100mm"，◢ 为 "0mm"，单击【确定】按钮 ✔，完成聚光源的添加，如图 6-14 所示。

图 6-13 打开实例素材

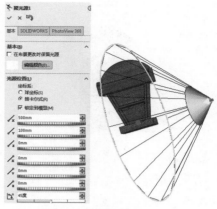

图 6-14 添加聚光源

6.3 建立外观

外观是模型表面的材料属性，添加外观可以使模型表面具有某种材料的表面属性。

单击【PhotoView 360】工具栏中的【编辑外观】按钮 （或者选择【PhotoView 360】|【编辑外观】菜单命令），在属性管理器中打开【颜色】属性管理器，如图 6-15 所示。

课堂案例 在实体零件上添加外观

实例素材	课堂案例 / 第 06 章 /6.3
视频教学	录屏 / 第 06 章 /6.3
案例要点	掌握添加外观特征功能的使用方法

操作步骤

Step 01 打开实例素材，如图 6-16 所示。

Step 02 选择【PhotoView360】|【编辑外观】菜单命令，在右侧任务窗格中选择【外观】|【有机】|【木材】|【红木】选项，如图 6-17 所示。

Step 03 用鼠标左键按住【抛光红木 2】图片，将其拖动到模型的表面，在弹出的选择框中单击【零件】按钮 ，如图 6-18 所示。

Step 04 红木材料将被赋予到模型实体上，如图 6-19 所示。

图 6-15 【颜色】属性管理器

图 6-16 打开实例素材

图 6-17 选择【红木】选项

图 6-18 单击【零件】按钮

图 6-19 编辑外观

6.4 建立贴图

使用贴图特征可以在模型的表面附加某种平面图形，其一般多用于商标和标志的制作。

选择【PhotoView 360】|【编辑贴图】菜单命令，在属性管理器中打开【贴图】属性管理器，如图 6-20 所示。

课堂案例　在实体零件上添加贴图

实例素材	课堂案例 / 第 06 章 /6.4
视频教学	录屏 / 第 06 章 /6.4
案例要点	掌握添加贴图特征功能的使用方法

扫码观看视频

操作步骤

Step 01 打开实例素材，如图 6-21 所示。

Step 02 选择【PhotoView360】|【编辑贴图】菜单命令，在右侧任务窗格中选择【贴图】|【标志】选项，如图 6-22 所示。

Step 03 用鼠标左键按住【改进的标志】图片，将其拖动到模型的表面，如图 6-23 所示。

Step 04 拖动黄色的圆圈可以旋转贴图，拖动蓝色的边框可以缩放图片，将图片调整到合适的位置和大小，单击【确定】按钮，完成贴图的操作，如图 6-24 所示。

图 6-20 【贴图】属性管理器

图 6-21 打开实例素材

图 6-22 选择【贴图】|
【标志】选项

图 6-23 将图片拖动到模型的表面

图 6-24 完成贴图的操作

6.5 渲染图像

PhotoView 360 能以逼真的外观、布景、光源等渲染 SolidWorks 模型，并提供直观显示渲染图像的多种方法。

1. PhotoView 整合预览

在 SolidWorks 图形区域可以预览当前模型的渲染。要开始预览，插入 PhotoView 360 插件后，选择【PhotoView360】|【整合预览】命令，显示界面如图 6-25 所示。

2. PhotoView 360 预览窗口

PhotoView 360 预览窗口是独立于 SolidWorks 主窗口外的单独窗口。要显示该窗口，插入 PhotoView 360 插件，选择【PhotoView 360】|【预览窗口】菜单命令，显示界面如图 6-26 所示。

图 6-25 整合预览

图 6-26 预览窗口

3. PhotoView 360 选项

使用【PhotoView 360 选项】属性管理器可以控制图片的渲染质量，包括输出图像品质和渲染品质。在插入 PhotoView 360 后，单击【PhotoView 360 选项】按钮，打开【PhotoView 360 选项】属性管理器，如图 6-27 所示。

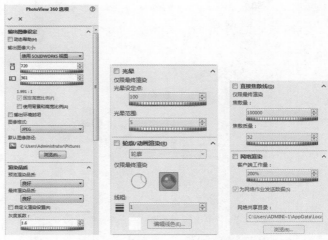

图 6-27 【PhotoView 360 选项】属性管理器

6.6 课堂习题

 课堂案例 **建立图片渲染**

实例素材	课堂习题 / 第 06 章 /6.6
视频教学	录屏 / 第 06 章 /6.6
案例要点	掌握图片渲染特征功能的使用方法

 扫码观看视频

图 6-28 渲染后的模型

建立图片渲染，本案例最终效果如图 6-28 所示。

1. 打开装配体文件并进行相关设置
操作步骤

Step 01 启动中文版 SolidWorks，单击【文件】工具栏中的【打开】按钮，打开【打开】对话框，如图 6-29 所示，单击【渲染模型】装配体，打开的模型如图 6-30 所示。

Step 02 由于在 SolidWorks 中 PhotoView 360 是一个插件，所以在打开模型时需要插入 PhotoView 360 才能进行渲染。单击【工具】工具栏中的【插件】按钮，单击【PhotoView 360】前面的选择框，则会在 SolidWorks 中激活【PhotoView 360】插件，单击【PhotoView 360】后面的选择框，则会在每次启动 SolidWorks 软件时，默认启动【PhotoView 360】插件，最后单击【插件】对话框中的【确定】按钮，如图 6-31 所示。

Step 03 在启动 PhotoView 360 插件后，将会在 SolidWorks 最上侧的菜单栏中显示【PhotoView 360】菜单栏，并显示【渲染工具】工具栏，如图 6-32 所示。

图 6-29 【打开】对话框

图 6-30 打开模型

图 6-31 启动 PhotoView 360 插件

图 6-32 增加的工具栏

Step 04 在视图窗口中单击鼠标右键，在弹出的快捷菜单中选择【放大或缩小】命令 ，将对图形进行放大或缩小操作，选择【平移】命令 ，将对图形进行平移操作，将模型调整到适当的位置，如图 6-33 所示。

Step 05 选择【PhotoView 360】菜单栏中的【预览渲染】菜单命令 ，如果当前装配体模型没有添加过相机，那么会弹出【在渲染中使用透视图】对话框，如图 6-34 所示。

Step 06 在【在渲染中使用透视图】对话框中单击【添加"相机"】按钮，可以将 SolidWorks 页面分为 3 个模块，最左侧为【相机】属性管理器，图形区域的左侧为相机和模型的全景图，图形区域的右侧为在相机中模型所呈现的视图，如图 6-35 所示。

图 6-33 快捷菜单

Step 07 在左侧【相机】属性管理器中，在【相机类型】选项栏中选中【对准目标】单选按钮，并勾选【锁定除编辑外的相机位置】复选框，在【目标点】选项栏中勾选【选择的目标】复选框，并在其选项中选择【水壶】模型，在【相机位置】选项栏中选中【球形】单选按钮，在【离目标的距离】文本框 中输入 "2 200mm"，在【视野】选项栏中勾选【透视图】复选框，将【标准镜头预设值】设置为【50mm 标准】，在【视图角度】文本框 θ 中输入 "26.99 度"，在【视图矩形的距离】文本框 ℓ 中输入 "1517.53mm"，在【视图矩形的高度】文本框 h 中输入 "728.42mm"，在【高宽比例（宽度：高度）】文本框中输入 "11：8.5"，单击【确定】按钮 ，完成【相机】属性管理器的设置，如图 6-36 所示。

图 6-34 【在渲染中使用透视图】
对话框

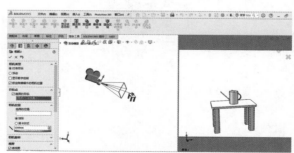

图 6-35 SolidWorks 页面

图 6-36 【相机】属性管理器

Step 08 这时，会在 SolidWorks 窗口的全部区域显示在相机中模型所呈现的视图，如图 6-37 所示。

Step 09 再次选择【PhotoView 360】菜单栏中的【预览渲染】菜单命令 ，打开预览窗口，对渲染前的模型进行预览，如图 6-38 所示。

Step10 单击【保存预览图像】按钮，在打开的【Saving Image】对话框中的【文件名】中输入"渲染预览图像"，单击【保存】按钮，将【预览渲染】文件进行保存，如图6-39所示。

图6-37 在相机中模型所呈现的视图

图6-38 预览模型

图6-39 【Saving Image】对话框

2. 设置模型外观

操作步骤

Step01 单击【PhotoView 360】工具栏中的【编辑外观】按钮，打开【颜色】属性管理器和【外观、布景和贴图】属性管理器，在视图窗口中选择【桌子】零件模型，在左侧【颜色】属性管理器中选中【应用到零部件层】单选按钮，如图6-40所示。

图6-40 【颜色】属性管理器

Step02 在右侧【外观、布景和贴图】属性管理器中选择【外观】选项，在【外观】选项中选择【有机】选项，在【有机】选项中选择【木材】选项，在【木材】选项中选择【抛光红木2】选项，设置好之后单击左侧【颜色】属性管理器中的【确定】按钮，如图6-41所示。

Step03 单击【PhotoView 360】工具栏中的【编辑外观】按钮，打开【颜色】属性管理器和【外观、布景和贴图】属性管理器，在视图窗口中选择【水壶】零件模型，在左侧【颜色】属性管理器中选中【应用到零部件层】单选按钮，如图6-42所示。

Step04 在右侧【外观、布景和贴图】属性管理器中选择【外观】选项，在【外观】选项中选择【油漆】选项，在【油漆】选项中选择【喷射】选项，在【喷射】选项中选择【红色喷漆】选项，设置好之后单击左侧【颜色】属性管理器中的【确定】按钮，如图6-43所示。

Step05 完成外观的设置后，模型会被赋予相应的材料和颜色，如图6-44所示。

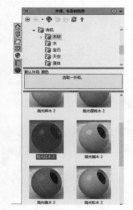

图6-41 【外观、布景和贴图】属性管理器

图6-42 【颜色】属性管理器

图6-43 【外观、布景和贴图】属性管理器

图6-44 设置外观后的模型

3. 设置模型贴图

操作步骤

Step 01 单击【PhotoView 360】工具栏中的【编辑贴图】按钮 📝，打开【贴图】属性管理器和【外观、布景和贴图】属性管理器，在右侧【外观、布景和贴图】属性管理器中选择【贴图】选项，在【贴图】选项中选择【回收】选项，如图 6-45 所示。

Step 02 在左侧【贴图】属性管理器中的【掩码图形】选项栏中选中【图形掩码文件】单选按钮，在【显示状态】选项栏中选中【所有显示状态】单选按钮，如图 6-46 所示。

Step 03 打开【映射】选项卡，在【所选几何体】选项栏中单击【桌子】零件的上表面，在【映射】选项栏中选择【投影】选项，将【投影方向】 ⬚ 设置为【当前视图】，在【水平位置】文本框 ➡ 中输入 "−150.00mm"，在【竖直位置】文本框 ⬆ 中输入 "60.00mm"，在【大小 / 方向】选项组中勾选【固定高宽比例】复选框，在【宽度】文本框 ⬚ 中输入 "170.00mm"，在【旋转】文本框 ◇ 中输入 "8.00 度"，如图 6-47 所示。设置完成后单击【映射】选项卡中的【确定】按钮 ✓，将贴图贴到模型中，如图 6-48 所示。

图 6-45 【外观、布景和贴图】属性管理器

图 6-46 【贴图】属性管理器

图 6-47 【映射】选项卡

图 6-48 贴图后的图形

4. 设置模型布景

操作步骤

Step 01 单击【PhotoView 360】工具栏中的【编辑布景】按钮 👥，打开【编辑布景】属性管理器和【外观、布景和贴图】属性管理器，在右侧【外观、布景和贴图】属性管理器中选择【布景】选项，在【布景】选项中选择【演示布景】选项，在【演示布景】选项中选择【院落背景】选项，如图 6-49 所示。

Step 02 在左侧【编辑布景】属性管理器中的【将楼板与此对齐】选项组中选择【底部视图平面】选项，如图 6-50 所示，设置完成后单击【确定】按钮 ✓，布景后的图形如图 6-51 所示。

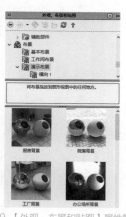

图 6-49 【外观、布景和贴图】属性管理器　　图 6-50 【编辑布景】属性管理器　　　　图 6-51 布景后的图形

5. 设置模型光源

操作步骤

Step 01 在左侧的属性管理器中选择显示管理器 ，并在其属性管理器下单击【查看布景、光源和相机】按钮 ，这时会在左侧显示【布景、光源与相机】属性管理器，如图 6-52 所示。

Step 02 在【布景、光源与相机】属性管理器中单击鼠标右键，在弹出的快捷菜单中选择【添加线光源】命令 ，如图 6-53 所示。

Step 03 系统弹出【线光源】属性管理器，单击【基本】选项卡，在【光源位置】选项栏中勾选【锁定到模型】复选框，在【经度】文本框 中输入 "45 度"，在【纬度】文本框 中输入 "40 度"，如图 6-54 所示。

Step 04 单击【SolidWorks】选项卡，在【SolidWorks 光源】选项栏中勾选【在 SolidWorks 中打开】复选框，在【环境光源】文本框 中输入 0.2，在【明暗度】文本框 中输入 0.9，在【光泽度】文本框 中输入 "0.1"，如图 6-55 所示。

图 6-52 【布景、光源与相机】　　图 6-53 选择【添加线光源】命令　　图 6-54 【基本】选项卡　　图 6-55 【SolidWorks】
　　　　属性管理器　　　选项卡

Step 05 设置完成后单击【线光源】属性管理器中的【确定】按钮 ✔，效果如图 6-56 所示。

Step 06 在【布景、光源与相机】属性管理器中单击鼠标右键，在弹出的快捷菜单中选择【添加聚光源】命令 ◤，系统弹出【聚光源】属性管理器，单击【基本】选项卡，在【光源位置】选项栏中选中【笛卡尔式】单选按钮并勾选【锁定到模型】复选框，在【X 坐标】文本框 ✐ 中输入"400mm"，在【Y 坐标】文本框 ✐ 中输入"800mm"，在【Z 坐标】文本框 ✐ 中输入"900mm"，在【目标 X 坐标】文本框 ✐ 中输入"20mm"，在【目标 Y 坐标】文本框 ✐ 中输入"30mm"，在【目标 Z 坐标】文本框 ✐ 中输入"40mm"，在【圆锥角】文本框 ◹ 中输入"20 度"，如图 6-57 所示。

图 6-56 添加线光源

Step 07 设置完成后单击【聚光源】属性管理器中的【确定】按钮 ✔，效果如图 6-58 所示。

Step 08 在【布景、光源与相机】属性管理器中单击鼠标右键，在弹出的快捷菜单中选择【添加点光源】命令 ◉，系统弹出【点光源】属性管理器，单击【基本】选项卡，在【光源位置】选项栏中选中【笛卡尔式】单选按钮并勾选【锁定到模型】复选框，在【X 坐标】文本框 ✐ 中输入"20mm"，在【Y 坐标】文本框 ✐ 中输入"100mm"，在【Z 坐标】文本框 ✐ 中输入"50mm"，如图 6-59 所示。

Step 09 设置完成后单击【点光源】属性管理器中的【确定】按钮 ✔，效果如图 6-60 所示。

图 6-57 【基本】选项卡

图 6-58 添加聚光源

图 6-59 【基本】选项卡

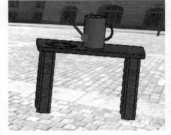

图 6-60 添加点光源

6. 输出渲染图片
操作步骤

Step 01 准备输出结果图像，首先需要对输出进行必要的设置。单击【PhotoView 360】工具栏中的【选项】按钮 ◕，弹出【PhotoView 360 选项】属性管理器，设置【输出图像大小】为"1 280×720（16:9）"，【宽度】 ▤ 为"1 280"，【高度】 ▥ 为"720"，在【图像格式】下拉列表框中选择【JPEG】选项，设置【预览渲染品质】为【最大】，【最终渲染品质】为【最佳】，【灰度系】为【6】，不勾选【光晕】复选框，设置【光晕设定点】为"100"，【光晕范围】为"5"，设置完成后单击【确定】按钮 ✔，如图 6-61 所示。

Step 02 单击【PhotoView 360】工具栏中的【最终渲染】按钮 ◕，在完成所有设置后对图像进行预览，得到最终效果，如图 6-62 所示。

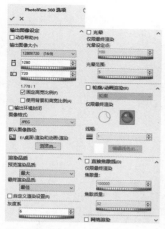

图 6-61 【PhotoView 360 选项】属性管理器

图 6-62 最终渲染图片

Step 03 在【最终渲染】窗口中选择【保存图像】菜单命令，在打开的【保存图像】对话框中设置【文件名】为【渲染最终图像】，选择【保存类型】为【JPEG】，其他的设置保持默认，单击【保存】按钮，则渲染效果将保存成图像文件，如图 6-63 所示。

图 6-63 保存图像

课后习题

一、选择题

下面哪个选项不是 SolidWorks 提供的光源？（　　　）

A. 点光源　　　　　　B. 聚光源　　　　　　C. 线光源　　　　　　D. 体光源

二、案例习题

习题要求：将给定的素材文件，使用【布景】、【外观】和【灯光】工具将三维模型渲染成图片，如图 6-64 所示。

案例习题文件：课后习题 / 第 06 章 /6.sldprt

视频教学：录屏 / 第 06 章 /6.mp4

习题要点：

（1）使用【布景】工具。

（2）使用【外观】工具。

（3）使用【灯光】工具。

（4）使用【相机】工具。

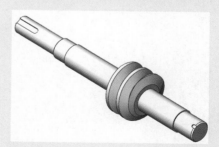

图 6-64 蜗杆轴

Chapter

07

动画制作

SolidWorks Motion 作为 SolidWorks 自带插件，主要用于制作产品的动画演示，可以用于制作产品设计的虚拟装配过程、虚拟拆卸过程和虚拟运行过程，使用户通过动画可以直观地理解设计师的意图。

SOLIDWORKS

学习要点

- 时间线
- 键码点
- 旋转动画
- 爆炸动画
- 视像属性动画
- 配合动画

技能目标

- 掌握生成键码点的方法
- 掌握生成旋转动画的方法
- 掌握生成爆炸动画的方法
- 掌握生成视像属性动画的方法
- 掌握生成配合动画的方法

7.1 动画简介

运动算例是装配体模型运动的图形模拟，并可将诸如光源和相机透视图之类的视觉属性融合到运动算例中。

运动算例只有通过运动管理器才能生成，此为基于时间线的界面，包括如下运动算例工具。

（1）动画（可在核心 SolidWorks 内使用）：可使用动画来演示装配体的运动。

（2）基本运动（可在核心 SolidWorks 内使用）：可使用基本运动在装配体上模仿马达、弹簧、碰撞和引力，基本运动在计算运动时将考虑质量。

（3）运动分析（可在 SolidWorks Premium 的 SolidWorks Motion 插件中使用）：只有使用运动分析才能对装配体进行精确的运动模拟（包括力、弹簧、阻尼和摩擦），在计算中考虑材料属性和质量及惯性。

7.1.1 时间线

时间线是动画的时间界面，它显示在动画的特征管理器设计树的右侧。当定位时间栏、在图形区域移动零部件或更改视像属性时，时间栏会使用键码点和更改栏显示这些更改。

时间线被竖直网格线均分，这些网络线对应于表示时间的数字标记。数字标记从 00:00:00 开始，其间距取决于窗口的大小。例如，沿时间线可能每隔 1 秒、2 秒或 5 秒就会有 1 个标记，如图 7-1 所示。

如果需要显示零部件，那么可以沿时间线单击任意位置，以更新该点的零部件位置。定位时间栏和图形区域的零部件后，可以通过控制键码点来编辑动画。在时间线区域单击鼠标右键，在弹出的快捷菜单中选择相应命令，如图 7-2 所示。

【放置键码】：选择该命令，可以添加新的键码点，并在指针位置添加一组相关联的键码点。

图 7-1 时间线　　　　图 7-2 快捷菜单

【动画向导】：选择该命令，可以调出【动画向导】属性管理器。

7.1.2 键码点和键码属性

每个键码画面在时间线上都包括代表开始运动时间或者结束运动时间的键码点，无论何时定位一个新的键码点，它都会对应于运动或视像属性的更改。

键码点：对应于所定义的装配体零部件位置、视觉属性或模拟单元状态的实体。

关键帧：键码点之间可以为任何时间长度的区域，此定义为零部件运动或视觉属性发生更改时的关键点。

7.2 旋转动画

通过单击【动画向导】按钮，可以生成旋转动画，即模型绕着指定的轴线进行旋转的动画。单击运动算例上方的【动画向导】按钮，打开【选择动画类型】对话框，如图 7-3 所示。

课堂案例 旋转装配体

实例素材	课堂案例 / 第 07 章 /7.2
视频教学	录屏 / 第 07 章 /7.2
案例要点	掌握旋转动画功能的使用方法

扫码观看视频

本案例创建装配体动画，使装配体绕指定轴线并且按设定时间旋转。

操作步骤

Step 01 打开实例素材文件，如图 7-4 所示。

Step 02 单击图形区域下方的【运动算例】按钮，在下拉列表框中选择【动画】选项，在图形区域下方出现【运动管理器】工具栏和时间线，如图 7-5 所示。单击【运动管理器】工具栏中的【动画向导】按钮，打开【选择动画类型】对话框，如图 7-6 所示。

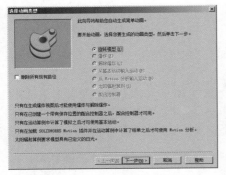

图 7-3 【选择动画类型】对话框

图 7-4 打开装配体

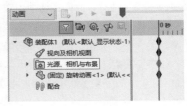

图 7-5 运动算例界面

Step 03 选中【旋转模型】单选按钮，如果需要删除现有的动画序列，那么勾选【删除所有现有路径】复选框，单击【下一步】按钮，打开【选择 – 旋转轴】对话框，如图 7-7 所示。

Step 04 选中【Y- 轴】单选按钮，选择旋转轴，设置【旋转次数】为"1"，选中【顺时针】单选按钮，单击【下一步】按钮，打开【动画控制选项】对话框，如图 7-8 所示。

图 7-6 【选择动画类型】对话框

图 7-7 【选择 –旋转轴】对话框

图 7-8 【动画控制选项】对话框

Step 05 设置动画播放的【时间长度（秒）】为"10"，运动延迟的【开始时间（秒）】为"0"（时间线含有相应的更改栏和键码点，具体取决于【时间长度（秒）】和【开始时间（秒）】的属性设置，单击【完成】按钮，完成旋转动画的设置。单击【运动管理器】工具栏中的（播放）按钮，观看旋转动画效果。

7.3 装配体爆炸动画

通过单击【动画向导】按钮 ，可以生成爆炸动画，即将装配体的爆炸视图步骤按照时间先后顺序转化为动画形式。

单击运动算例上方的【动画向导】按钮 ，打开【选择动画类型】对话框，如图7-9所示。

课堂案例 制作爆炸效果

实例素材	课堂案例/第07章/7.3
视频教学	录屏/第07章/7.3
案例要点	掌握爆炸动画功能的使用方法

扫码观看视频

本案例创建装配体动画，模拟装配体的爆炸效果。

操作步骤

Step 01 打开实例素材文件，如图7-10所示。

图7-9 【选择动画类型】对话框

图7-10 打开装配体

Step 02 单击图形区域下方的【运动算例】按钮，在下拉列表框中选择【动画】选项，在图形区域下方出现【运动管理器】工具栏和时间线。单击【运动管理器】工具栏中的【动画向导】按钮 ，弹出【选择动画类型】对话框，如图7-11所示。

Step 03 选中【爆炸】单选按钮，单击【下一步】按钮，弹出【动画控制选项】对话框，如图7-12所示。

Step 04 在【动画控制选项】对话框中，设置【时间长度（秒）】为"4"，单击【完成】按钮，完成爆炸动画的设置。单击【运动管理器】工具栏中的（播放）按钮 ，观看爆炸动画效果，如图7-13所示。

图7-11 【选择动画类型】对话框

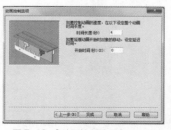

图7-12 【动画控制选项】对话框

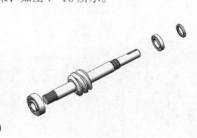

图7-13 爆炸动画效果

7.4 视像属性动画

可以动态改变单个或多个零部件的显示，并且在相同或不同的装配体零部件中组合不同的显示选项。如果需要更改任意一个零部件的视像属性，那么沿时间线选择一个与想要影响的零部件相对应的键码点，然后改变零部件的视像属性。单击【SolidWorks Motion】工具栏中的【播放】按钮 ▷，该零部件的视像属性将会随着动画的进程而变化。

课堂案例 在零部件中组合不同的显示选项

实例素材	课堂案例 / 第 07 章 /7.4	扫码观看视频
视频教学	录屏 / 第 07 章 /7.4	
案例要点	掌握视像属性动画特征功能的使用方法	

本案例更改单个或多个零部件的显示，并且在相同或不同的装配体零部件中组合不同的显示选项。

操作步骤

Step 01 打开实例素材文件，单击图形区域下方的【运动算例】按钮，在下拉列表框中选择【动画】选项，在图形区域下方出现【运动管理器】工具栏和时间线。首先单击【运动管理器】工具栏中的【动画向导】按钮 ，制作装配体的爆炸动画，如图 7-14 所示。

Step 02 单击时间线上的最后时刻，如图 7-15 所示。

Step 03 在一个零件上单击鼠标右键，在弹出的快捷菜单中选择【更改透明度】命令，如图 7-16 所示。

Step 04 按照上述步骤可以为其他零部件更改透明度属性，单击【运动管理器】工具栏中的（播放）按钮 ▷，观看动画效果。被更改了透明度的零件在装配后变成了半透明效果，如图 7-17 所示。

图 7-14 打开装配体

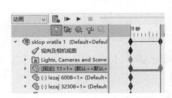

图 7-15 时间线

图 7-16 选择【更改透明度】命令

图 7-17 更改透明度后的效果

7.5 距离或角度配合动画

在 SolidWorks 中可以添加限制运动的配合，这些配合也会影响 SolidWorks Motion 中零件的运动。

课堂案例 生成直观、形象的动画

实例素材	课堂案例 / 第 07 章 /7.5
视频教学	录屏 / 第 07 章 /7.5
案例要点	掌握距离动画功能的使用方法

扫码观看视频

本案例通过改变装配体中的距离配合参数，生成直观、形象的动画项。

操作步骤

Step 01 打开实例素材文件，如图 7-18 所示。

Step 02 单击图形区域下方的【运动算例】按钮，在下拉列表框中选择【动画】选项，在图形区域下方出现【运动管理器】工具栏和时间线。单击小滑块零件，沿时间线拖动时间栏，设置动画顺序的时间长度，单击动画的最后时刻，如图 7-19 所示。

图 7-18 打开装配体

Step 03 在动画的特征管理器设计树中，双击【距离 1】图标，在打开的【修改】属性管理器中，更改数值为"100.000mm"，如图 7-20 所示。

Step 04 单击【运动管理器】工具栏中的（播放）按钮▷，当动画开始时，端点和参考直线上端点之间的距离是 20mm，如图 7-21 所示；当动画结束时，球心和参考直线上端点之间的距离是 100mm，如图 7-22 所示。

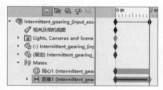
图 7-19 设置时间栏长度

图 7-20 【修改】属性管理器

图 7-21 动画开始时

图 7-22 动画结束时

7.6 课堂习题

课堂案例 建立三维模型动画

实例素材	课堂习题 / 第 07 章 /7.6
视频教学	录屏 / 第 07 章 /7.6
案例要点	掌握动画功能的使用方法

扫码观看视频

建立三维模型动画，本案例最终效果如图 7-23 所示。

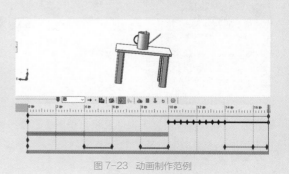
图 7-23 动画制作范例

1.打开装配体文件并新建运动算例
操作步骤

Step 01 启动中文版 SolidWorks，单击【文件】工具栏中的【打开】按钮📂，打开【打开】对话框，单击【装饰】装配体，单击【打开】按钮，如图 7-24 所示，打开后的装配体如图 7-25 所示。

Step 02 单击【插入】工具栏中的【新建运动算例】按钮🎬，这时会在窗口底部显示【新建运动算例】窗口，如图 7-26 所示。

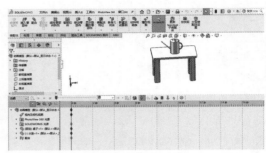

图 7-24　【打开】对话框　　　　图 7-25　打开后的装配体　　　　图 7-26　【新建运动算例】窗口

2.移动相机的视角
操作步骤

Step 01 在动画的特征管理器设计树中，在【SolidWorks 光源】选项📷上单击鼠标右键，在弹出的快捷菜单中选择【添加相机】命令📹，如图 7-27 所示。

Step 02 此时在打开的【相机】属性管理器中，图形区域被分割成两个视口，左侧的视口为相机和装配体的综合视图，右侧的视口为相机所呈现出的视图画面，如图 7-28 所示。

Step 03 在【相机】属性管理器中，在【相机类型】选项栏中，选中【对准目标】单选按钮，勾选【锁定除编辑外的相机位置】复选框，防止产生除相机外的其他位移；在【目标点】选项栏中勾选【选择的目标】复选框，并在其选项中选择【水壶】零件，在【相机位置】选项栏中选中【球形】单选按钮，将【离目标的距离】🔍设置为"2 075.14mm"，在【视野】选项栏中勾选【透视图】复选框，将【标准镜头预设值】设置为【自定义角度】，设置【视图角度】θ 为"29.86 度"，设置【视图矩形的距离】l 为"1500mm"，设置【视图矩形的高度】h 为"800mm"，设置【高宽比例（宽度：高度）】为"11:8.5"，单击【相机】属性管理器中的【确定】按钮✓，完成设置，如图 7-29 所示。

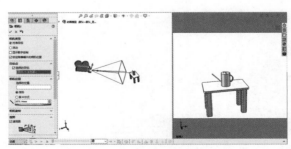

图 7-27　选择【添加相机】命令　　　图 7-28　相机界面视图　　　　图 7-29　【相机】属性管理器

Step 04 在默认情况下，【视向及相机视图】选项右键菜单中的【禁用观阅键码生成】选项🔒是激活的，在使用相机视图时，需要取消默认的激活状态，单击其按钮，使其从🔒变更为🔓状态，如图 7-30 所示。

Step 05 在 Motion Manager 设计树中，在【视向及相机视图】选项上单击鼠标右键，在弹出的快捷菜单中选择【视图定向】命令，并选择【视图定向】>【相机 1】选项，如图 7-31 所示。

Step 06 确定视图定向为【相机 1】视图后，图形显示区域将显示为相机 1 捕捉到的镜头画面，在时间轴的 2 秒处单击，将设置时间指针到该时刻，如图 7-32 所示。

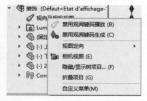

图 7-30 取消【禁用观阅键码生成】的激活状态

图 7-31 视图定向

图 7-32 设置时刻

Step 07 在 Display Manager 设计树中，单击【查看布景、光源与相机】按钮，并打开【相机】左侧的下拉箭头，在【相机 1】选项上单击鼠标右键，在弹出的快捷菜单中选择【编辑相机】命令，如图 7-33 所示。

Step 08 图形区域继续分成两个视口，用鼠标左键拖动相机，使其离装配体更近，使其放大，单击【相机】属性管理器中的【确定】按钮，完成设置，如图 7-34 所示。

Step 09 此时在时间线的【相机 1】进度条处将显示从 0 秒至 2 秒的矩形条，如图 7-35 所示。

图 7-33 选择【编辑相机】命令

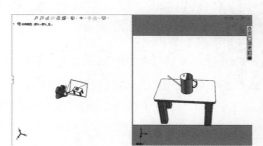

图 7-34 拉近相机镜头

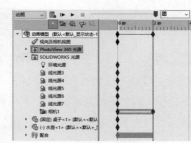

图 7-35 时间矩形条

Step 10 单击【计算运动算例】按钮，计算并播放动画。

Step 11 在时间轴的 4 秒处单击，将设置时间指针到该时刻，如图 7-36 所示。

Step 12 在 Display Manager 设计树中，单击【查看布景、光源与相机】按钮，并打开【相机】左侧的下拉箭头，在【相机 1】上单击鼠标右键，在弹出的快捷菜单中选择【编辑相机】命令，图形区域继续分成两个视口，用鼠标左键拖动相机，使其绕着装配体旋转，单击【相机】属性管理器中的【确定】按钮，完成设置，如图 7-37 所示。

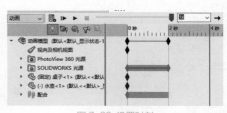

图 7-36 设置时刻

Step 13 将【相机 1】收回至【SolidWorks 光源】文件夹内，此时在时间线的【SolidWorks 光源】进度条处将显示从 0 秒至 4 秒的矩形条，如图 7-38 所示。

Step 14 单击【计算运动算例】按钮 ![icon]，计算并播放动画。

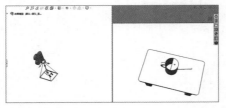

图 7-37 旋转相机镜头

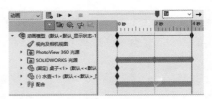

图 7-38 时间矩形条

3. 设置零部件外观

操作步骤

Step 01 选择"水壶"零件在 0 秒时刻的【外观】关键帧，在【0 秒】关键帧上单击鼠标右键，在弹出的快捷菜单中选择【复制】命令，如图 7-39 所示。

Step 02 在时间轴的 4 秒处单击，将设置时间指针到该时刻，在该时刻上单击鼠标右键，在弹出的快捷菜单中选择【粘贴】命令，此时会将"水壶"零件 0 秒时刻的外观复制到 4 秒时刻，代表"水壶"零件从 0 到 4 秒期间，外观不会发生变化，如图 7-40 所示。

图 7-39 复制外观

Step 03 此时，会在 4 秒处显示"水壶"零件【4 秒】时刻的关键帧，如图 7-41 所示。

Step 04 在时间轴的 6 秒处单击，将设置时间指针到 6 秒时刻，如图 7-42 所示。

图 7-40 粘贴外观

图 7-41 显示关键帧

图 7-42 设置时刻

Step 05 选择"水壶"零件，单击鼠标右键，在弹出的快捷菜单中选择【外观】命令 ![icon]，如图 7-43 所示。

Step 06 在【颜色】属性管理器中，在【所选几何体】选项栏中选中【应用到零部件层】单选按钮，选择【RGB】选项，在【颜色的红色部分】文本框 ■ 中输入"255"，在【颜色的绿色部分】文本框 ■ 中输入"0"，在【颜色的蓝色部分】文本框 ■ 中输入"51"，在【显示状态】选项栏中选中【所有显示状态】单选按钮，设置完成后单击【确定】按钮 ![icon]，如图 7-44 所示。

Step 07 此时在时间线上会出现"水壶"零件【外观】进度条处从 4 秒至 6 秒的矩形条，如图 7-45 所示。

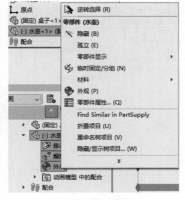

图 7-43 编辑外观

图 7-44 设置颜色

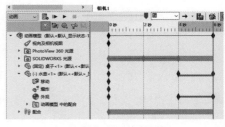

图 7-45 时间矩形条

Step 08 选择"上板"零件在 6 秒时刻的【外观】关键帧，在该时刻关键帧上单击鼠标右键，在弹出的快捷菜单中选择【复制】命令，在时间轴的 8 秒处单击，将设置时间指针到 8 秒时刻，在该时刻单击鼠标右键，在弹出的快捷菜单中选择【粘贴】命令，此时会将"上板"零件 6 秒时刻的外观复制到 8 秒时刻，也就是说，"上板"零件从 6 秒到 8 秒期间，外观不会发生变化。在外观不发生变化的期间，其时间轴在 6 秒到 8 秒期间为断开的状态，如图 7-46 所示。

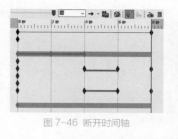

图 7-46 断开时间轴

Step 09 选择"水壶"零件在 4 秒时刻的【外观】关键帧，在该时刻关键帧上单击鼠标右键，在弹出的快捷菜单中选择【复制】命令，在时间轴 10 秒处单击，将设置时间指针到 10 秒时刻，在该时刻单击鼠标右键，在弹出的快捷菜单中选择【粘贴】命令。此时会将"上板"零件 4 秒时刻的外观复制到 10 秒时刻，粘贴后的时间轴如图 7-47 所示。

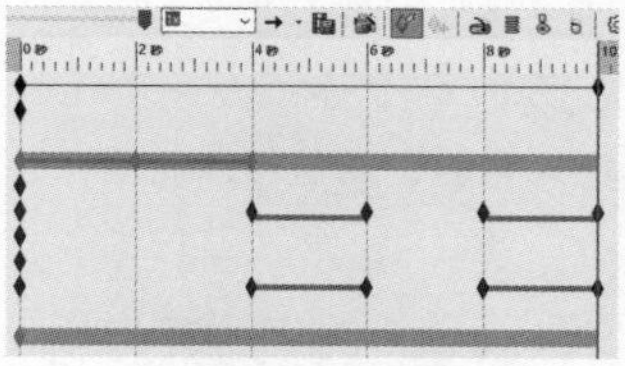

Step 10 单击【计算运动算例】按钮 📠，计算并播放动画。

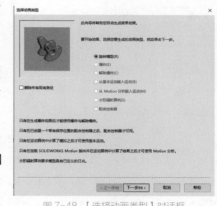

图 7-47 时间轴

4．旋转装配体模型

操作步骤

Step 01 在【MotionManager】工具栏中单击【动画向导】按钮 🎬，打开【选择动画类型】对话框，在该对话框中选中【旋转模型】单选按钮，然后单击【下一步】按钮，如图 7-48 所示。

Step 02 在【选择–旋转轴】对话框中选中【Y-轴】单选按钮，在【旋转次数】输入栏中输入"2"，并选中【逆时针】单选按钮，然后单击【下一步】按钮，如图 7-49 所示。

Step 03 在【动画控制选项】对话框中的【时间长度（秒）】文本框中输入"4"，在【开始时间（秒）】文本框中输入"10"，然后单击【完成】按钮，如图 7-50 所示。

Step 04 在时间线上共生成了 10 个关键帧，生成的时间线如图 7-51 所示。

图 7-48 【选择动画类型】对话框

图 7-49 【选择–旋转轴】对话框

图 7-50 【动画控制选项】对话框

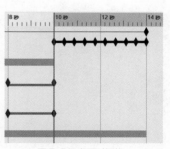

图 7-51 查看时间线

Step 05 单击【计算运动算例】按钮 📠，计算并播放动画。

5．装配体模型的爆炸和解除爆炸
操作步骤

Step 01 在【MotionManager】工具栏中单击【动画向导】按钮 📷，在【选择动画类型】对话框中的【爆炸】选项为灰色的，当前不可以使用，原因是必须在装配体中添加爆炸视图才可以使用，单击【关闭】按钮 ✕，如图7-52所示。

Step 02 在【装配体】工具栏中单击【爆炸视图】按钮 🧨，打开【爆炸】属性管理器，将【爆炸视图零部件】 🔷 设置为【水壶】零件，用鼠标拖动水壶往上移动，单击【确定】按钮 ✔，完成设置，如图7-53所示。

Step 03 在【MotionManager】工具栏中单击【动画向导】按钮 📷，在【选择动画类型】对话框中的【爆炸】选项为亮的，当前可以使用，在该对话框中选中【爆炸】单选按钮，然后单击【下一步】按钮，如图7-54所示。

图 7-52 【选择动画类型】对话框

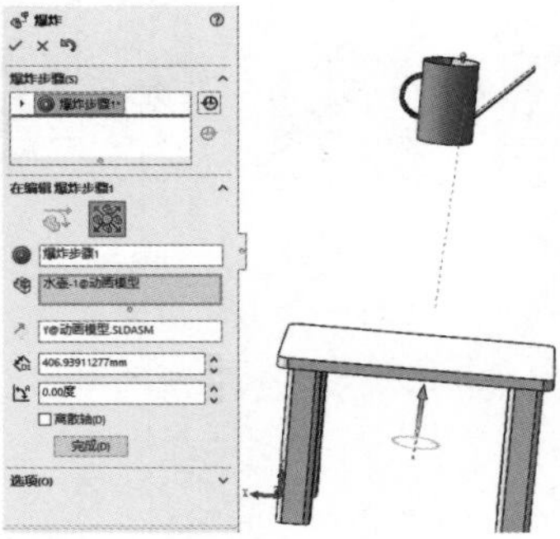

图 7-53 添加【爆炸视图】

图 7-54 【选择动画类型】对话框

Step 04 在【动画控制选项】对话框中的【时间长度（秒）】文本框中输入"2"，在【开始时间（秒）】文本框中输入"14"，然后单击【完成】按钮，如图7-55所示。

Step 05 单击【计算运动算例】按钮 🎞，计算并播放动画。

Step 06 生成的时间线如图7-56所示。

Step 07 生成的爆炸视图如图7-57所示。

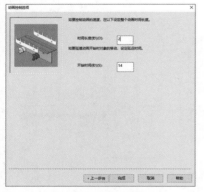
图 7-55 【动画控制选项】对话框

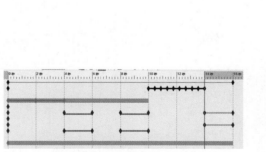
图 7-56 生成的时间线

图 7-57 生成的爆炸视图

Step 08 在【MotionManager】工具栏中单击【动画向导】按钮 📷，在【选择动画类型】对话框中选中【解除爆炸】单选按钮，然后单击【下一步】按钮，如图7-58所示。

Step 09 在【动画控制选项】对话框中的【时间长度（秒）】文本框中输入"1"，在【开始时间（秒）】文本框中输入"16"，然后单击【完成】按钮，如图7-59所示。

Step 10 单击【计算运动算例】按钮 ，计算并播放动画。

Step 11 生成的时间线如图7-60所示，

图 7-58 【选择动画类型】对话框

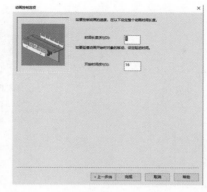

图 7-59 【动画控制选项】对话框

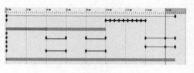

图 7-60 生成的时间线

6. 重命名并保存动画

操作步骤

Step 01 在底部【运动算例1】处单击鼠标右键，在弹出的快捷菜单中选择【重新命名】命令，如图7-61所示。

Step 02 将当前默认的【运动算例1】重新命名为【动画】，并按【Enter】键确定，如图7-62所示。

Step 03 在【MotionManager】工具栏中单击【保存动画】按钮 ，在【保存动画到文件】对话框中的【保存在】选项中选择要将该动画保存到的文件夹，这里将其保存在【动画】文件夹中，在【文件名】文本框中输入"动画模型"，在【保存类型】下拉列表中选择【MP4视频文件（*.mp4）】选项，在【图像大小与高宽比例】文本框中分别输入"1 366"和"326"，勾选【固定高宽比例】复选框，在【每秒的画面】文本框中输入"7.5"，在【要输出的帧】下拉列表中选择【整个动画】选项，设置完成后单击【保存动画到文件】对话框中的【保存】按钮，如图7-63所示。

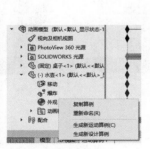

图 7-61 选择【重新命名】选项

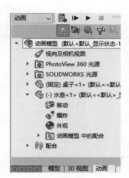

图 7-62 重命名

图 7-63 【保存动画到文件】对话框

Step 04 当弹出SolidWorks警告项："运动算例结果已过期。保存前是否要重新计算？"时，单击【是】按钮即可，如图7-64所示。

Step 05 单击【另存为】按钮 ，即可将当前模型进行保存，在打开的【另存为】对话框中的【文件名】文本框中输入"动画模型（完成）"，如图 7-65 所示。

图 7-64 重新计算运动算例

图 7-65 【另存为】对话框

课后习题

一、选择题

下面哪个选项不是 SolidWorks 提供的动画功能？（　　　）

A. 视像属性动画　　　　B. 距离配合动画　　　　C. 爆炸动画　　　　D. 巡航动画

二、案例习题

习题要求：将给定的装配体使用动画向导和关键帧工具制作旋转和爆炸动画，如图 7-66 所示。

案例习题文件：课后习题 / 第 07 章 /7.sldasm

视频教学：录屏 / 第 07 章 /7.mp4

（1）使用动画向导工具。

（2）使用关键帧工具。

（3）制作旋转动画。

（4）制作爆炸动画。

图 7-66 装配体模型

Chapter

08

第 08 章

装配体设计

装配体设计是 SolidWorks 三大基本功能之一。装配体文件的首要功能是
描述产品零件之间的配合关系，并提供了干涉检查、爆炸视图、装配统计
等功能。利用装配体可以生成由很多零部件组成的复杂装配体，这些零部
件可以是零件或者其他装配体（被称为子装配体）。

SOLIDWORKS

学习要点

- 插入零部件
- 生成配合
- 干涉检查
- 爆炸视图
- 装配体统计

技能目标

- 掌握插入零部件的方法
- 掌握生成配合的方法
- 掌握生成干涉检查的方法
- 掌握生成爆炸视图的方法
- 掌握生成装配体统计的方法

8.1 插入零部件

选择【文件】|【从零件制作装配体】菜单命令，装配体文件会在【插入零部件】属性管理器中显示出来，如图8-1所示。

（1）【要插入的零件/装配体】选项栏：通过单击【浏览】按钮打开现有零件文件。

（2）【选项】选项栏：

【生成新装配体时开始命令】。当生成新装配体时，勾选该复选框，可以打开此属性设置。

【图形预览】。勾选该复选框，在图形区域可以看到所选文件的预览。

【使成为虚拟】。勾选该复选框，可以将插入的零部件作为虚拟的零部件。

课堂案例	将实体零件插入装配体中	
实例素材	课堂案例/第08章/8.1	扫码观看视频
视频教学	录屏/第08章/8.1	
案例要点	掌握插入零件功能的使用方法	

操作步骤

Step 01 单击【装配体】工具栏中的【插入零部件】按钮 ，在系统自动打开的【打开】对话框中选择第一个要插入的零件几何体【11】零件，单击【打开】按钮，如图8-2所示。

Step 02 在SolidWorks装配体窗口的合适位置单击放置【11】零件，如图8-3所示。

Step 03 单击【装配体】工具栏中的【插入零部件】按钮 ，在系统自动打开的【打开】对话框中选择第一个要插入的零件几何体【12】零件，单击【打开】按钮。

Step 04 在SolidWorks装配体窗口的合适位置单击放置【12】零件，如图8-4所示。

图 8-1 【插入零部件】属性管理器

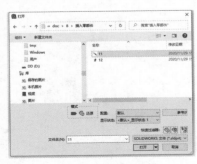

图 8-2 【打开】对话框

图 8-3 插入【11】零件

图 8-4 插入【12】零件

生成配合

使用配合功能可以在装配体零部件之间生成几何关系。当添加配合时，定义零部件线性或旋转运动所允许的方向，可以在其自由度之内移动零部件，从而直观化装配体的行为。

单击【装配体】工具栏中的【配合】按钮，或者选择菜单栏中的【插入】|【配合】命令，打开【配合】属性管理器，如图 8-5 所示。

（1）【配合选择】选项栏。

- 【要配合的实体】：选择想配合在一起的面、边线、基准面等。
- 【多配合模式】：选择该选项，可以以单一操作将多个零部件与普通参考配合。

（2）【标准配合】选项栏。

所有配合类型会始终显示在属性管理器中，但只有适用于当前选择的配合才可供使用。

- 【重合】：用于将所选面、边线及基准面进行定位，这样它们共享同一个基准面。
- 【平行】：用于放置所选项，这样它们彼此间保持等距。
- 【垂直】：用于将所选项以彼此间呈 90° 角度放置。
- 【相切】：用于将所选项以彼此间相切放置。
- 【同轴心】：用于将所选项共享同一中心线。
- 【锁定】：用于保持两个零部件之间的相对位置和方向。
- 【距离】：用于将所选项以彼此间指定的距离放置。
- 【角度】：用于将所选项以彼此间指定的角度放置。

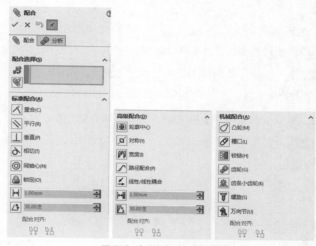

图 8-5 【配合】属性管理器

（3）【高级配合】选项栏。

- 【轮廓中心】：用于将矩形和圆形轮廓互相保持中心对齐。
- 【对称】：用于迫使两个相同实体绕基准面或平面对称。
- 【宽度】：用于将标签置中于凹槽宽度内。
- 【路径配合】：用于将零部件上所选的点约束到路径。
- 【线性/线性耦合】：用于在一个零部件的平移和另一个零部件的平移之间建立几何关系。
- 【限制】：用于允许零部件在距离配合和角度配合的一定数值范围内移动。

（4）【机械配合】选项栏。

- 【凸轮】：用于迫使圆柱外表面、基准面或点与一系列相切的拉伸面重合或相切。
- 【槽口】：用于将螺栓的运动约束在槽口孔内。
- 【铰链】：用于将两个零部件之间的移动限制在一定的旋转范围内。
- 【齿轮】：用于强迫两个零部件绕所选轴彼此相对而旋转。
- 【齿条小齿轮】：选择该选项，可以使一个零件（齿条）的线性平移引起另一个零件（齿轮）的周转。

- 【螺旋】：用于将两个零部件约束为同心，并将一个零部件的旋转和另一个零部件的平移之间添加几何关系。
- 【万向节】：选择该选项，可以使一个零部件（输出轴）绕自身轴的旋转由另一个零部件（输入轴）绕其轴的旋转驱动。

课堂案例　在零件之间创建配合

实例素材	课堂案例 / 第 08 章 /8.2
视频教学	录屏 / 第 08 章 /8.2
案例要点	掌握创建配合功能的使用方法

扫码观看视频

操作步骤

Step 01 打开实例素材文件，如图 8-6 所示。

Step 02 单击【装配体】工具栏中的【配合】按钮，打开【配合】属性管理器。在绘图区单击轴承的内圆柱面和轴的外圆柱面，SolidWorks 将自动识别为同轴心配合，如图 8-7 所示。

Step 03 单击【确定】按钮，完成同轴心配合的设置。

Step 04 在绘图区单击轴承的前端面和轴的前端面，SolidWorks 将自动识别为重合配合，如图 8-8 所示。

图 8-6　打开实例素材文件

图 8-7　选择两个圆柱面

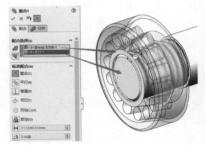
图 8-8　选择两个平面

Step 05 单击【确定】按钮，完成重合配合的设置。

8.3 干涉检查

对于一个复杂的装配体，用视觉检查零部件之间是否存在干涉的情况是一件困难的事情。在 SolidWorks 中，装配体可以进行干涉检查，其功能如下：

- 决定零部件之间的干涉。
- 显示干涉的真实体积为上色体积。
- 更改干涉和不干涉零部件的显示设置以便于查看干涉。
- 选择忽略需要排除的干涉，如紧密配合、螺纹扣件的干涉等。
- 选择将实体之间的干涉包括在多实体零件中。
- 选择将子装配体看成单一零部件，这样子装配体零部件之间的干涉将不被报告出。

单击【装配体】工具栏中的（干涉检查）按钮，或者选择【工具】|【干涉检查】菜单命令，打开【干涉检查】属性管理器，如图 8-9 所示。

课堂案例 在装配体文件中进行干涉检查

实例素材	课堂案例 / 第 08 章 /8.3
视频教学	录屏 / 第 08 章 /8.3
案例要点	掌握干涉检查功能的使用方法

扫码观看视频

操作步骤

Step 01 打开实例素材文件，如图 8-10 所示。

Step 02 单击【装配体】工具栏中的【干涉检查】按钮，或者选择【工具】|【干涉检查】命令，打开【干涉检查】属性管理器。

Step 03 设置装配体干涉检查属性，如图 8-11 所示。在【所选零部件】选项栏中，系统默认选择整个装配体为检查对象。在【选项】选项栏中，勾选【使干涉零件透明】复选框。在【非干涉零部件】选项栏中，勾选【使用当前项】复选框。

Step 04 完成上述操作之后，单击【所选零部件】选项栏中的【计算】按钮，此时在【结果】选项栏中显示检查结果，如图 8-12 所示。

图 8-9 【干涉检查】属性管理器　图 8-10 打开实例素材文件　图 8-11 设置干涉检查属性　　图 8-12 干涉检查结果

8.4 爆炸视图

出于制造的目的，经常需要分离装配体中的零部件以形象地分析它们之间的相互关系。利用装配体的爆炸视图可以分离其中的零部件，以便查看该装配体。

一个爆炸视图由一个或多个爆炸步骤组成，每一个爆炸视图保存在所生成的装配体配置中，而每一个配置都可以有一个爆炸视图。在爆炸视图中可以进行如下操作：

（1）自动将零部件制成爆炸视图。

（2）附加新的零部件到另一个零部件的现有爆炸步骤中。

（3）如果子装配体中有爆炸视图，那么可以在更高级别的装配体中重新使用此爆炸视图。

单击【装配体】工具栏中的【爆炸视图】按钮，或者选择【插入】|【爆炸视图】菜单命令，打开【爆炸】属性管理器，如图 8-13 所示。

实例素材	课堂案例 / 第 08 章 /8.4.
视频教学	录屏 / 第 08 章 /8.4
案例要点	掌握爆炸视图功能的使用方法

操作步骤

Step 01 打开实例素材文件，如图 8-14 所示。

Step 02 单击【装配体】工具栏中的（爆炸视图）按钮，或者选择【插入】|【爆炸视图】命令，打开【爆炸】属性管理器。

Step 03 在绘图区单击轴承，出现 3 个方向的黄色箭头，单击 X 轴作为移动方向，在【爆炸距离】文本框中输入"100.00mm"，如图 8-15 所示。

Step 04 单击【添加阶梯】按钮，完成第一个零部件爆炸视图的设置，如图 8-16 所示。

图 8-13 【爆炸】属性管理器

图 8-14 打开实例素材文件

图 8-15 设置爆炸距离

图 8-16 完成第一个零部件的爆炸设置

8.5 装配体统计

使用装配体统计可以在装配体中生成零部件和配合报告。

在【装配体】窗口中，选择【工具】|【性能评估】菜单命令，打开【性能评估】对话框，如图 8-17 所示。

实例素材	课堂案例 / 第 08 章 /8.5
视频教学	录屏 / 第 08 章 /8.5
案例要点	掌握装配体统计功能的使用方法

操作步骤

Step 01 打开实例素材文件，如图 8-18 所示。

Step 02 单击【装配体】工具栏中的【AssemblyXpert】按钮![按钮]，或者选择【工具】|【性能评估】命令，打开【性能评估】属性管理器，如图 8-19 所示。

图 8-17 【性能评估】对话框

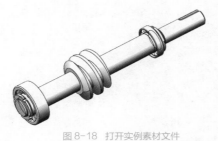

图 8-18 打开实例素材文件

图 8-19 【性能评估】属性管理器

Step 03 在【性能评估】属性管理器中，列出了装配体的所有相关统计信息。

8.6 课堂习题1

课堂习题 建立标准配合

实例素材	课堂习题 / 第 08 章 /8.6
视频教学	录屏 / 第 08 章 /8.6
案例要点	掌握标准配合功能的使用方法

扫码观看视频

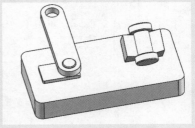

图 8-20 标准配合模型

建立标准配合，本案例最终效果如图 8-20 所示。

1. 新建装配体文件并插入基体

操作步骤

Step 01 启动中文版 SolidWorks，单击【文件】工具栏中的【新建】按钮![按钮]，打开【新建 SolidWorks 文件】对话框，单击【装配体】按钮，单击【确定】按钮，如图 8-21 所示。

Step 02 新建装配体后系统会自动打开【打开】对话框，在该对话框中选择第一个要插入的零件几何体【基体】零件，再单击【打开】按钮，即可将【基体】零件插入装配体中，如图 8-22 所示。

Step 03 在【SolidWorks 装配体】窗口中的合适位置单击，放置【基体】零件，如图 8-23 所示。

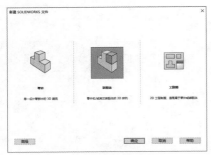

图 8- 21 【新建 SolidWorks 文件】对话框

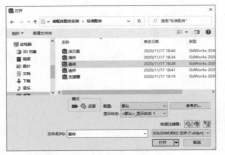

图 8- 22 【打开】对话框

图 8- 23 插入【基体】零件

2. 装配第一部分

操作步骤

Step 01 单击【装配体】工具栏中的【插入零部件】按钮 ![icon]，在系统自动打开的【打开】对话框中选择第二个要插入的零件几何体【法兰盖】零件，单击【打开】按钮。

Step 02 在【SolidWorks 装配体】窗口中的合适位置单击，放置【法兰盖】零件，如图 8-24 所示。

Step 03 单击【装配体】工具栏中的【配合】按钮 ![icon]，在【标准配合】选项栏中选择【同轴心】选项 ![icon]，在【配合选择】选项栏中选择【法兰盖】零件几何体的短圆柱面和【基体】零件几何体的孔面，取消勾选【锁定旋转】复选框，在【配合对齐】选项组中选择【同向对齐】选项 ![icon]，单击【确定】按钮 ![icon]，如图 8-25 所示。

Step 04 单击【装配体】工具栏中的【配合】按钮 ![icon]，在【标准配合】选项栏中选择【重合】选项 ![icon]，在【配合选择】选项栏中选择【法兰盖】零件几何体的短圆柱面所在的平面和【基体】零件几何体的上表面，在【配合对齐】选项组中选择【反向对齐】选项 ![icon]，单击【确定】按钮 ![icon]，如图 8-26 所示。

Step 05 单击【装配体】工具栏中的【配合】按钮 ![icon]，在【标准配合】选项栏中选择【平行】选项 ![icon]，在【配合选择】选项栏中选择【法兰盖】零件几何体的左侧面和【基体】零件几何体的左侧面，在【配合对齐】选项栏中选择【同向对齐】选项 ![icon]，单击【确定】按钮 ![icon]，如图 8-27 所示。

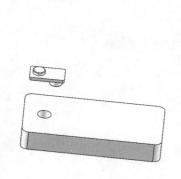

图 8-24 插入【法兰盖】零件

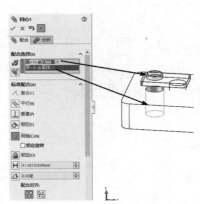

图 8-25 同轴心配合

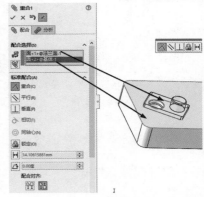

图 8-26 重合配合

Step 06 至此，【法兰盖】零件与【基体】零件为完全定义，无法被移动。

Step 07 单击【装配体】工具栏中的【插入零部件】按钮 ![icon]，在系统自动打开的【打开】对话框中选择第三个要插入的零件几何体【连杆】零件，单击【打开】按钮。

Step 08 在【SolidWorks 装配体】窗口中的合适位置单击，放置【连杆】零件，如图 8-28 所示。

Step 09 单击【装配体】工具栏中的【配合】按钮 🔗，在【标准配合】选项栏中选择【同轴心】选项 ◎，在【配合选择】选项栏中选择【法兰盖】零件几何体的长圆柱面和【连杆】零件几何体的左侧孔面，取消勾选【锁定旋转】复选框，在【配合对齐】选项组中选择【同向对齐】选项 🔡，单击【确定】按钮 ✓，如图 8-29 所示。

Step 10 单击【装配体】工具栏中的【配合】按钮 🔗，在【标准配合】选项栏中选择【重合】选项 🦴，在【配合选择】选项栏中选择【法兰盖】零件几何体的上表面和【连杆】零件几何体的下表面，在【配合对齐】选项组中选择【反向对齐】选项 🔡，单击【确定】按钮 ✓，如图 8-30 所示。

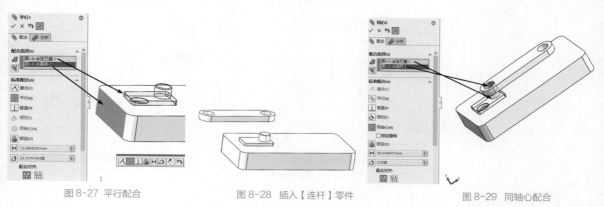

图 8-27 平行配合　　　　　图 8-28 插入【连杆】零件　　　　　图 8-29 同轴心配合

Step 11 单击【装配体】工具栏中的【配合】按钮 🔗，在【标准配合】选项栏中选择【垂直】选项 ⊥，在【配合选择】选项栏中选择【连杆】零件几何体的左侧面和【基体】零件几何体的左侧面，单击【确定】按钮 ✓，如图 8-31 所示。

Step 12 至此，【连杆】零件为完全定义，无法被移动。

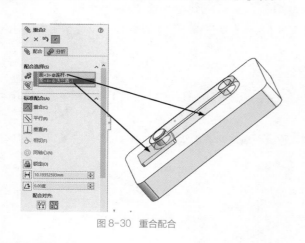

图 8-30 重合配合

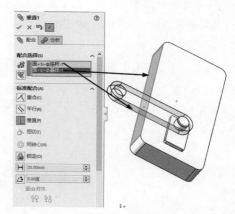

图 8-31 垂直配合

3. 装配第二部分

操作步骤

Step 01 单击【装配体】工具栏中的【插入零部件】按钮 🗁，在系统自动打开的【打开】对话框中选择第四个要插入的零件几何体【支撑槽】零件，单击【打开】按钮。

Step 02 在【SolidWorks 装配体】窗口中的合适位置单击，放置【支撑槽】零件，如图 8-32 所示。

Step 03 单击【装配体】工具栏中的【配合】按钮 🔗，在【标准配合】选项栏中激活【距离】按钮 🔢，并在其文本框中输入"20.00mm"，在【配合选择】选项栏中选择【支撑槽】零件几何体的右侧面和【基体】零件几何体的右侧面，在【配合对齐】选项组中选择【同向对齐】选项🔃，单击【确定】按钮✓，如图8-33所示。

Step 04 单击【装配体】工具栏中的【配合】按钮📎，在【标准配合】选项栏中激活【角度】按钮⬪，并在其文本框中输入"120.00度"，在【配合选择】选项栏中选择【支撑槽】零件几何体的下面和【基体】零件几何体的上表面，勾选【反转尺寸】复选框，在【配合对齐】选项组中选择【反向对齐】选项🔃，单击【确定】按钮✓，如图8-34所示。

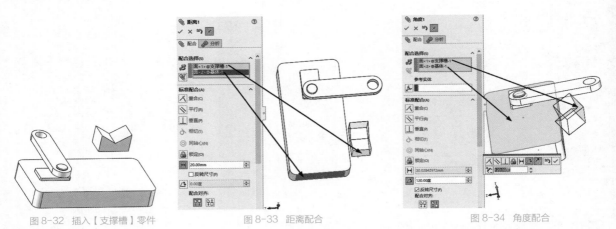

图 8-32 插入【支撑槽】零件   图 8-33 距离配合   图 8-34 角度配合

Step 05 单击【装配体】工具栏中的【配合】按钮📎，在【标准配合】选项栏中激活【距离】按钮⊟，并在其文本框中输入"50.00mm"，在【配合选择】选项栏中选择【支撑槽】零件几何体的底部边线和【基体】零件几何体的左侧面，勾选【反转尺寸】复选框，单击【确定】按钮✓，如图8-35所示。

Step 06 单击【装配体】工具栏中的【配合】按钮📎，在【标准配合】选项栏中选择【重合】选项⬎，在【配合选择】选项栏中选择【支撑槽】零件几何体的底部边线和【基体】零件几何体的上表面，单击【确定】按钮✓，如图8-36所示。

Step 07 至此，【支撑槽】零件为完全定义，无法被移动。

Step 08 单击【装配体】工具栏中的【插入零部件】按钮📁，在系统自动打开的【打开】对话框中选择第五个要插入的零件几何体【滑杆】零件，单击【打开】按钮。

Step 09 在【SolidWorks装配体】窗口中的合适位置单击，放置【滑杆】零件，如图8-37所示。

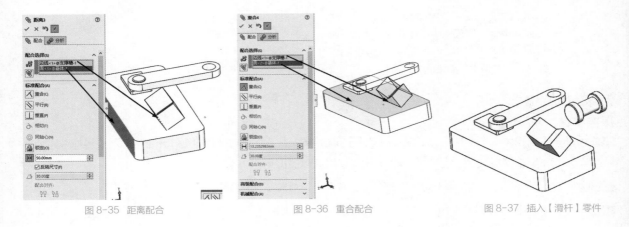

图 8-35 距离配合   图 8-36 重合配合   图 8-37 插入【滑杆】零件

Step 10 单击【装配体】工具栏中的【配合】按钮◎，在【标准配合】选项栏中选择【相切】选项◎，在【配合选择】选项栏中选择【滑杆】零件几何体的圆柱面和【支撑槽】零件几何体的左侧斜面，在【配合对齐】选项组中选择【反向对齐】选项⚏，单击【确定】按钮☑，如图8-38所示。

Step 11 单击【装配体】工具栏中的【配合】按钮◎，在【标准配合】选项栏中选择【相切】选项◎，在【配合选择】选项栏中选择【滑杆】零件几何体的圆柱面和【支撑槽】零件几何体的右侧斜面，在【配合对齐】选项组中选择【反向对齐】选项⚏，单击【确定】按钮☑，如图8-39所示。

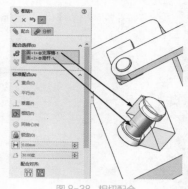

图 8-38 相切配合

Step 12 单击【装配体】工具栏中的【配合】按钮◎，在【标准配合】选项栏中选择【重合】选项◢，在【配合选择】选项栏中选择【滑杆】零件几何体的上法兰底面和【支撑槽】零件几何体的上表面，在【配合对齐】选项组中选择【反向对齐】选项⚏，单击【确定】按钮☑，如图8-40所示。

Step 13 单击【装配体】工具栏中的【配合】按钮◎，在【标准配合】选项栏中选择【锁定】选项🔒，在【配合选择】选项栏中选择【滑杆】零件几何体和【支撑槽】零件几何体，单击【确定】按钮☑，如图8-41所示。

图 8-39 相切配合　　　　　　　　图 8-40 重合配合　　　　　　　　图 8-41 锁定配合

Step 14 至此，【滑杆】零件为完全定义，无法被移动。

8.7 课堂习题2

课堂习题 建立高级配合

实例素材	课堂习题 / 第 08 章 /8.7
视频教学	录屏 / 第 08 章 /8.7
案例要点	掌握高级配合功能的使用方法

扫码观看视频

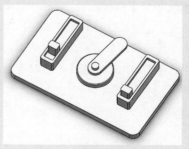

图 8-42 高级配合模型

建立高级配合，本案例最终效果如图 8-42 所示。

1. 新建装配体文件并插入基体
操作步骤

Step 01 启动中文版 SolidWorks，单击【文件】工具栏中的【新建】按钮，打开【新建 SolidWorks 文件】对话框，单击【装配体】按钮，单击【确定】按钮，如图 8-43 所示。

Step 02 新建装配体后系统会自动打开【打开】对话框，在该对话框中选择第一个要插入的零件几何体【基体】零件，再单击【打开】按钮，即可将【基体】零件插入装配体中，如图 8-44 所示。

Step 03 在【SolidWorks 装配体】窗口中的合适位置单击，放置【基体】零件，如图 8-45 所示。

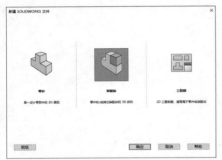

图 8-43 【新建 SolidWorks 文件】对话框

图 8-44 【打开】对话框

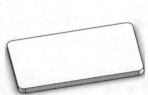

图 8-45 插入【基体】零件

2. 装配第一部分
操作步骤

Step 01 单击【装配体】工具栏中的【插入零部件】按钮，在系统自动打开的【打开】对话框中选择第二个要插入的零件几何体【方块】零件，单击【打开】按钮。

Step 02 在【SolidWorks 装配体】窗口中的合适位置单击，放置【方块】零件，如图 8-46 所示。

Step 03 单击【装配体】工具栏中的【配合】按钮，在【标准配合】选项栏中选择【重合】选项，在【配合选择】选项栏中选择【方块】零件几何体的短底面和【基体】零件几何体的商标面，在【配合对齐】选项组中选择【反向对齐】选项，单击【确定】按钮，如图 8-47 所示。

Step 04 单击【装配体】工具栏中的【配合】按钮，在【高级配合】选项栏中选择【宽度】选项，在【配合选择】选项栏中将【宽度选择】设置为【基体】零件几何体的左、右两个平面，将【薄片选择】设置为【方块】零件几何体的左、右两个平面，在【约束】选项组中选择【尺寸】选项，在【离目标的距离】文本框中输入"30.00mm"，在【配合对齐】选项组中选择【同向对齐】选项，单击【确定】按钮，如图 8-48 所示。

Step 05 单击【装配体】工具栏中的【配合】按钮，在【高级配合】选项栏中选择【宽度】选项，在【配合选择】选项栏中将【宽度选择】设置为【基体】零件几何体的前、后两个平面，将【薄片选择】设置为【方块】零件几何体的前、后两个平面，在【约束】选项组中选择【百分比】选项，在【离目标的百分比】文本框中输入"20%"，在【配合对齐】选项组中选择【同向对齐】选项，单击【确定】按钮，如图 8-49 所示。

Step 06 至此，【方块】零件与【基体】零件为完全定义，无法被移动。

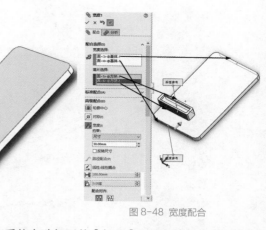

图 8-46 插入【方块】零件　　　　　　　　　　　图 8-47 重合配合　　　　　　　　　　　图 8-48 宽度配合

Step 07 单击【装配体】工具栏中的【插入零部件】按钮 ，在系统自动打开的【打开】对话框中选择第三个要插入的零件几何体【滑块】零件，单击【打开】按钮。

Step 08 在【SolidWorks 装配体】窗口中的合适位置单击，放置【滑块】零件，如图 8-50 所示。

Step 09 单击【装配体】工具栏中的【配合】按钮 ，在【标准配合】选项栏中选择【重合】选项 ，在【配合选择】选项栏中选择【滑块】零件几何体的底面和【方块】零件几何体的槽面，在【配合对齐】选项组中选择【反向对齐】选项 ，单击【确定】按钮 ，如图 8-51 所示。

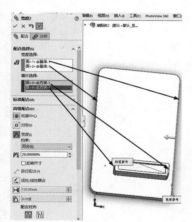

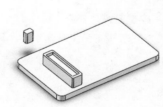

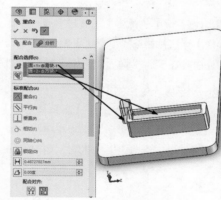

图 8-49 宽度配合　　　　　　　　　　图 8-50 插入【滑块】零件　　　　　　　　图 8-51 重合配合

Step 10 单击【装配体】工具栏中的【配合】按钮 ，在【高级配合】选项栏中选择【宽度】选项 ，在【配合选择】选项栏中将【宽度选择】设置为【方块】零件几何体的槽的左、右两个平面，将【薄片选择】设置为【滑块】零件几何体的左、右两个平面，在【约束】选项组中选择【中心】选项，在【配合对齐】选项组中选择【反向对齐】选项 ，单击【确定】按钮 ，如图 8-52 所示。

Step 11 单击【装配体】工具栏中的【配合】按钮 ，在【高级配合】选项栏中选择【宽度】选项 ，在【配合选择】选项栏中将【宽度选择】设置为【方块】零件几何体的槽的前、后两个平面，将【薄片选择】设置为【滑块】零件几何体的前、后两个平面，在【约束】选项组中选择【自由】选项，在【配合对齐】选项组中选择【反向对齐】选项 ，单击【确定】按钮 ，如图 8-53 所示。

Step 12 至此，【滑块】零件可以在【方块】零件槽内自由移动，当用鼠标拖动【滑块】零件时，即可朝着鼠标光标移动的方向移动。

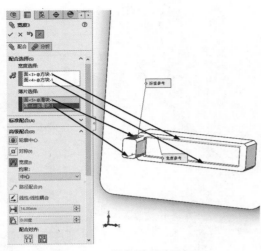

图 8-52 宽度配合

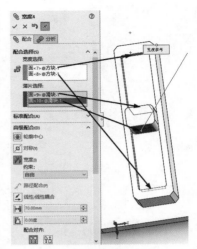

图 8-53 宽度配合

3. 装配第二部分

操作步骤

Step 01 单击【装配体】工具栏中的【插入零部件】按钮 ，在系统自动打开的【打开】对话框中选择第四个要插入的零件几何体【方块】零件，单击【打开】按钮。

Step 02 在【SolidWorks 装配体】窗口中的合适位置单击，放置【方块】零件，如图 8-54 所示。

Step 03 单击【装配体】工具栏中的【配合】按钮 ，在【标准配合】选项栏中选择【重合】选项 ，在【配合选择】选项栏中选择【方块】零件几何体的底面和【基体】零件几何体的上表面，在【配合对齐】选项组中选择【反向对齐】选项 ，单击【确定】按钮 ，如图 8-55 所示。

Step 04 单击【装配体】工具栏中【参考几何体】 下的【下拉箭头】按钮 ，在弹出的下拉列表中选择【基准面】选项，在【第一参考】选项栏中将【第一参考】 设置为【基体】零件一侧的平面，并选择【两侧对称】选项 ，在【第二参考】选项栏中将【第二参考】 设置为【基体】零件另一侧的平面，并选择【两侧对称】选项 ，单击【确定】按钮 ，如图 8-56 所示。

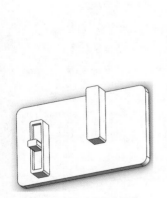

图 8-54 插入【方块】零件

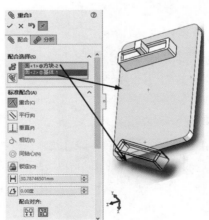

图 8-55 重合配合

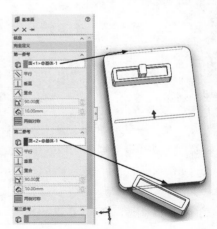

图 8-56 添加基准面

Step 05 单击【装配体】工具栏中的【配合】按钮 ，在【高级配合】选项栏中选择【对称】选项 ，在【配合选择】

选项栏中将【对称基准面】设置为在上一步操作中建立的【基准面1】，将【要配合的实体】🔩设置为两个【方块】零件几何体的内侧表面，在【配合对齐】选项组中选择【同向对齐】选项🔲，单击【确定】按钮✔，如图8-57所示。

Step 06 单击【装配体】工具栏中的【配合】按钮🖉，在【高级配合】选项栏中选择【对称】选项🔲，在【配合选择】选项栏中将【对称基准面】设置为在步骤4中建立的【基准面1】，将【要配合的实体】🔩设置为两个【方块】零件几何体的前表面，在【配合对齐】选项组中选择【同向对齐】选项🔲，单击【确定】按钮✔，如图8-58所示。

Step 07 至此，【方块】零件为完全定义，无法被移动。

Step 08 单击【装配体】工具栏中的【插入零部件】按钮🔧，在系统自动打开的【打开】对话框中选择第三个要插入的零件几何体【滑块】零件，单击【打开】按钮。

Step 09 在【SolidWorks装配体】窗口中的合适位置单击，放置【滑块】零件，如图8-59所示。

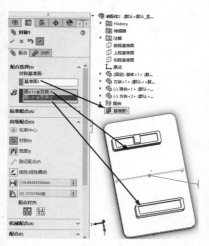

图8-57 对称配合 　　　　图8-58 对称配合 　　　　图8-59 插入【滑块】零件

Step 10 单击【装配体】工具栏中的【配合】按钮🖉，在【标准配合】选项栏中选择【路径配合】选项🖊，在【配合选择】选项栏中将【零部件顶点】🔩设置为【滑块】零件几何体的底面边线中点，将【路径选择】设置为【方块】零件几何体的槽底部的线，在【路径约束】选项组中选择【自由】选项，在【俯仰／偏航控制】选项中选择【自由】选项，在【滚转控制】选项中选择【自由】选项，单击【确定】按钮✔，如图8-60所示。

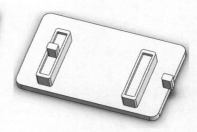

Step 11 单击【装配体】工具栏中的【配合】按钮🖉，在【高级配合】选项栏中选择【限制距离】选项🗝，并在【距离】文本框中输入"30.00mm"，在【最大值】文本框⏉中输入"50.00mm"，在【最小值】文本框⏊中输入"10.00mm"，在【配合选择】选项栏中选择【滑块】零件几何体的左侧表面和【方块】零件几何体的槽的左侧表面，在【配合对齐】选项组中选择🔲【反向对齐】选项，单击【确定】按钮✔，如图8-61所示。

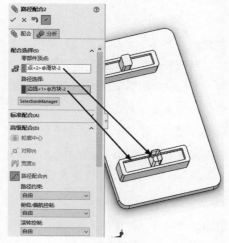

图8-60 路径配合配合

Step 12 单击【装配体】工具栏中的【配合】按钮🖉，在【标准配合】选项栏中选择【重合】选项🗝，在【配合选择】选项栏中选择两个【滑块】零件几何体的上表面，在【配合对齐】选项组中选择【同向对齐】选项🔲，单击【确定】按钮✔，如图8-62所示。

Step 13 单击【装配体】工具栏中的【配合】按钮 ◎，在【标准配合】选项栏中选择【线性耦合】选项 ☑，在【比率】文本框中分别输入"1.00mm"和"1.20mm"，在第一个【要配合的实体面】选项 ☷ 中选择上面【滑块】零件的右表面，在第二个【要配合的实体面】选项 ☷ 中选择下面【滑块】零件的右表面，单击【确定】按钮 ☑，如图 8-63 所示。

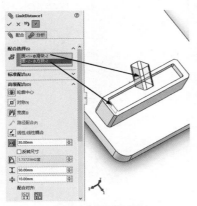

图 8-61 限制距离配合

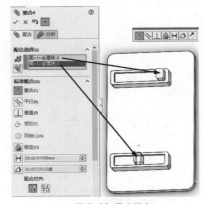

图 8-62 重合配合

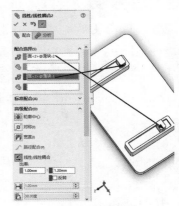

图 8-63 线性耦合配合

Step 14 至此，拖动其中一个【滑块】零件，另一个【滑块】零件可以以 1∶1.2 的倍率进行同方向移动。

4. 装配第三部分

操作步骤

Step 01 单击【装配体】工具栏中的【插入零部件】按钮 ☷，在系统自动打开的【打开】对话框中选择第六个要插入的零件几何体【底盘】零件，单击【打开】按钮。

Step 02 在【SolidWorks 装配体】窗口中的合适位置单击，放置【底盘】零件，如图 8-64 所示。

Step 03 单击【装配体】工具栏中的【配合】按钮 ◎，在【高级配合】选项栏中选择【轮廓中心】选项 ◉，勾选【锁定旋转】复选框，在【配合对齐】选项组中选择【反向对齐】选项 ☷，单击【确定】按钮 ☑，如图 8-65所示。

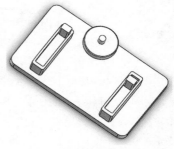

图 8-64 插入【底盘】零件

Step 04 至此，【底盘】零件为完全定义，无法被移动。

Step 05 单击【装配体】工具栏中的【插入零部件】按钮 ☷，在系统自动打开的【打开】对话框中选择第七个要插入的零件几何体【转杆】零件，单击【打开】按钮。

Step 06 在【SolidWorks 装配体】窗口中的合适位置单击，放置【转杆】零件，如图 8-66 所示。

Step 07 单击【装配体】工具栏中的【配合】按钮 ◎，在【标准配合】选项栏中选择【重合】选项 ☷，在【配合选择】选项栏中选择【转杆】零件几何体的下表面和【底盘】零件几何体的上表面，在【配合对齐】选项组中选择【反向对齐】选项 ☷，单击【确定】按钮 ☑，如图 8-67 所示。

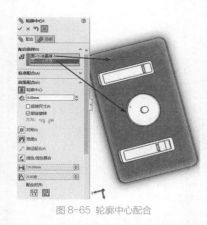

图 8-65 轮廓中心配合

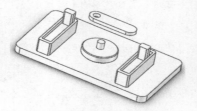

图 8-66 插入【转杆】零件

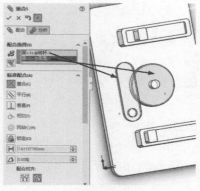

图 8-67 重合配合

Step 08 单击【装配体】工具栏中的【配合】按钮 ◈，在【标准配合】选项栏中选择【同轴心】选项◎，并不要勾选【锁定旋转】复选框，在【配合选择】选项栏中选择【转杆】零件几何体的孔面和【底盘】零件几何体的上圆柱面，在【配合对齐】选项组中选择【同向对齐】选项▦，单击【确定】按钮✓，如图 8-68 所示。

Step 09 单击【装配体】工具栏中的【配合】按钮 ◈，在【标准配合】选项栏中选择【限制角度】选项▣，并在【角度】文本框中输入"10.00度"，在【最大值】文本框工中输入"30.00度"，在【最小值】文本框𝌍中输入"–30.00

度"，在【配合选择】选项栏中选择左侧【方块】零件几何体的右侧表面和【转杆】零件几何体的左侧表面，在【配合对齐】选项组中选择【反向对齐】选项▣，单击【确定】按钮✓，如图 8-69 所示。

Step 10 至此，【转杆】零件只可以在相对于左侧【方块】零件的右边且在 –30.00 度至 30.00 度之间任意摆动。

图 8-68 同轴心配合

图 8-69 限制角度配合

8.8 课堂习题3

课堂习题 建立机械配合

实例素材	课堂习题 / 第 08 章 /8.8
视频教学	录屏 / 第 08 章 /8.8
案例要点	掌握机械配合功能的使用方法

扫码观看视频

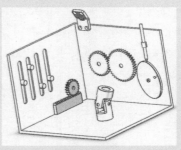

图 8-70 机械配合模型

建立机械配合，本案例最终效果如图 8-70 所示。

1. 新建装配体文件并插入基体

操作步骤

Step 01 启动中文版 SolidWorks，单击【文件】工具栏中的【新建】按钮 □，打开【新建 SolidWorks 文件】对话框，单击【装配体】按钮，单击【确定】按钮。

Step 02 新建装配体后系统会自动打开【打开】对话框，在打开的【打开】对话框中选择第一个要插入的零件几何体【基体】零件，再单击【打开】按钮，即可将【基体】零件插入装配体中，如图 8-71 所示。

Step 03 在【SolidWorks 装配体】窗口中的合适位置单击，放置【基体】零件，如图 8-72 所示。

图 8-71 【打开】对话框

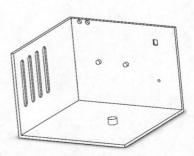

图 8-72 插入【基体】零件

2. 装配凸轮部分

操作步骤

Step 01 单击【装配体】工具栏中的【插入零部件】按钮 🗃，在系统自动打开的【打开】对话框中选择第二个要插入的零件几何体【凸轮】零件，单击【打开】按钮。

Step 02 在【SolidWorks 装配体】窗口中的合适位置单击，放置【凸轮】零件，如图 8-73 所示。

Step 03 单击【装配体】工具栏中的【配合】按钮 🖉，在【标准配合】选项栏中选择【同轴心】选项 ◎，在【配合选择】选项栏中选择【凸轮】零件几何体的圆孔面和【基体】零件几何体的右侧内孔面，在【配合对齐】选项组中选择【反向对齐】选项 🖫，单击【确定】按钮 ✓，如图 8-74 所示。

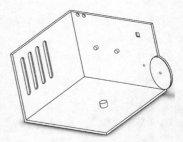

图 8-72 插入【凸轮】零件

Step 04 单击【装配体】工具栏中的【配合】按钮 🖉，在【标准配合】选项栏中选择【重合】选项 人，在【配合选择】选项栏中选择【凸轮】零件几何体的后表面和【基体】零件几何体的前表面，在【配合对齐】选项组中选择【反向对齐】选项 🖫，单击【确定】按钮 ✓，如图 8-75 所示。

Step 05 单击【装配体】工具栏中的【插入零部件】按钮 🗃，在系统自动打开的【打开】对话框中选择第三个要插入的零件几何体【卡架】零件，单击【打开】按钮。

Step 06 在【SolidWorks 装配体】窗口中的合适位置单击，放置【卡架】零件，如图 8-76 所示。

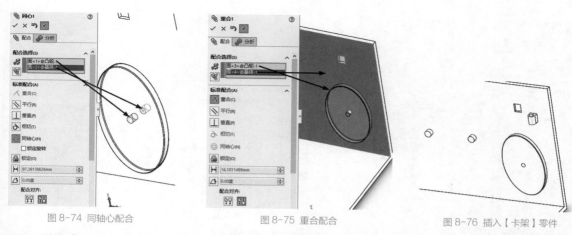

图 8-74 同轴心配合　　　　图 8-75 重合配合　　　　图 8-76 插入【卡架】零件

Step 07 单击【装配体】工具栏中的【配合】按钮 ，在【高级配合】选项栏中选择【轮廓中心】选项 ，并在【等距距离】文本框 中输入"0.00mm"，在【配合选择】选项栏中选择【卡架】零件几何体的底面和【基体】零件几何体的槽面，在【配合对齐】选项组中选择【反向对齐】选项 ，单击【确定】按钮 ，如图 8-77 所示。

Step 08 单击【装配体】工具栏中的【插入零部件】按钮 ，在系统自动打开的【打开】对话框中选择第四个要插入的零件几何体【凸轮轴】零件，单击【打开】按钮。

Step 09 在【SolidWorks 装配体】窗口中的合适位置单击，放置【凸轮轴】零件，如图 8-78 所示。

Step 10 单击【装配体】工具栏中的【配合】按钮 ，在【标准配合】选项栏中选择【同轴心】选项 ，并勾选【锁定旋转】复选框，在【配合选择】选项栏中选择【卡架】零件几何体的内侧圆柱面和【凸轮轴】零件几何体的圆柱面，在【配合对齐】选项组中选择【正向对齐】选项 ，单击【确定】按钮 ，如图 8-79 所示。

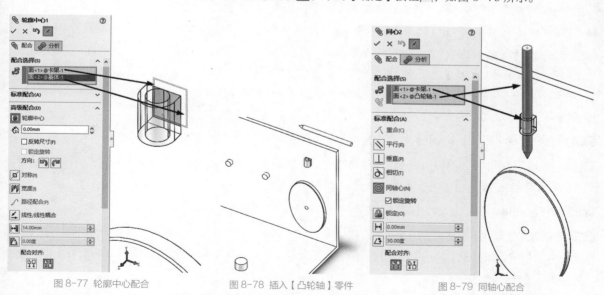

图 8-77 轮廓中心配合　　　　图 8-78 插入【凸轮轴】零件　　　　图 8-79 同轴心配合

Step 11 单击【装配体】工具栏中的【配合】按钮 ，在【机械配合】选项栏中选择【凸轮】选项 ，在【配合选择】选项栏中将【凸轮槽】 设置为【凸轮】零件几何体的外凸轮面，将【凸轮推杆】 设置为【凸轮】零件几何体的顶尖，单击【确定】按钮 ，如图 8-80 所示。

Step 12 至此，【凸轮】零件几何体和【凸轮轴】零件几何体构成了【凸轮】机械配合，转动【凸轮】零件时，【凸轮轴】零件会随着【凸轮】零件的转动而上下移动，如图 8-81 和图 8-82 所示为两种配合状态。

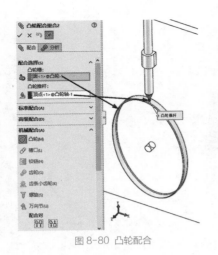
图 8-80 凸轮配合

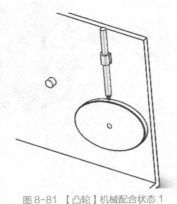
图 8-81 【凸轮】机械配合状态 1

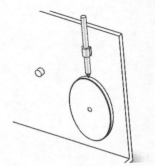
图 8-82 【凸轮】机械配合状态 2

3. 装配槽口部分
操作步骤

Step 01 单击【装配体】工具栏中的【插入零部件】按钮 ![icon]，在系统自动打开的【打开】对话框中选择第五个要插入的零件几何体【滑杆】零件，单击【打开】按钮。

Step 02 在【SolidWorks 装配体】窗口中的合适位置单击，放置【滑杆】零件，如图 8-83 所示。

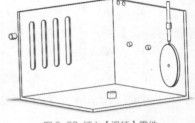
图 8-83 插入【滑杆】零件

Step 03 单击【装配体】工具栏中的【配合】按钮 ![icon]，在【标准配合】选项组中选择【重合】选项 ![icon]，在【配合选择】选项栏中选择【滑杆】零件几何体的下表面和【基体】零件几何体的槽内表面，在【配合对齐】选项组中选择【反向对齐】选项 ![icon]，单击【确定】按钮 ![icon]，如图 8-84 所示。

Step 04 单击【装配体】工具栏中的【配合】按钮 ![icon]，在【机械配合】选项栏中选择【槽口】选项 ![icon]，并在【约束】选项组中选择【在槽口中心】选项，在【配合选择】选项栏中选择【滑杆】零件几何体的圆柱面和【基体】零件几何体的左侧第一个槽侧面，在【配合对齐】选项组中选择【反向对齐】选项 ![icon]，单击【确定】按钮 ![icon]，如图 8-85 所示。

Step 05 至此，该【槽口】零件几何体在【基体】零件几何体第一个槽口中心位置，且不能被移动。

Step 06 单击【装配体】工具栏中的【插入零部件】按钮 ![icon]，在系统自动打开的【打开】对话框中选择第六个要插入的零件几何体【滑杆】零件，单击【打开】按钮。

Step 07 在【SolidWorks 装配体】窗口中的合适位置单击，放置【滑杆】零件，如图 8-86 所示。

Step 08 单击【装配体】工具栏中的【配合】按钮 ![icon]，在【标准配合】选项栏中选择【重合】选项 ![icon]，在【配合选择】选项栏中选择两个【滑杆】零件几何体的上表面，在【配合对齐】选项组中选择【正向对齐】选项 ![icon]，单击【确定】按钮 ![icon]，如图 8-87 所示。

Step 09 单击【装配体】工具栏中的【配合】按钮 ![icon]，在【机械配合】选项栏中选择【槽口】选项 ![icon]，并在【约束】选项组中选择【沿槽口的距离】选项，在【离目标的距离】文本框中输入"30.00mm"，勾选【反转尺寸】复选框，在【配合选择】选项栏中选择【滑杆】零件几何体的圆柱面和【基体】零件几何体的左侧第二个槽侧面，在【配合对齐】选项组中选择【反向对齐】选项 ![icon]，单击【确定】按钮 ![icon]，如图 8-88 所示。

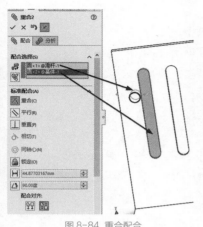

图 8-84 重合配合

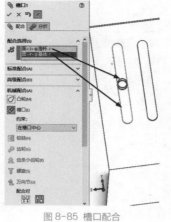

图 8-85 槽口配合

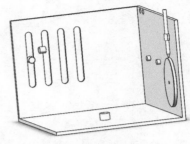

图 8-86 插入【滑杆】零件

Step 10 至此，该【槽口】零件几何体在【基体】零件几何体第二个槽口距离上边 30.00mm 的位置，且不能被移动。

Step 11 单击【装配体】工具栏中的【插入零部件】按钮 ，在系统自动打开的【打开】对话框中选择第七个要插入的零件几何体【滑杆】零件，单击【打开】按钮。

Step 12 在【SolidWorks 装配体】窗口中的合适位置单击，放置【滑杆】零件，如图 8-89 所示。

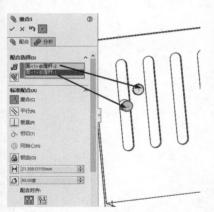

图 8-87 重合配合

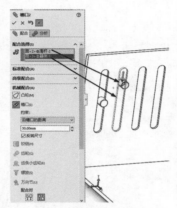

图 8-88 槽口配合

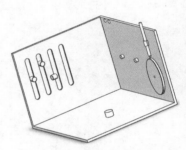

图 8-89 插入【滑杆】零件

Step 13 单击【装配体】工具栏中的【配合】按钮 ，在【标准配合】选项栏中选择【重合】选项 ，在【配合选择】选项栏中选择【滑杆】零件几何体的下表面和【基体】零件几何体的槽内表面，在【配合对齐】选项组中选择【反向对齐】选项 ，单击【确定】按钮 ，如图 8-90 所示。

Step 14 单击【装配体】工具栏中的【配合】按钮 ，在【机械配合】选项栏中选择【槽口】选项 ，并在【约束】选项组中选择【沿槽口的百分比】选项，在【离目标的距离百分比】文本框 中输入"80%"，在【配合选择】选项栏中选择【滑杆】零件几何体的圆柱面和【基体】零件几何体的左侧第三个槽侧面，在【配合对齐】选项组中选择【正向对齐】选项 ，单击【确定】按钮 ，如图 8-91 所示。

Step 15 至此，该【槽口】零件几何体在【基体】零件几何体第三个槽口距离上边 80% 的位置，且不能被移动。

Step 16 单击【装配体】工具栏中的【插入零部件】按钮 ，在系统自动打开的【打开】对话框中选择第八个要插入的零件几何体【滑杆】零件，单击【打开】按钮。

Step 17 在【SolidWorks 装配体】窗口中的合适位置单击，放置【滑杆】零件，如图 8-91 所示。

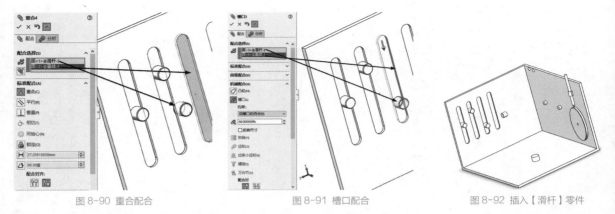

图 8-90 重合配合　　　　　　　　图 8-91 槽口配合　　　　　　　　图 8-92 插入【滑杆】零件

Step 18 单击【装配体】工具栏中的【配合】按钮 ◎，在【标准配合】选项栏中选择【重合】选项 ⊼，在【配合选择】选项栏中选择【滑杆】零件几何体的下表面和【基体】零件几何体的槽内表面，在【配合对齐】选项组中选择【反向对齐】选项 ⊞，单击【确定】按钮 ✓，如图 8-93 所示。

Step 19 单击【装配体】工具栏中的【配合】按钮 ◎，在【机械配合】选项栏中选择【槽口】选项 ⊘，并在【约束】选项组中选择【自由】选项，在【配合选择】选项栏中选择【滑杆】零件几何体的圆柱面和【基体】零件几何体的左侧第四个槽侧面，在【配合对齐】选项组中选择【正向对齐】选项 ⊞，单击【确定】按钮 ✓，如图 8-94 所示。

Step 20 至此，该【槽口】零件几何体在【基体】零件几何体第四个槽口内自由拖动，由【机械配合】选项栏中【槽口】配合的 4 个选项都在零件模型中建立完成，如图 8-95 所示。

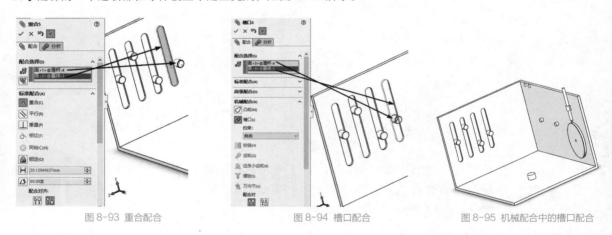

图 8-93 重合配合　　　　　　　　图 8-94 槽口配合　　　　　　　　图 8-95 机械配合中的槽口配合

4. 装配铰链部分

操作步骤

Step 01 单击【装配体】工具栏中的【插入零部件】按钮 ⚙，在系统自动打开的【打开】对话框中选择第九个要插入的零件几何体【铰链 1】零件，单击【打开】按钮。

Step 02 在【SolidWorks 装配体】窗口中的合适位置单击，放置【铰链 1】零件，如图 8-96 所示。

Step 03 单击【装配体】工具栏中的【配合】按钮 ◎，在【标准配合】选项栏中选择【重合】选项 ⊼，在【配合选择】选项栏中选择【铰链 1】零件几何体的底面和【基体】零件几何体的前表面，在【配合对齐】选项组中选择【反向对齐】选项 ⊞，单击【确定】按钮 ✓，如图 8-97 所示。

Step 04 单击【装配体】工具栏中的【配合】按钮 ，在【标准配合】选项栏中选择【同轴心】选项 ，在【配合选择】选项栏中选择【铰链1】零件几何体的左侧孔面和【基体】零件几何体前表面上的左侧孔面，在【配合对齐】选项组中选择【同向对齐】选项 ，单击【确定】按钮 ，如图8-98所示。

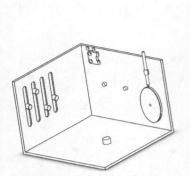

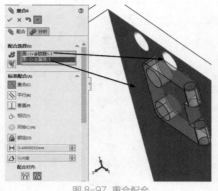

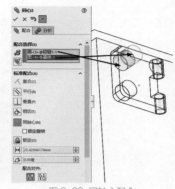

图 8-96 插入【铰链 1】零件　　　　　　图 8-97 重合配合　　　　　　　　　图 8-98 同轴心配合

Step 05 单击【装配体】工具栏中的【配合】按钮 ，在【标准配合】选项栏中选择【同轴心】选项 ，在【配合选择】选项栏中选择【铰链1】零件几何体的右侧孔面和【基体】零件几何体前表面上的右侧孔面，在【配合对齐】选项组中选择【同向对齐】选项 ，单击【确定】按钮 ，如图8-99所示。

Step 06 单击【装配体】工具栏中的【插入零部件】按钮 ，在系统自动打开的【打开】对话框中选择第十个要插入的零件几何体【铰链2】零件，单击【打开】按钮。

Step 07 在【SolidWorks 装配体】窗口中的合适位置单击，放置【铰链2】零件，如图8-100所示。

Step 08 单击【装配体】工具栏中的【配合】按钮 ，在【机械配合】选项栏中选择【铰链】选项 ，在【配合选择】选项栏中将【同轴心选择】 设置为【铰链2】零件几何体的圆柱孔面，将【重合选择】 设置为【铰链2】零件几何体的圆柱右表面和【铰链1】零件几何体右侧圆柱的左表面，在【配合对齐】选项组中选择【反向对齐】选项 ，单击【确定】按钮 ，如图8-101所示。

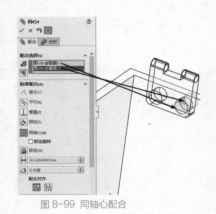

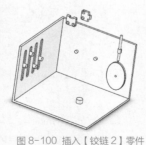

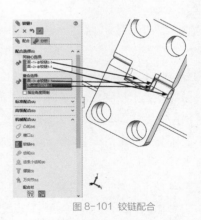

图 8-99 同轴心配合　　　　　　　图 8-100 插入【铰链 2】零件　　　　　　图 8-101 铰链配合

Step 09 单击【装配体】工具栏中的【插入零部件】按钮 ，在系统自动打开的【打开】对话框中选择第十一个要插入的零件几何体【铰链轴】零件，单击【打开】按钮。

Step 10 在【SolidWorks 装配体】窗口中的合适位置单击，放置【铰链轴】零件，如图8-102所示。

Step 11 单击【装配体】工具栏中的【配合】按钮，在【标准配合】选项组中选择【同轴心】选项，在【配合选择】选项栏中选择【铰链轴】零件几何体的圆柱面和【铰链1】零件几何体的右侧孔面，在【配合对齐】选项组中选择【反向对齐】选项，单击【确定】按钮，如图8-103所示。

Step 12 单击【装配体】工具栏中的【配合】按钮，在【标准配合】选项栏中选择【重合】选项，在【配合选择】选项栏中选择【铰链轴】零件几何体的右表面和【铰链1】零件几何体的右表面，在【配合对齐】选项组中选择【同向对齐】选项，单击【确定】按钮，如图8-104所示。

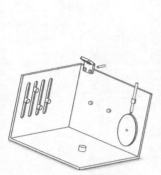
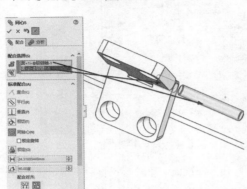
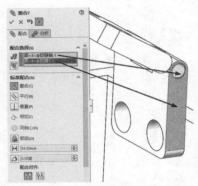

图8-102 插入【铰链轴】零件　　　　　　图8-103 同轴心配合　　　　　　图8-104 重合配合

Step 13 至此，【铰链1】零件几何体和【铰链2】零件几何体构成了【铰链】机械配合，并通过【铰链轴】零件几何体链接，转动【铰链2】零件时，【铰链2】零件会和【铰链1】零件呈铰链运动方式转动，如图8-105和图8-106所示为两种状态。

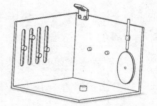
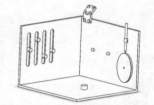

图8-105 【铰链】机械配合状态1　　　　图8-106 【铰链】机械配合状态2

5. 装配螺钉螺母部分
操作步骤

Step 01 单击【装配体】工具栏中的【插入零部件】按钮，在系统自动打开的【打开】对话框中选择第十二个要插入的零件几何体【内六角螺钉】零件，单击【打开】按钮。

Step 02 在【SolidWorks装配体】窗口中的合适位置单击，放置【内六角螺钉】零件，如图8-107所示。

Step 03 单击【装配体】工具栏中的【配合】按钮，在【标准配合】选项栏中选择【同轴心】选项，在【配合选择】选项栏中选择【内六角螺钉】零件几何体的圆柱面和【基体】零件几何体的右侧孔面，并勾选【锁定旋转】复选框，在【配合对齐】选项组中选择【同向对齐】选项，单击【确定】按钮，如图8-108所示。

Step 04 单击【装配体】工具栏中的【配合】按钮，在【标准配合】选项栏中选择【重合】选项，在【配合选择】选项栏中选择【内六角螺钉】零件几何体的法兰配合面和【凸轮】零件几何体的前表面，在【配合对齐】选项栏中选择【反向对齐】选项，单击【确定】按钮，如图8-109所示。

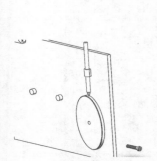
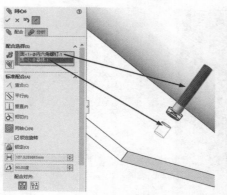
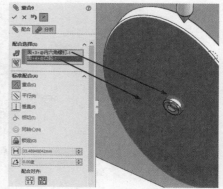

图 8-107 插入【内六角螺钉】零件　　　　　图 8-108 同轴心配合　　　　　　　　图 8-109 重合配合

Step 05 单击【装配体】工具栏中的【插入零部件】按钮 ，在系统自动打开的【打开】对话框中选择第十三个要插入的零件几何体【螺母】零件，单击【打开】按钮。

Step 06 在【SolidWorks 装配体】窗口中的合适位置单击，放置【螺母】零件，如图 8-110 所示。

Step 07 单击【装配体】工具栏中的【配合】按钮 ，在【机械配合】选项栏中选择【螺旋】选项 ，并选中【距离／圈数】单选按钮，在其文本框中输入 "5.00mm"，勾选【反转】复选框，在【配合选择】选项栏中选择【螺母】零件几何体的圆柱孔面和【内六角螺钉】零件几何体的圆柱面，在【配合对齐】选项组中选择【反向对齐】选项 ，单击【确定】按钮 ，如图 8-111 所示。

Step 08 至此，【螺母】零件几何体和【内六角螺钉】零件几何体构成了【螺旋】机械配合，每旋转一圈【螺母】零件，则【螺母】零件会在【内六角螺钉】上直线运动 5.00mm，但是【螺母】零件会在【内六角螺钉】零件之外旋转，如图 8-112 所示。因此，需要通过限制距离来使【螺母】零件不会旋转在【内六角螺钉】零件之外。

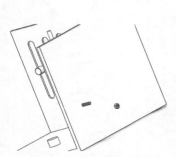
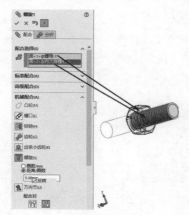
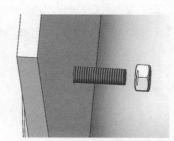

图 8-110 插入【螺母】零件　　　　　图 8-111 螺旋配合　　　　　　图 8-112 【螺母】旋出【内六角螺钉】

Step 09 单击【装配体】工具栏中的【配合】按钮 ，在【高级配合】选项栏中选择【限制距离】选项 ，并在【距离】文本框中输入 "5.00mm"，在【最大值】文本框 中输入 "100.00mm"，在【最小值】文本框 中输入 "0.00mm"，在【配合选择】选项栏中选择【螺母】零件几何体的底面和【基体】零件几何体的背面，在【配合对齐】选项组中选择【反向对齐】选项 ，单击【确定】按钮 ，如图 8-113 所示。

Step 10 单击【装配体】工具栏中的【配合】按钮 ，在【高级配合】选项栏中选择【限制距离】选项 ，并在【距离】文本框中输入 "5.00mm"，在【最大值】文本框 中输入 "100.00mm"，在【最小值】文本框 中输入 "0.00mm"，在【配合选择】选项栏中选择【螺母】零件几何体的右侧面和【内六角螺钉】零件几何体的底面，在【配合对齐】选项组中选择【反向对齐】选项 ，单击【确定】按钮 ，如图 8-114 所示。

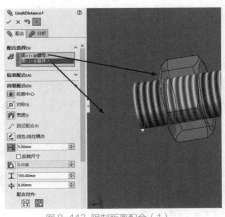
图 8-113 限制距离配合（1）

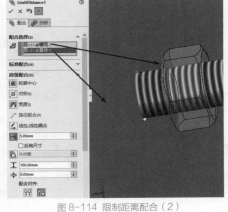
图 8-114 限制距离配合（2）

Step 11 至此，【螺母】零件几何体和【内六角螺钉】零件几何体构成了【螺旋】机械配合，且【螺母】零件不会旋转在【内六角螺钉】零件之外。

6. 装配直齿轮部分

操作步骤

Step 01 单击【装配体】工具栏中的【插入零部件】按钮 ，在系统自动打开的【打开】对话框中选择第十四个要插入的零件几何体【直齿轮 1】零件，单击【打开】按钮。

Step 02 在【SolidWorks 装配体】窗口中的合适位置单击，放置【直齿轮 1】零件，如图 8-115 所示。

Step 03 单击【装配体】工具栏中的【配合】按钮 ，在【标准配合】选项栏中选择【重合】选项 ，在【配合选择】选项栏中选择【直齿轮 1】零件几何体的表面和【基体】零件几何体的前表面，在【配合对齐】选项组中选择【反向对齐】选项 ，单击【确定】按钮 ，如图 8-116 所示。

Step 04 单击【装配体】工具栏中的【配合】按钮 ，在【标准配合】选项栏中选择【同轴心】选项 ，不要勾选【锁定旋转】复选框，在【配合选择】选项栏中选择【直齿轮 1】零件几何体的圆孔面和【基体】零件几何体前表面的左侧圆柱面，在【配合对齐】选项组中选择【正向对齐】选项 ，单击【确定】按钮 ，如图 8-117所示。

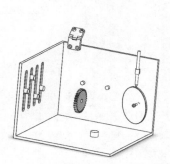
图 8-115 插入【直齿轮 1】零件

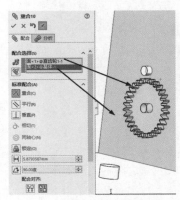
图 8-116 重合配合

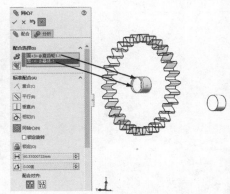
图 8-117 同轴心配合

Step 05 单击【装配体】工具栏中的【插入零部件】按钮 ，在系统自动打开的【打开】对话框中选择第十五个要插入的零件几何体【直齿轮 2】零件，单击【打开】按钮。

Step 06 在【SolidWorks 装配体】窗口中的合适位置单击，放置【直齿轮 2】零件，如图 8-118 所示。

Step 07 单击【装配体】工具栏中的【配合】按钮 🔗，在【标准配合】选项栏中选择【重合】选项 🎗，在【配合选择】选项栏中选择【直齿轮 2】零件几何体的表面和【基体】零件几何体的前表面，在【配合对齐】选项组中选择【反向对齐】选项 🎗，单击【确定】按钮 ✓，如图 8-119 所示。

Step 08 单击【装配体】工具栏中的【配合】按钮 🔗，在【标准配合】选项栏中选择【同轴心】选项 ◎，不要勾选【锁定旋转】复选框，在【配合选择】选项栏中选择【直齿轮 2】零件几何体的圆孔面和【基体】零件几何体前表面的右侧圆柱面，在【配合对齐】选项组中选择【正向对齐】选项 🎗，单击【确定】按钮 ✓，如图 8-120 所示。

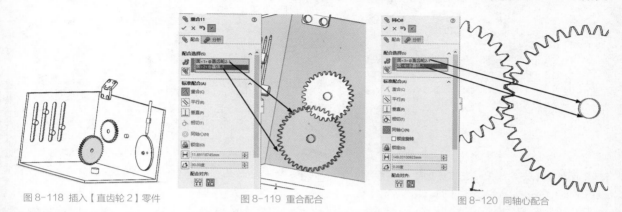

图 8-118 插入【直齿轮 2】零件　　图 8-119 重合配合　　图 8-120 同轴心配合

Step 09 单击【装配体】工具栏中的【配合】按钮 🔗，在【机械配合】选项栏中选择【齿轮】选项 ⚙，并在【比率】文本框中分别输入 "30mm" 和 "40mm"，在【配合选择】选项栏中选择【直齿轮 1】零件几何体的内圆柱面和【直齿轮 2】零件几何体的内圆柱面，如图 8-121 所示。

Step 10 至此，【齿轮 1】零件几何体和【齿轮 2】零件几何体构成了【齿轮】机械配合，转动其中一个零件，另一个零件将以齿轮配合方式进行转动，如图 8-122 所示。

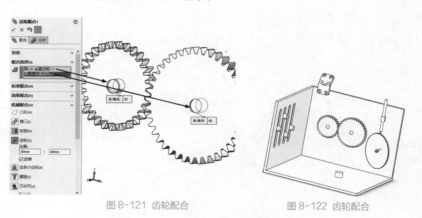

图 8-121 齿轮配合　　　　　　图 8-122 齿轮配合

7. 装配万向节部分
操作步骤

Step 01 单击【装配体】工具栏中的【插入零部件】按钮 🗂，在系统自动打开的【打开】对话框中选择第十六个要插入的零件几何体【万向节根】零件，单击【打开】按钮。

Step 02 在【SolidWorks 装配体】窗口中的合适位置单击，放置【万向节根】零件，如图 8-123 所示。

Step 03 单击【装配体】工具栏中的【配合】按钮 🔗，在【标准配合】选项栏中选择【重合】选项 🎗，在【配合选择】选项栏中选择【万向节根】零件几何体的下表面和【基体】零件几何体的上表面，在【配合对齐】选项组中选择【反向对齐】选项，单击【确定】按钮，如图 8-124 所示。

Step 04 单击【装配体】工具栏中的【配合】按钮，在【标准配合】选项栏中选择【同轴心】选项，勾选【锁定旋转】复选框，在【配合选择】选项栏中选择【万向节根】零件几何体的圆孔面和【基体】零件几何体上表面的圆柱面，在【配合对齐】选项组中选择【正向对齐】选项，单击【确定】按钮，如图 8-125 所示。

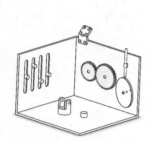

图 8-123 插入【万向节根】零件

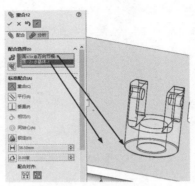

图 8-124 重合配合

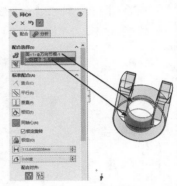

图 8-125 同轴心配合

Step 05 单击【装配体】工具栏中的【插入零部件】按钮，在系统自动打开的【打开】对话框中选择第十七个要插入的零件几何体【万向节】零件，单击【打开】按钮。

Step 06 在【SolidWorks 装配体】窗口中的合适位置单击，放置【万向节】零件，如图 8-126 所示。

Step 07 单击【装配体】工具栏中的【配合】按钮，在【标准配合】选项栏中选择【重合】选项，在【配合选择】选项栏中选择【万向节】零件几何体的左侧表面和【万向节根】零件几何体的左侧内壁，在【配合对齐】选项组中选择【反向对齐】选项，单击【确定】按钮，如图 8-127 所示。

Step 08 单击【装配体】工具栏中的【配合】按钮，在【标准配合】选项栏中选择【重合】选项，在【配合选择】选项栏中选择【万向节】零件几何体的左侧圆柱面和【万向节根】零件几何体的左侧圆孔面，在【配合对齐】选项组中选择【反向对齐】选项，单击【确定】按钮，如图 8-128 所示。

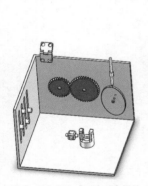

图 8-126 插入【万向节】零件

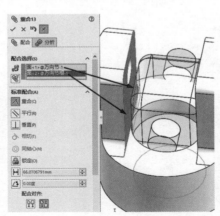

图 8-127 重合配合

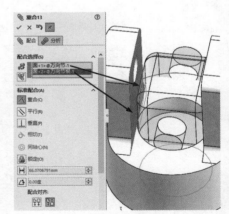

图 8-128 同轴心配合

Step 09 单击【装配体】工具栏中的【插入零部件】按钮，在系统自动打开的【打开】对话框中选择第十八个要插入的零件几何体【万向节根】零件，单击【打开】按钮。

Step 10 在【SolidWorks 装配体】窗口中的合适位置单击，放置【万向节根】零件，如图 8-129 所示。

Step 11 单击【装配体】工具栏中的【配合】按钮 🔧，在【标准配合】选项栏中选择【重合】选项 人，在【配合选择】选项栏中选择【万向节】零件几何体的前表面和【万向节根】零件几何体的前侧内壁，在【配合对齐】选项组中选择【反向对齐】选项 🔛，单击【确定】按钮 ✓，如图 8-130 所示。

Step 12 单击【装配体】工具栏中的【配合】按钮 🔧，在【标准配合】选项栏中选择【同轴心】选项 ◎，在【配合选择】选项栏中选择【万向节根】零件几何体的左侧孔面和【万向节】零件几何体的左侧圆柱面，在【配合对齐】选项组中选择【反向对齐】选项 🔛，单击【确定】按钮 ✓，如图 8-131 所示。

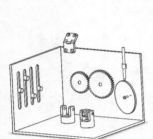

图 8-129 插入【万向节根】零件

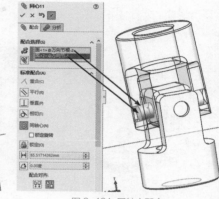

图 8-130 重合配合　　　　　　　　图 8-131 同轴心配合

Step 13 单击【装配体】工具栏中的【配合】按钮 🔧，在【机械配合】选项栏中选择【万向节】选项 🔩，在【配合选择】选项栏中选择两个【万向节根】零件几何体的外圆柱面，勾选【定义连接点】复选框，在【定义连接点】选项中选择【万向节根】零件几何体中的【点】特征（可以打开特征树快速选择【点】特征），单击【确定】按钮 ✓，如图 8-132 所示。

Step 14 至此，两个【万向节根】零件几何体构成了【万向节】机械配合，如图 8-133 和图 8-134 所示为两种配合状态。

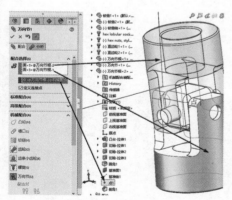
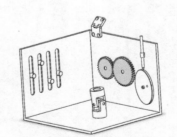
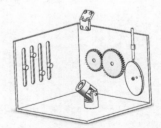

图 8-132 万向节配合　　　　图 8-133 【万向节】机械配合状态（1）　　图 8-134 【万向节】机械配合状态（2）

8. 装配齿条小齿轮部分

操作步骤

Step 01 单击【装配体】工具栏中的【插入零部件】按钮 📥，在系统自动打开的【打开】对话框中选择第十九个要插入的零件几何体【齿条】零件，单击【打开】按钮。

Step 02 在【SolidWorks 装配体】窗口中的合适位置单击，放置【齿条】零件，如图 8-135 所示。

Step 03 单击【装配体】工具栏中的【配合】按钮 ，在【标准配合】选项栏中选择【重合】选项 ，在【配合选择】选项栏中选择【齿条】零件几何体的底面和【基体】零件几何体的上表面，在【配合对齐】选项组中选择【反向对齐】选项 ，单击【确定】按钮 ，如图 8-136 所示。

Step 04 单击【装配体】工具栏中的【配合】按钮 ，在【标准配合】选项栏中选择【重合】选项 ，在【配合选择】选项栏中选择【齿条】零件几何体的后表面和【基体】零件几何体的前表面，在【配合对齐】选项组中选择【反向对齐】选项 ，单击【确定】按钮 ，如图 8-137 所示。

图 8-135 插入【齿条】零件

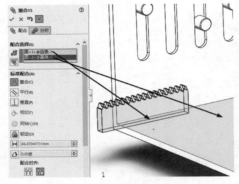

图 8-136 重合配合

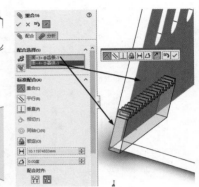

图 8-137 重合配合

Step 05 单击【装配体】工具栏中的【配合】按钮 ，在【标准配合】选项栏中选择【距离】选项 ，在【配合选择】选项栏中选择【齿条】零件几何体的左侧面和【基体】零件几何体的左侧面，在【距离】文本框中输入"200.00mm"，并勾选【反转尺寸】复选框，在【配合对齐】选项组中选择【正向对齐】选项 ，单击【确定】按钮 ，如图 8-138 所示。

Step 06 单击【装配体】工具栏中的【插入零部件】按钮 ，在系统自动打开的【打开】对话框中选择第二十个要插入的零件几何体【齿轮】零件，单击【打开】按钮。

Step 07 在【SolidWorks 装配体】窗口中的合适位置单击，放置【齿轮】零件，如图 8-139 所示。

Step 08 单击【装配体】工具栏中的【配合】按钮 ，在【标准配合】选项栏中选择【重合】选项 ，在【配合选择】选项栏中选择【齿轮】零件几何体的后表面和【基体】零件几何体的前表面，在【配合对齐】选项组中选择【反向对齐】选项 ，单击【确定】按钮 ，如图 8-140 所示。

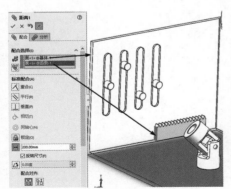

图 8-138 距离配合

图 8-139 插入【齿轮】零件

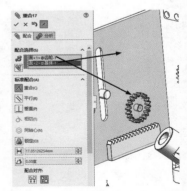

图 8-140 重合配合

Step 09 单击【装配体】工具栏中的【配合】按钮🖉，在【标准配合】选项栏中选择【距离】选项🔲，在【距离】文本框中输入"70.00mm"，在【配合选择】选项栏中选择【齿轮】零件几何体的新建参考点和【齿条】零件几何体的底边，单击【确定】按钮☑，如图 8-141 所示。

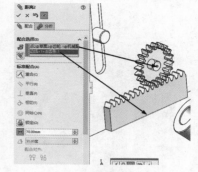

图 8-141 距离配合

Step 10 单击【装配体】工具栏中的【配合】按钮🖉，在【机械配合】选项栏中选择【齿条小齿轮】选项🔳，在【配合选择】选项栏中将【齿条】🖉设置为【齿条】零件几何体的下边线，将【小齿轮 / 齿轮】设置为【齿轮】零件几何体的分度圆，选中【小齿轮齿距直径】单选按钮，并在文本框中输入"60mm"，单击【确定】按钮☑，如图 8-142 所示。

Step 11 至此，【齿轮】零件几何体和【齿条】零件几何体构成了【齿条小齿轮】机械配合，如图 8-143 和图 8-144 所示为两种配合状态。

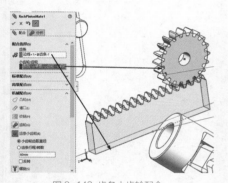

图 8-142 齿条小齿轮配合

图 8-143 【齿条小齿轮】机械配合状态（1）

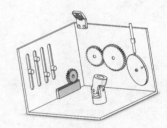

图 8-144 【齿条小齿轮】机械配合状态（2）

课后习题

一、选择题

下面哪个配合不是 SolidWorks 提供的配合关系？（　　　）

A. 间隙配合　　　　　　B. 距离配合　　　　　　C. 宽度配合　　　　　　D. 相切配合

二、案例习题

案例要求：将给定的素材组装成曲柄摇杆机构，如图 8-145 所示。

案例习题文件：课后习题 / 第 08 章 /8.sldasm

视频教学：录屏 / 第 08 章 /8.mp4

习题要点：

（1）使用【插入零部件】命令。

（2）使用【重合】配合。

（3）使用【同心】配合。

图 8-145 曲柄摇杆机构

Chapter

09

工程图设计

工程图设计是 SolidWorks 三大基本功能之一。在 SolidWorks 中三维模型可以自动生成各种剖面视图，并能添加公差、形位公差等各种注释，使得完成工程图的绘制变成一件非常简单的事。

SOLIDWORKS

学习要点

- 投影视图
- 剖面视图
- 标准三视图
- 断裂视图
- 交替位置视图

- 辅助视图
- 局部视图
- 断开的剖视图
- 剪裁视图

技能目标

- 掌握生成投影视图的方法
- 掌握生成辅助视图的方法
- 掌握生成剖面视图的方法
- 掌握生成局部视图的方法
- 掌握生成标准三视图的方法
- 掌握生成断开的剖视图的方法
- 掌握生成断裂视图的方法
- 掌握生成剪裁视图的方法
- 掌握生成交替位置视图的方法

9.1 投影视图

通过投影视图可以将现有的视图自动投影生成新的视图。

单击【工程图】工具栏中的【投影视图】按钮 ，打开【投影视图】属性管理器，如图9-1所示。

课堂案例 **在给定的视图基础上生成投影视图**

实例素材	课堂案例 / 第 09 章 /9.1
视频教学	录屏 / 第 09 章 /9.1
案例要点	掌握生成投影视图的方法

扫码观看视频

图9-1 【投影视图】属性管理器

操作步骤

Step 01 打开实例素材文件，如图 9-2 所示。

Step 02 单击【工程图】工具栏中的【投影视图】按钮 ，或者选择【插入】|【工程视图】|【投影视图】命令，打开【投影视图】属性管理器。如果工程图中只有一个视图，那么默认为选择该视图；如果工程图中有多个视图，那么必须单击选择要投影的视图。在【投影视图】属性管理器中的【显示样式】选项栏中勾选【使用父关系样式】复选框，并单击【消除隐藏线】按钮 ，在【比例】选项栏中选中【使用父关系比例】单选按钮，在【尺寸类型】选项栏中选中【投影】单选按钮，如图9-3所示。

Step 03 在视图的右侧和下侧分别放置左视图和俯视图，生成【投影视图】的工程图如图 9-4 所示。

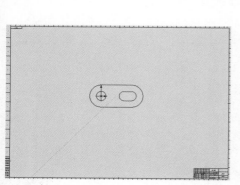

图9-2 打开工程图文件

图9-3 设置完成的【投影视图】属性管理器

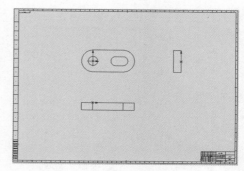

图9-4 生成【投影视图】的工程图

9.2 辅助视图

辅助视图经常用于生成正视于倾斜表面的视图。
单击【工程图】工具栏中的【辅助视图】按钮 ✛，打开【辅助视图】属性管理器，如图9-5所示。

课堂案例 在给定的视图基础上生成辅助视图

实例素材	课堂案例 / 第 09 章 /9.2
视频教学	录屏 / 第 09 章 /9.2
案例要点	掌握生成辅助视图的方法

操作步骤

Step 01 打开实例素材文件，如图 9-6 所示。

Step 02 单击【工程图】工具栏中的【辅助视图】按钮 ✛，或者选择【插入】|【工程视图】|【辅助视图】命令，打开【辅助视图】属性管理器，单击工程图中视图右上角的斜边线，在该属性管理器中勾选【箭头】复选框，并在【标号】文字文本框 中输入 "A"，在【显示样式】选项栏中勾选【使用父关系样式】复选框，单击【消除隐藏线】按钮 ，在【比例】选项栏中选中【使用父关系比例】单选按钮，在【尺寸类型】选项栏中选中【投影】单选按钮，如图 9-7 所示。

Step 03 在视图的左下角放置辅助视图，生成【辅助视图】的工程图，如图 9-8 所示。

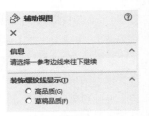

图 9-5 【辅助视图】属性管理器

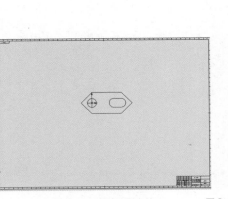

图 9-6 打开工程图文件

图 9-7 【辅助视图】属性管理器设置

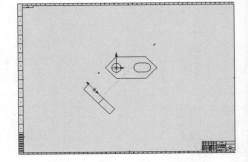

图 9-8 生成【辅助视图】的工程图

9.3 剖面视图

通过剖面视图可以按照直线或折线段来生成模型的剖切面图。

单击【工程图】工具栏中的【剖面视图】按钮，打开【剖面视图】属性管理器，如图9-9所示。

课堂案例 在给定的视图基础上生成剖面视图

实例素材	课堂案例 / 第 09 章 /9.3
视频教学	录屏 / 第 09 章 /9.3
案例要点	掌握生成剖面视图的方法

扫码观看视频

操作步骤

Step 01 打开实例素材文件，如图 9-10 所示。

Step 02 创建竖直剖面视图。单击【工程图】工具栏中的【剖面视图】按钮，或者选择【插入】|【工程视图】|【剖面视图】命令，在打开的【剖面视图辅助】属性管理器中，在【切割线】选项栏中单击【竖直】按钮，单击图形中的圆心处（见图9-10），并在【剖面视图辅助】属性管理器中单击【确定】按钮，如图9-11所示。

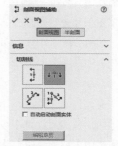

图9-9 【剖面视图】属性管理器

Step 03 在左侧打开的【剖面视图 A-A】属性管理器中，在【切割线】选项栏中的【标号】文本框中输入"A"，在【从此处输入注解】选项栏中勾选【（A）右视】复选框，在【显示样式】选项栏中勾选【使用父关系样式】复选框，单击【消除隐藏线】按钮，在【比例】选项栏中选中【使用父关系比例】单选按钮，单击【确定】按钮，完成设置，如图9-12所示。

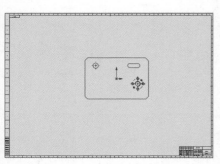

图 9-10 打开工程图文件

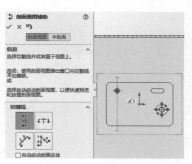

图 9-11 【剖面视图辅助】属性管理器

图 9-12 【剖面视图 A-A】属性管理器

Step 04 在视图左侧放置剖面视图，生成【剖面视图】的工程图，如图9-13所示。

Step 05 创建辅助视图剖视图。单击【工程图】工具栏中的【剖面视图】按钮，或者选择【插入】|【工程视图】|【剖面视图】命令，在打开的【剖面视图辅助】属性管理器中，在【切割线】选项栏中单击【辅助视图】按钮，单击图形中的圆心处（见图9-13），再单击右上角的销孔圆心处，并在【剖面视图辅助】属性管理器中单击【确定】按钮，如图9-14所示。

Step 06 在左侧打开的【剖面视图 B-B】属性管理器中，在【切除线】选项栏中的 ⚬【标号】文本框中输入"B"，在【显示样式】选项栏中勾选【使用父关系样式】复选框，单击【消除隐藏线】按钮 🔲，在【比例】选项栏中选中【使用父关系比例】单选按钮，在【尺寸类型】选项栏中选中【投影】单选按钮，在【装饰螺纹线显示】选项栏中选中【草稿品质】单选按钮，如图 9-15 所示。

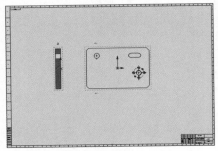
图 9-13 生成【剖面视图】的工程图

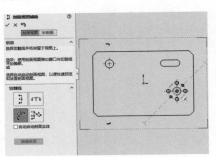
图 9-14 【剖面视图辅助】属性管理器

图 9-15 【剖面视图 B-B】
属性管理器

Step 07 在视图的右下角放置剖面视图，生成【剖面视图】的工程图，如图 9-16 所示。

Step 08 创建对齐剖视图。单击【工程图】工具栏中的【剖面视图】按钮 ⇅，或者选择【插入】|【工程视图】|【剖面视图】命令，在打开的【剖面视图辅助】属性管理器中，在【切割线】选项栏中单击【对齐】按钮 🔳，单击图形中的圆心处（见图 9-16），以及中心圆上侧的螺纹孔中心处，再单击左下角的销孔圆心处，并在【剖面视图辅助】属性管理器中单击【确定】按钮 ✓，如图 9-17 所示。

Step 09 在左侧打开的【剖面视图 C-C】属性管理器中，在【切除线】选项栏中的【标号】文本框 ⚬ 中输入"C"，在【显示样式】选项栏中勾选【使用父关系样式】复选框，单击【消除隐藏线】按钮 🔲，在【比例】选项栏中选中【使用父关系比例】单选按钮，在【尺寸类型】选项栏中选中【投影】单选按钮，在【装饰螺纹线显示】选项栏中选中【草稿品质】单选按钮，如图 9-18 所示。

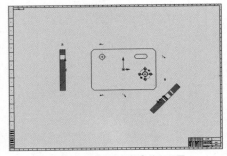
图 9-16 生成【剖面视图】的工程图

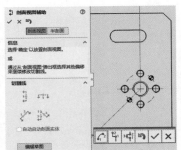
图 9-17 【剖面视图辅助】属性管理器 　图 9-18 【剖面视图 C-C】属性管理器

Step 10 在视图的右侧放置剖面视图，生成【剖面视图】的工程图，如图 9-19 所示。

Step 11 创建半剖面顶部左侧剖视图。单击【工程图】工具栏中的【剖面视图】按钮 ⇅，或者选择【插入】|【工程视图】|【剖面视图】命令，在打开的【剖面视图辅助】属性管理器中选择【半剖面】选项，在【半剖面】选项栏中单击【顶部左侧】按钮 🔳，单击图形中的圆心处（见图 9-19），设置完成后如图 9-20 所示。

Step 12 在左侧打开的【剖面视图 D-D】属性管理器中，在【切除线】选项栏中的【标号】文本框 ⚬ 中输入"D"，在【显示样式】选项栏

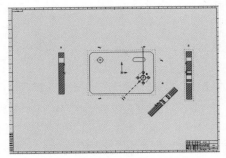
图 9-19 生成【剖面视图】的工程图

中勾选【使用父关系样式】复选框，单击【消除隐藏线】按钮，在【比例】选项栏中选中【使用父关系比例】单选按钮，在【尺寸类型】选项栏中选中【投影】单选按钮，在【装饰螺纹线显示】选项栏中选中【草稿品质】单选按钮，如图 9-21 所示。

Step 13 在视图的左侧放置半剖面视图，生成【剖面视图】的工程图，如图 9-22 所示。

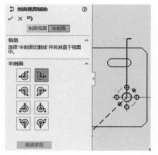
图 9-20 【剖面视图辅助】属性管理器

图 9-21 【剖面视图 D-D】属性管理器

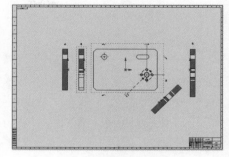
图 9-22 生成【剖面视图】的工程图

9.4 移除的剖面

通过移除的剖面可以生成加强筋的剖面视图。

单击【工程图】工具栏中的【移除的剖面】按钮，打开【移除的剖面】属性管理器，如图 9-23 所示。

课堂案例　在给定的视图基础上生成移除的剖面视图

实例素材	课堂案例 / 第 09 章 /9.4
视频教学	录屏 / 第 09 章 /9.4
案例要点	掌握生成移除的剖面视图的方法

扫码观看视频

图 9-23 【移除的剖面】属性管理器

操作步骤

Step 01 打开实例素材文件，如图 9-24 所示。

Step 02 单击【工程图】工具栏中的【移除的剖面】按钮，或者选择【插入】|【工程视图】|【移除的剖面】命令，在打开的【移除的剖面】属性管理器中，在【相对的几何体】选项栏中将【边线】设置为工程图中图形最右侧的曲边，将【相对的边】设置为工程图中图形最左侧的曲边，在【切割线放置】选项栏中选中【自动】单选按钮，在看到水平的标识时单击，如图 9-25 所示。

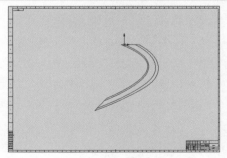
图 9-24 打开工程图文件

Step 03 在左侧打开的【移除的剖面 1】属性管理器中，勾选【曲面实体】复选框，在【显示样式】选项栏中勾选【使用父关系样式】复选框，单击【消除隐藏线】按钮，在【比例】选项栏中选中【使用父关系比例】单选按钮，在【尺寸类型】选项栏中选中【投影】单选按钮，在【装饰螺纹线显示】选项栏中选中【草稿品质】单选按钮，如图 9-26 所示。

Step 04 在视图的右侧放置移除的剖面，生成【移除的剖面】的工程图，如图 9-27 所示。

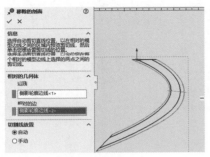

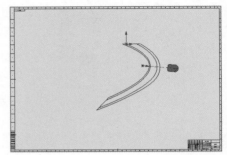

图 9-25 【移除的剖面】属性管理器　　　图 9-26 【移除的剖面 1】属性管理器　　　图 9-27 生成【移除的剖面】的工程图

9.5 局部视图

通过局部视图可以生成视图中某一区域的放大视图。

单击【工程图】工具栏中的【局部视图】按钮 🔍，打开【局部视图】属性管理器，如图 9-28 所示。

课堂案例 在给定的视图基础上生成局部视图

实例素材	课堂案例 / 第 09 章 /9.5
视频教学	录屏 / 第 09 章 /9.5
案例要点	掌握生成局部视图的方法

扫码观看视频

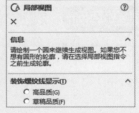

图 9-28 【局部视图】属性管理器

操作步骤

Step 01 打开实例素材文件，如图 9-29 所示。

Step 02 单击【工程图】工具栏中的【局部视图】按钮 🔍，或者选择【插入】|【工程视图】|【局部视图】命令，打开【局部视图】属性管理器，在主视图左侧圆心处绘制一个圆，如图 9-30 所示。

Step 03 在左侧打开的【局部视图 I】属性管理器中，在【局部视图图标】选项栏中将【样式】设置为【依照标准】 🔍，选中【圆】单选按钮，在【标号】文本框 🔍 中输入 "I"，勾选【文件字体】复选框，在【局部视图】选项栏中勾选【钉住位置】复选框，在【显示样式】选项栏中勾选【使用父关系样式】复选框，单击【消除隐藏线】按钮 🔲，在【比

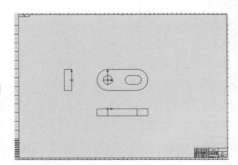

图 9-29 打开工程图文件

例】选项栏中选中【使用自定义比例】单选按钮，在文本框中输入"4:1"，在【尺寸类型】选项栏中选中【投影】单选按钮，在【装饰螺纹线显示】选项栏中选中【草稿品质】单选按钮，如图 9-31 所示。

Step 04 在视图的右侧放置局部视图，生成【局部视图】的工程图，如图 9-32 所示。

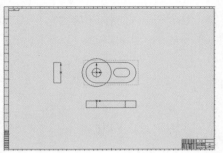

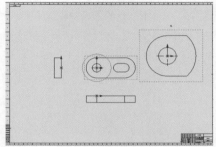

图 9-30 绘制圆　　　　　　　　图 9-31 【局部视图 I】属性管理器　　　　　　图 9-32 生成【局部视图】的工程图

9.6 相对于模型

相对于模型用于生成用户自定义视图方向的视图，例如用户可以指定前视方向和右视方向。单击【工程图】工具栏中的【相对视图】按钮，打开【相对视图】属性管理器，如图 9-33 所示。

课堂案例　将给定的三维模型生成相对于模型视图

实例素材	课堂案例 / 第 09 章 /9.6
视频教学	录屏 / 第 09 章 /9.6
案例要点	掌握生成相对于模型视图的方法

扫码观看视频

图 9-33 【相对视图】属性管理器

操作步骤

Step 01 打开一个带有模型的三维模型文件，如图 9-34 所示。

Step 02 打开一个空白的工程图文件，如图 9-35 所示。

Step 03 单击【工程图】工具栏中的【相对视图】按钮，或者选择【插入】|【工程视图】|【相对于模型】命令，在工程图中单击鼠标右键，在弹出的快捷菜单中选择【从文件中插入】命令，如图 9-36 所示。

Step 04 在打开的【打开】对话框中，选择刚刚打开过的三维模型文件，单击【打开】按钮，如图 9-37 所示。

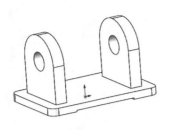

图 9-34 打开三维模型文件

图 9-35 打开工程图文件

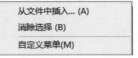

从文件中插入... (A)

消除选择 (B)

自定义菜单(M)

图 9-36 快捷菜单

Step 05 在左侧打开的【相对视图】属性管理器中，在【方向】选项栏中将【第一方向】设置为【前视】，并在三维模型中选择模型前侧的面，将【第二方向】设置为【右视】，并在三维模型中选择模型右侧的面，单击【确定】按钮 ✔，如图 9-38 所示。

Step 06 在工程图图纸上放置工程图，生成【相对于模型】的工程图，如图 9-39 所示。

图 9-37 【打开】对话框

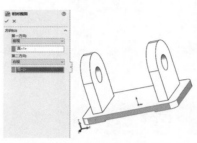

图 9-38 【相对视图】属性管理器

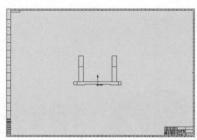

图 9-39 生成【相对于模型】的工程图

9.7 标准三视图

通过标准三视图可以自动生成主视图、左视图和俯视图。

单击【工程图】工具栏中的【标准三视图】按钮，打开【标准三视图】属性管理器，如图 9-40 所示。

课堂案例 将给定的三维模型生成标准三视图

实例素材	课堂案例 / 第 09 章 /9.7
视频教学	录屏 / 第 09 章 /9.7
案例要点	掌握生成标准三视图的方法

扫码观看视频

操作步骤

Step 01 打开一个带有模型的三维模型文件，如图 9-41 所示。

Step 02 打开一个空白的工程图文件，如图 9-42 所示。

图 9-40 【标准三视图】属性管理器

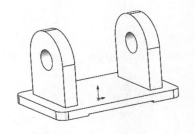

图 9-41 打开三维模型文件

图 9-42 打开工程图文件

Step 03 单击【工程图】工具栏中的【标准三视图】按钮 ，或者选择【插入】|【工程视图】|【标准三视图】命令 ，在打开的【标准三视图】属性管理器中单击【浏览】按钮，如图 9-43 所示。

Step 04 在打开的【打开】对话框中，选择刚刚打开过的三维模型文件，单击【打开】按钮，如图 9-44 所示。

Step 05 生成【标准三视图】的工程图，如图 9-45 所示。

图 9-43 【标准三视图】
属性管理器

图 9-44 【打开】对话框

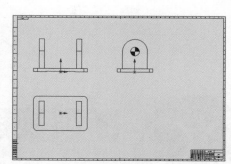

图 9-45 生成【标准三视图】的工程图

断开的剖视图

通过断开的剖视图可以将模型某个位置按照一定的剖切深度显示剖面视图。

单击【工程图】工具栏中的【断开的剖视图】按钮 ，打开【断开的剖视图】属性管理器，如图 9-46 所示。

课堂案例 在给定的视图基础上生成断开的剖视图

实例素材	课堂案例 / 第 09 章 /9.8
视频教学	录屏 / 第 09 章 /9.8
案例要点	掌握生成断开的剖视图的方法

扫码观看视频

图 9-46 【断开的剖视图】属性管理器

操作步骤

Step 01 打开实例素材文件，如图 9-47 所示。

Step 02 单击【工程图】工具栏中的【断开的剖视图】按钮，或者选择【插入】|【工程视图】|【断开的剖视图】命令，在俯视图中绘制一条封闭的样条曲线，如图 9-48 所示。

Step 03 在左侧打开的【断开的剖视图】属性管理器中，在【深度】选项栏中选择主视图的圆，单击【确定】按钮 ✓，如图 9-49 所示。

Step 04 生成【断开的剖视图】的工程图，如图 9-50 所示。

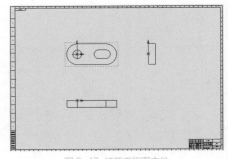

图 9-47 打开工程图文件

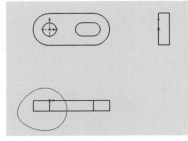

图 9-48 绘制样条曲线

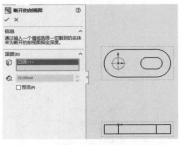

图 9-49 【断开的剖视图】属性管理器

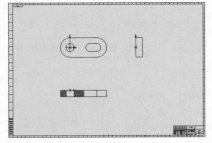

图 9-50 生成【断开的剖视图】的工程图

9.9 断裂视图

通过断裂视图可以隐藏细长零件的中间部分，从而生成比例适中的视图。

单击【工程图】工具栏中的【断裂视图】按钮，打开【断裂视图】属性管理器，如图 9-51 所示。

实例素材	课堂案例 / 第 09 章 /9.9
视频教学	录屏 / 第 09 章 /9.9
案例要点	掌握生成断裂视图的方法

扫码观看视频

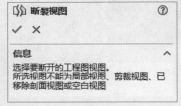

图 9-51 【断裂视图】属性管理器

操作步骤

Step 01 打开实例素材文件，如图 9-52 所示。

Step 02 添加【直线切断】的【断裂视图】。单击【工程图】工具栏中的【断裂视图】按钮，或者选择【插入】|【工程视图】|【断裂视图】命令，选择上面第一个视图（断裂视图），在打开的【断裂视图】属性管理器中的【切除方向】选项组中选择【添加竖直切断线】选项，在【缝隙大小】文本框中输入"10mm"，在【折断线样式】选项组中选择【直线切断】选项，勾选【断开草图块】复选框，如图 9-53 所示。

Step 03 在视图的左、右两处单击，单击【确定】按钮✓，完成【直线切断】的【断裂视图】特征的设置，效果如图 9-54 所示。

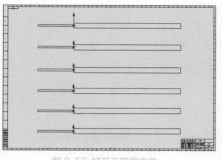

图 9-52 打开工程图文件

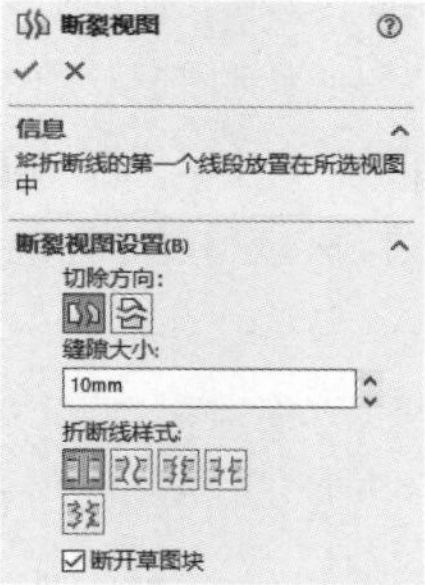

图 9-53 【断裂视图】属性管理器

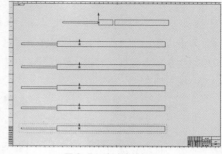

图 9-54 完成直线切断

Step 04 添加【曲线切断】的【断裂视图】。单击【工程图】工具栏中的【断裂视图】按钮⟮⟯，或者选择【插入】|【工程视图】|【断裂视图】命令，选择上面第二个视图（断裂视图），在打开的【断裂视图】属性管理器中的【切除方向】选项组中选择【添加竖直切断线】选项⟮⟯，在【缝隙大小】文本框中输入"10mm"，在【折断线样式】选项组中选择【曲线切断】选项⟮⟯，勾选【断开草图块】复选框，如图 9-55 所示。

图 9-55 【断裂视图】属性管理器

Step 05 在视图的左、右两处单击，单击【确定】按钮✓，完成【曲线切断】的【断裂视图】特征的设置，效果如图 9-56 所示。

Step 06 添加【锯齿线切断】的【断裂视图】。单击【工程图】工具栏中的【断裂视图】按钮⟮⟯，或者选择【插入】|【工程视图】|【断裂视图】命令，选择上面第三个视图（断裂视图），在打开的【断裂视图】属性管理器中的【切除方向】选项组中选择【添加竖直切断线】选项⟮⟯，在【缝隙大小】文本框中输入"10mm"，在【折断线样式】选项组中选择【锯齿线切断】选项⟮⟯，勾选【断开草图块】复选框，如图 9-57 所示。

Step 07 在视图的左、右两处单击，单击【确定】按钮✓，完成【锯齿线切断】的【断裂视图】特征的设置，效果如图 9-58 所示。

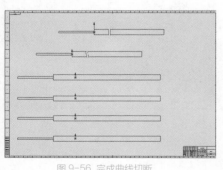

图 9-56 完成曲线切断

图 9-57 【断裂视图】属性管理器

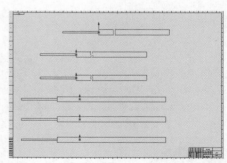

图 9-58 完成锯齿线切断

Step 08 添加【小锯齿线切断】的【断裂视图】。单击【工程图】工具栏中的【断裂视图】按钮⟮⟯，或者选择【插入】|【工程视图】|【断裂视图】命令，选择上面第四个视图（断裂视图），在打开的【断裂视图】属性管理器中的【切除方向】选项组中选择【添加竖直切断线】选项⟮⟯，在【缝隙大小】文本框中输入"10mm"，在【折断线样式】选项组中选择【小锯齿线切断】选项⟮⟯，勾选【断开草图块】复选框，如图 9-59 所示。

Step 09 在视图的左、右两处单击，单击【确定】按钮 ✔，完成【小锯齿线切断】的【断裂视图】特征的设置，效果如图 9-60 所示。

Step 10 添加【锯齿状切除】的【断裂视图】。单击【工程图】工具栏中的【断裂视图】按钮 🔀，或者选择【插入】|【工程视图】|【断裂视图】命令，选择上面第五个视图（断裂视图），在打开的【断裂视图】属性管理器中的【切除方向】选项组中选择【添加竖直切断线】选项 🔀，在【缝隙大小】文本框中输入"10mm"，在【折断线样式】选项组中选择【锯齿状切除】选项 🔀，在【锯齿边线密度】选项中将划条划到最右侧，勾选【断开草图块】复选框，如图 9-61 所示。

图 9-59 【断裂视图】属性管理器

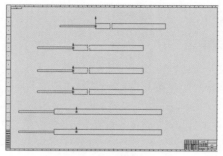
图 9-60 完成小锯齿线切断

图 9-61 【断裂视图】属性管理器

Step 11 在视图的左、右两处单击，单击【确定】按钮 ✔，完成【锯齿状切除】的【断裂视图】特征的设置，效果如图 9-62 所示。

Step 12 添加【水平折断线】的【断裂视图】。单击【工程图】工具栏中的【断裂视图】按钮 🔀，或者选择【插入】|【工程视图】|【断裂视图】命令，选择上面第六个视图（断裂视图），在打开的【断裂视图】属性管理器中的【切除方向】选项组中选择【添加水平切断线】选项 🔁，在【缝隙大小】文本框中输入"10mm"，在【折断线样式】选项组中选择【直线切断】选项 🔣，勾选【断开草图块】复选框，如图 9-63 所示。·

Step 13 在视图的上、下两处单击，单击【确定】按钮 ✔，完成【水平折断线】的【断裂视图】特征的设置，效果如图 9-64 所示。

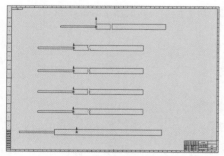
图 9-62 完成锯齿状切除

图 9-63 【断裂视图】属性管理器

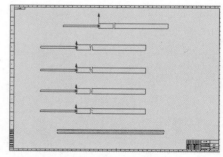
图 9-64 完成水平折断线

9.10 剪裁视图

通过剪裁视图可以只显示视图的一部分。

·单击【工程图】工具栏中的【剪裁视图】按钮 🔲，打开【剪裁视图】属性管理器，如图 9-65 所示。

在给定的视图基础上生成剪裁视图

实例素材	课堂案例 / 第 09 章 /9.10
视频教学	录屏 / 第 09 章 /9.10
案例要点	掌握生成剪裁视图的方法

扫码观看视频

> 剪裁视图
> ✕
>
> 信息
> 请在工程图视图中绘制一闭合草图轮廓以
> 生成剪裁视图。

图 9-65 【剪裁视图】属性管理器

操作步骤

Step 01 打开实例素材文件，如图 9-66 所示。

Step 02 单击【工程图】工具栏中的【剪裁视图】按钮，或者选择【插入】|【工程视图】|【剪裁视图】命令，并单击【草图】工具栏中的【样条曲线】按钮，进入草图绘制页面，在俯视图中绘制一个封闭图形，如图 9-67 所示。

Step 03 选中所绘制的封闭草图，再次单击【工程图】工具栏中的【剪裁视图】按钮，或者选择【插入】|【工程视图】|【剪裁视图】命令，即可完成【剪裁视图】特征的设置，效果如图 9-68 所示。

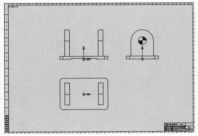

图 9-66 打开工程图文件

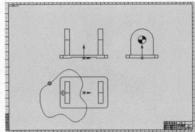

图 9-67 绘制封闭图形

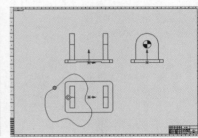

图 9-68 完成剪裁视图

交替位置视图

通过交替位置视图可以生成模型两个极限位置的视图，其中一个位置用虚线表示。

单击【工程图】工具栏中的【交替位置视图】按钮，打开【交替位置视图】属性管理器，如图 9-69 所示。

将给定的实体零件生成交替位置视图

实例素材	课堂案例 / 第 09 章 /9.11
视频教学	录屏 / 第 09 章 /9.11
案例要点	掌握生成交替位置视图的方法

扫码观看视频

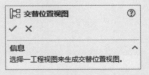

> 交替位置视图 ?
> ✓ ✕
>
> 信息
> 选择一工程视图来生成交替位置视图。

图 9-69 【交替位置视图】属性管理器

操作步骤

Step 01 打开实例素材文件，如图 9-70 所示。

Step 02 单击【工程图】工具栏中的【交替位置视图】按钮，或者选择【插入】|【工程视图】|【交替位置视图】命令，并单击选择工程图图纸上的视图，在左侧打开的【交替位置视图】属性管理器中选中【新配置】单选按钮，在【新配置】文本框中输入"AltPosition_默认_1"，单击【确定】按钮✔，如图9-71所示。

Step 03 系统打开该工程图的原始装配图和【移动零部件】属性管理器，在该属性管理器中的【移动】选项栏中选择【自由拖动】选项，在【选项】选项栏中选中【标准拖动】单选按钮，如图9-72所示。

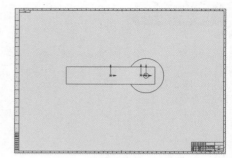

图9-70 打开工程图文件

Step 03 在工程图视图中拖动装配体的其中两个板零件，使其中一个板向上转动，另一个板向下转动，单击【移动零部件】属性管理器中的【确定】按钮✔，效果如图9-73所示。

Step 04 生成【交替位置视图】的工程图，如图9-74所示。

图9-71 【交替位置视图】属性管理器

图9-72 【移动零部件】属性管理器

图9-73 转动后的装配体

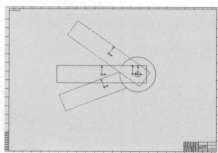

图9-74 生成【交替位置视图】的工程图

9.12 预定义的视图

通过预定义的视图可以按照预先定义的视图方向生成视图。

课堂案例 将给定的三维模型生成预定义的视图

实例素材	课堂案例 / 第 09 章 /9.12
视频教学	录屏 / 第 09 章 /9.12
案例要点	掌握生成预定义视图的方法

扫码观看视频

操作步骤

Step 01 打开一个带有模型的三维模型文件，如图9-75所示。

Step 02 打开一个空白的工程图文件，如图 9-76 所示。

Step 03 单击【工程图】工具栏中的【预定义的模型】按钮图，或者选择【插入】|【工程视图】|【预定义的模型】命令，在工程图图纸的中心放置预定义的视图，如图 9-77 所示。

Step 04 在左侧打开的【工程图视图】属性管理器中，在【方向】选项栏中将【标准视图】设置为【等轴测】，单击【确定】按钮✔，如图 9-78 所示。

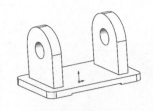

图 9-75 打开三维模型文件

Step 05 在预定义的视图中单击鼠标右键，在弹出的快捷菜单中选择【插入模型】命令，如图 9-79 所示。

图 9-76 打开工程图文件

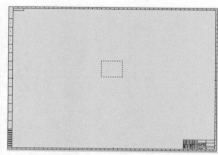

图 9-77 放置预定义的视图

图 9-78 【工程图视图】属性管理器

Step 06 在左侧打开的【插入模型】属性管理器中，在【要插入的零件／装配体】选项栏中，双击【打开文档】列表框中的【预定义视图】文件，如图 9-80 所示。

Step 07 生成【预定义视图】的工程图，如图 9-81 所示。

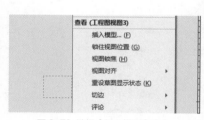

图 9-79 选择【插入模型】命令

图 9-80 【插入模型】属性管理器

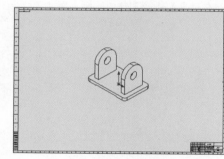

图 9-81 生成【预定义视图】的工程图

9.13 课堂习题1

课堂案例 建立装配体工程图

实例素材	课堂习题 / 第 09 章 /9.13
视频教学	录屏 / 第 09 章 /9.13
案例要点	掌握装配图的制作方法

扫码观看视频

建立装配体工程图，本案例最终效果如图 9-82 所示。

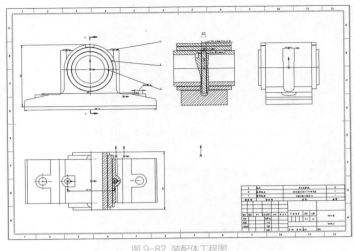

图 9-82 装配体工程图

1. 建立工程图前的准备工作

1）打开零件

启动中文版 SolidWorks，选择【文件】|【打开】命令，打开【轴承座.SLDASM】文件。

2）新建工程图纸

选择【文件】|【新建】命令，打开【新建 SolidWorks 文件】对话框，如图 9-83 所示，单击工程图，然后单击【确定】按钮，进入工程图绘制页面。将打开的【模型视图】对话框⊗关闭，然后在左侧的【图纸】□上单击鼠标右键，在弹出的快捷菜单中选择【属性】命令，打开【图纸属性】对话框，如图 9-84 所示，在本例中选取国标 A2 图纸格式，单击【应用更改】按钮。

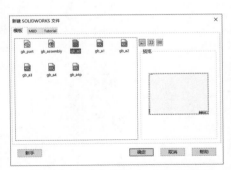

图 9-83 【新建 SolidWorks 文件】对话框

图 9-84 【图纸属性】对话框

3）设置绘图标准

Step 01 单击【工具】|【选项】按钮，打开【系统选项】对话框，如图 9-85 所示，单击【文档属性】选项卡。

Step 02 将总绘图标准设置为 GB（国标），单击【确定】按钮，完成设置，如图 9-86 所示。

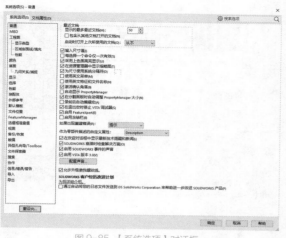

图 9-85 【系统选项】对话框   图 9-86 设置文档属性

2. 插入视图

插入俯视图的操作步骤如下：

Step 01 单击上方工具栏中的工程图，选择【模型视图】🔳｜【浏览】选项，打开【模型视图】属性管理器，如图 9-87 所示，单击【浏览】按钮。

Step 02 在【打开】对话框中选择【轴承座】选项，将【文件类型】设置为【装配体】，单击【打开】按钮，如图 9-88 所示。

Step 03 打开【工程图视图】属性管理器，在【比例】选项栏中选中【使用自定义比例（C）】单选按钮，然后在下拉列表中选择 1:1 的比例，如图 9-89 所示。

Step 04 在【模型视图】属性管理器中的【方向】选项栏中选择主视图，如图 9-90 所示。

图 9-87 【模型视图】
属性管理器

图 9-88 【打开】对话框

图 9-89 选择图形比例

图 9-90 选择主视图

Step 05 向右移动鼠标光标，会在图纸上显示预览效果图，单击，即可将主视图放置在图纸的左上方，如图 9-91 所示。

Step 06 向下移动鼠标光标，会在图纸上显示预览效果图，单击，即可将俯视图放置在图纸的左下方，如图 9-92 所示。

Step 07 往右移动鼠标光标，会出现与之对应的右视图，单击确定，如图 9- 93 所示。

Step 08 单击【投影视图】属性管理器中的【确定】按钮 ✓，如图 9- 94 所示，即可完成视图的插入。

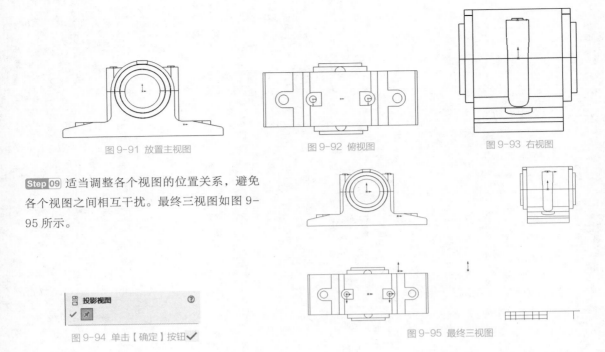

图 9-91 放置主视图   图 9-92 俯视图   图 9-93 右视图

Step 09 适当调整各个视图的位置关系，避免各个视图之间相互干扰。最终三视图如图 9-95 所示。

图 9-94 单击【确定】按钮 ✓

图 9-95 最终三视图

3. 绘制剖视图

1）绘制俯视图的剖视图

Step 01 单击【CommandManage】工具栏中的【视图布局】按钮，单击【剖面视图】按钮 ⇅，打开【剖面视图辅助】属性管理器，如图 9-96 所示。

Step 02 在【剖面视图辅助】属性管理器中的【切割线】选项栏中选择【竖直】选项 ⫱，此时光标变成了 ✎，在主视图正中间绘制一条直线，视图将由此线剖开，如图 9-97 所示，单击【确定】按钮 ✓。

Step 03 打开【剖面视图】属性管理器，如图 9-98 所示。勾选【自动打剖面线】和【反转方向】复选框，单击【确定】按钮，如图 9-99 所示。

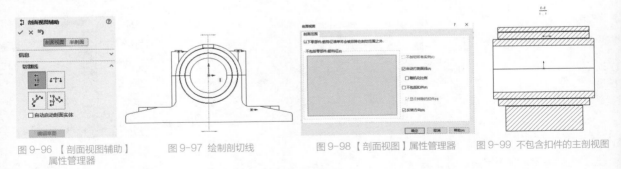

图 9-96 【剖面视图辅助】属性管理器   图 9-97 绘制剖切线   图 9-98 【剖面视图】属性管理器   图 9-99 不包含扣件的主剖视图

Step 04 选择合适的位置放置视图，如图 9-100 所示，然后单击【确定】按钮 ✓。

2）绘制主视图的半剖视图

Step 01 单击【CommandManage】工具栏中的【草图】按钮，单击【中心矩形】按钮 ▣·，然后在打开的【矩形】属性管理器中的【矩形类型】选项栏中选择如图 9-101 所示的矩形，接着开始绘制剖面视图的边线，如图 9-102 所示，单击【确定】按钮 ✓。

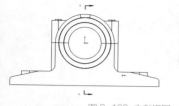

图 9-100 主剖视图

图 9-101 选择矩形

图 9-102 绘图剖面视图的边线

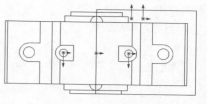

Step 02 选中第一步绘制的矩形，单击【CommandManage】工具栏中的【视图布局】按钮，单击【断开的剖视图】按钮，打开【剖面视图】对话框，如图 9-103 所示。

Step 03 勾选【自动打剖面线】复选框，单击【确定】按钮，打开【断开的剖视图】属性管理器，如图 9-104 所示。

Step 04 将【深度】设置为"30.00mm"，即丝杆到所需剖切的距离为 30.00mm，如图 9-105 所示。

Step 05 勾选【预览】和【自动加剖面线】复选框，预览效果如图 9-106 所示，单击【确定】按钮 ✔，完成主剖视图的设置，调整剖视图标注位置，如图 9-107 所示。

图 9-103 【剖面视图】对话框

图 9-104 【断开的剖视图】
属性管理器

图 9-105 输入剖切深度

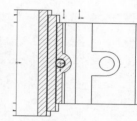

图 9-106 预览效果

3）绘制断开的剖视图

Step 01 单击主剖视图，打开【工程图视图】属性管理器，如图 9-108 所示。

Step 02 在【显示样式】选项栏中，将【消除隐藏线】改为【隐藏线可见】，单击【继续】按钮 ✔，如图 9-109 所示。

Step 03 单击【CommandManage】工具栏中的【草图】选项，单击【样条曲线】按钮 ∿ ，绘制剖面视图的边线，如图 9-110 所示。

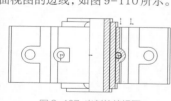

图 9-107 半剖的俯视图

图 9-108 【工程图视图】
属性管理器

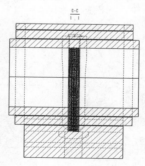

图 9-109 隐藏线可见

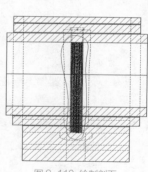

图 9-110 绘制剖面
视图的边线

Step 04 选中上一步绘制的样条曲线，单击【CommandManage】工具栏中的【视图布局】按钮，单击【断开的剖视图】按钮，打开【剖面视图】属性管理器，如图 9-111 所示。

Step 05 勾选【自动打剖面线】复选框，单击【确定】按钮，打开【断开的剖视图】属性管理器，如图 9-112 所示。

Step 06 在【断开的剖视图】属性管理器中，将【深度参考】设置为螺纹左侧的轮廓边线，不勾选【预览】复选框，效果如图 9-113 所示。

Step 07 单击按钮 ✓，单击主视图，在【显示样式】选项栏中，将【隐藏线可见】⑦ 改为生成【消除隐藏线】⑩。单击按钮 ✓，生成的剖切图如图 9-114 所示。

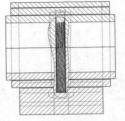

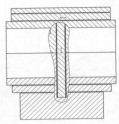

图 9-111 【剖面视图】属性管理器　　图 9-112 【断开的剖视图】
属性管理器

图 9-113 剖切区域显示　　　　图 9-114 剖切图

4. 标注尺寸

1）标注中心符号线

Step 01 单击【注解】工具栏中的【中心符号线】按钮 ⊕，打开【中心符号线】属性管理器，如图 9-115 所示，在【手工插入选项】选项栏中选择【单一中心线符号】选项 ┼。

Step 02 单击所有圆的轮廓线，如图 9-116 所示。

Step 03 单击按钮 ✓，标注完成后如图 9-117 所示。

2）手工为装配体标注简单尺寸

Step 01 单击【CommandManage】工具栏中的【注解】按钮，单击【智能尺寸】按钮 ✍。单击要标注的图线，像实体模型标注一样手工为工程图标注，如图 9-118 所示。

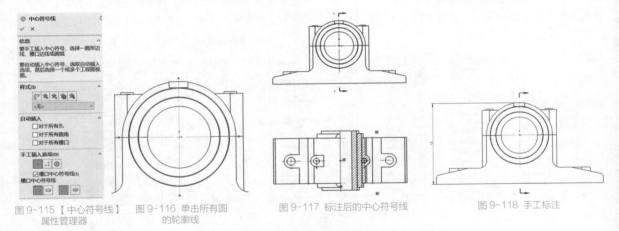

图 9-115 【中心符号线】　　图 9-116 单击所有圆　　图 9-117 标注后的中心符号线　　图 9-118 手工标注
属性管理器　　　　　　的轮廓线

Step 02 为装配图标注大概的几何尺寸，如图 9-119 和图 9-120 所示。

3）标注孔的尺寸

Step 01 选中主视图，在【显示样式】选项栏中，将【消除隐藏线】⑩ 改为【隐藏线可见】⑦，单击【注解】工具栏中的【智能尺寸】|【水平尺寸】按钮 ⊡，选择要标注的孔的两条边线，如图 9-121 所示。

Step 02 单击选择尺寸，在出现 ✖ 时将鼠标光标移动到该图标上，出现如图 9-122 所示的选项。

Step 03 在文字部分最前面添加内容为 "2×"，并选择【等距文字】选项 ✍，效果如图 9-123 所示。

图 9-119 标注尺寸的主视图

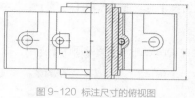

图 9-120 标注尺寸的俯视图

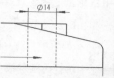

图 9-121 选择边线

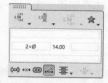

图 9-122 【标注尺寸文字】选项

Step 04 单击主视图，在【显示样式】选项栏中，将【隐藏线可见】⊡改为【消除隐藏线】⬚。

4）标注孔轴配合的尺寸

Step 01 单击【注解】工具栏中的【智能尺寸】按钮✎，打开【尺寸】属性管理器，然后选择两条边线，再单击选择尺寸，在出现✕时将鼠标光标移动到该图标上，出现【标注尺寸文字】选项，然后在尺寸前输入"2×"，并选择【添加括号】选项（∞），如图 9- 124 所示。

Step 02 在【标注尺寸文字】属性管理器中，可以看到【公差类型】选项 ，如图 9-125 所示。

Step 03 在【尺寸】属性管理器中，选择【公差／精度】|【公差类型】下拉列表中的"与公差套合"选项，在【孔套合】文本框 ⊚ 中输入"H6"，在【轴套合】文本框 ⊗ 中输入"f7"，单击【线形显示】按钮 H7/f6，编辑后的【公差类型】选项如图 9-126 所示。

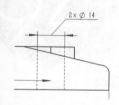

图 9-123 孔标注效果

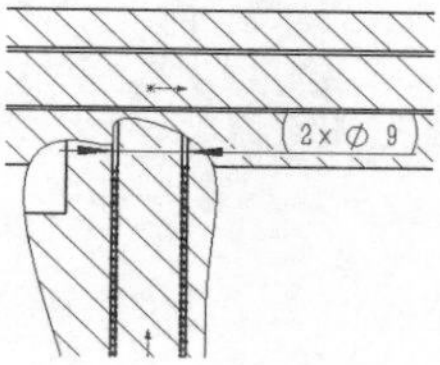

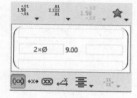

图 9-124 选择边线

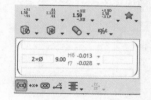

图 9-125 【公差类型】选项

图 9-126 编辑后的【公差类型】选项

Step 04 单击【确定】按钮✔，效果如图 9-127 所示。

其他的配合尺寸标注步骤与上述步骤类似，此处不再赘述。

5）半剖视图螺纹的标注

Step 01 选择主视图，在左侧打开的【工程图视图】属性管理器中，在【显示样式】选项框中选择【隐藏线可见】选项，如图 9-128 所示。

Step 02 单击【确定】按钮✔，然后单击【注解】工具栏中的【智能尺寸】|【水平尺寸】按钮⊟，单击螺纹线两侧的边线，如图 9-129 所示。

Step 03 选择【标注尺寸文字】选项栏下面的直径符号，将其改成"M"，并在 <DIM> 后输入"×1-5g6g-70-L（×2）"，如图 9-130 所示。

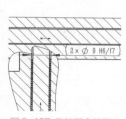

图 9-127 孔轴配合效果

图 9-128 选择【隐藏线可见】选项

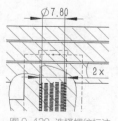

图 9-129 选择螺纹标注

图 9-130 输入螺纹符号

第 09 章 工程图设计 | 285

Step 04 将尺寸移动到图的右侧，效果如图 9-131 所示。

Step 05 将鼠标光标移动到尺寸标注左侧边的尺寸线上，再单击鼠标右键，在弹出的快捷菜单中选择【隐藏尺寸线】命令，如图 9-132 所示。

Step 06 选择主视图，然后在左侧打开的【工程图视图】属性管理器中，在【显示样式】选项栏中选择【消除隐藏线】选项 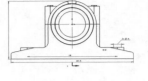，完成设置后的效果如图 9-133 所示。

Step 07 将其余类似地方进行标注，最终效果如图 9-134 所示，最后完成所有的尺寸标注。

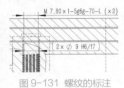
图 9-131 螺纹的标注

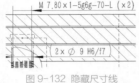
图 9-132 隐藏尺寸线

图 9-133 完成设置后的效果

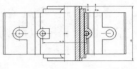
图 9-134 最终效果

5. 生成零件序号和零件表

1）生成零件序号

Step 01 单击【注解】工具栏中的【自动零件序号】按钮 ，打开【自动零件序号】属性管理器，如图 9-135 图所示。

Step 02 选择主视图，根据工程图的布局，单击【布置零件序号到右】按钮 。

Step 03 单击按钮 ✔，生成零件序号，如图 9-136 所示。

2）生成零件表

Step 01 单击【注解】工具栏中的【表格】按钮 ⊞，弹出下拉列表，如图 9-137 所示，选择【材料明细表】选项。

Step 02 打开【材料明细表】属性管理器，如图 9-138 所示。

Step 03 单击俯视图，打开【材料明细表】属性管理器，如图 9-139 所示。

图 9-135 【自动零件序号】
属性管理器

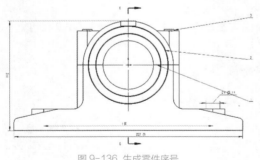

图 9-136 生成零件序号

图 9-137 选择【材料明细表】命令

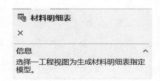
图 9-138 【材料明细表】
属性管理器（1）

Step 04 单击按钮 ✔，生成的零件表如图 9-140 所示。

Step 05 在说明栏下双击，打开如图 9-141 所示的对话框，单击【保持连接】按钮，然后依次输入说明内容。

Step 06 生成的表不在正确的位置，需要稍加改动，单击左侧的工程图设计树，即可出现如图 9-142 所示的界面，然后选择【图纸格式】|【材料明细表定位点 1】选项。

图 9-139 【材料明细表】属性管理器（2）

图 9-141 【SolidWorks】对话框

项目号	零件号	说明	数量
1	轴承底座		1
2	轴承端盖		1
3	螺钉		2

图 9-140 生成的零件表

图 9-142 选择【材料明细表定位点 1】选项

Step 07 将鼠标光标移动到材料明细表的左下角，出现如图 9-143 所示的界面，然后将其拖动到与之对应的位置，如图 9-144 所示。

Step 08 将鼠标光标移动到材料明细表的右下角，同样将其拖动到右下角对应的位置，如图 9-145 所示。

项目号	零件号	说明	数量
1	轴承底座	未标注倒角半径为4mm	1
2	轴承端盖	未注长度允许有±0.5mm的偏差	1
3	螺钉	除去毛刺飞边	2

图 9-143 出现相应的界面

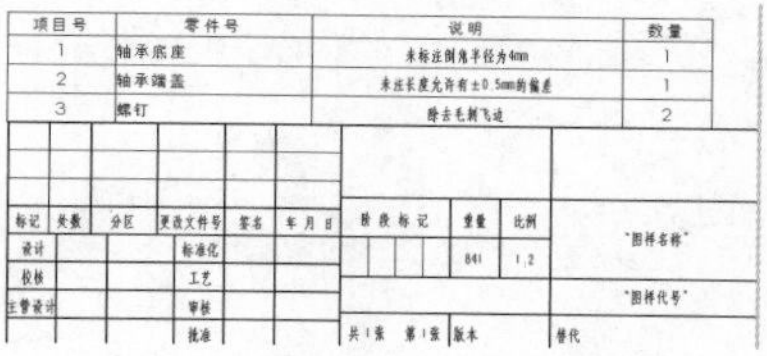

图 9-144 拖动到相应的位置

图 9-145 拖动到右下角对应的位置

Step 09 将鼠标光标移动到此表格任意位置，单击，弹出表格工具栏如图 9-146 所示。

Step 10 单击【表格标题在上】按钮 ⊞，即可出现如图 9-147 所示的表格，符合国标的排序。

Step 11 至此，工程图绘制完毕，如图 9-148 所示。

图 9-146 表格工具栏

3	螺钉	除去毛刺飞边	2
2	轴承端盖	未注长度允许有±0.5mm的偏差	1
1	轴承底座	未标注倒角半径为4mm	1
项目号	零件号	说明	数量

图 9-147 排序后的表格

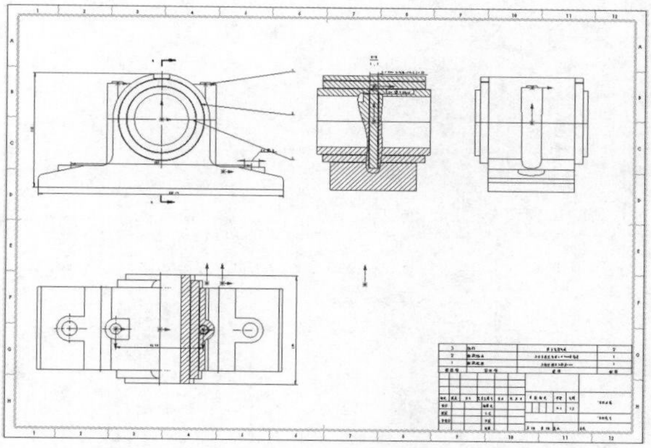

图 9-148 绘制完成的工程图

6. 保存文件

1）常规保存

单击工具栏中的【保存文件】按钮 圖。

2）保存 CAD 格式工程图

Step 01 选择【文件】|【另存为】命令，打开【另存为】对话框，如图 9-149 所示。

Step 02 将【保存类型】设置为【*.dwg】。

Step 03 单击【另存为】对话框中的【选项】按钮 选项…，如图 9-150 所示，打开【输出选项】对话框，如图 9-151 所示。

图 9-149 【另存为】对话框

图 9-150 单击【选项】按钮

图 9-151 【输出选项】对话框

Step 04 在该对话框中可以选择输出 R 2000-2002 的文件版本，对于线条样式，建议选择 AUTOCAD 样式。单击【确定】按钮后，单击【保存】按钮，即可存为 dwg 格式，至此完成轴承座工程图的绘制。

9.14 课堂习题2

课堂案例 建立零件的工程图

实例素材	课堂习题 / 第 09 章 /9.14
视频教学	录屏 / 第 09 章 /9.14
案例要点	掌握零件图的制作方法

建立零件的工程图，本案例最终效果如图 9-152 所示。

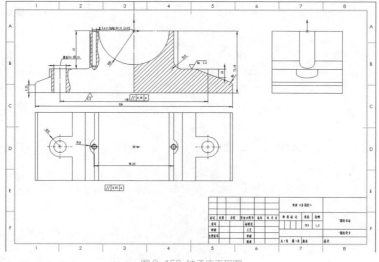
图 9-152 轴承座工程图

1. 建立工程图前的准备工作

1）新建工程图纸

选择【文件】|【新建】命令，打开【新建 SolidWorks 文件】对话框，如图 9-153 所示，单击工程图，然后单击【确定】按钮，进入工程图绘制页面。将打开的【模型视图】对话框 关闭，然后在左侧的【图纸】 上单击鼠标右键，在弹出的快捷菜单中选择【属性】命令，打开【图纸属性】对话框，如图 9-154 所示，在本例中选取国标 A3 图纸格式，单击【应用更改】按钮。

2）设置绘图标准

Step 01 单击【工具】|【选项】按钮，打开【文档属性】对话框，单击【文档属性】选项卡。

Step 02 将总绘图标准设置为 GB（国标），单击【确定】按钮，如图 9-155 所示。

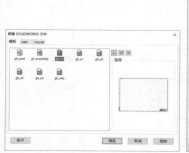

图 9-153 【新建 SolidWorks 文件】对话框　　　图 9-154 模板选取　　　图 9-155 【文档属性】对话框

2. 插入视图

插入俯视图的操作步骤如下：

Step 01 单击上方工具栏中的工程图，选择【模型视图】 |【浏览】选项，打开【模型视图】属性管理器，如图 9-156 所示，单击【浏览】按钮。

Step 02 在【打开】对话框中选择【轴承底座】选项，单击【打开】按钮，如图 9-157 所示。

Step 03 打开【模型视图】属性管理器，在【比例】选项栏中选中【使用自定义比例（C）】单选按钮，然后在下拉列表中选择【1:1】选项，如图 9-158 所示。

图 9-156 【模型视图】属性管理器　　　图 9-157 【打开】对话框　　　图 9-158 选择图形比例

Step 04 在【工程图视图】属性管理器中的【方向】选项栏中选择主视图，如图 9-159 所示。

Step 05 将鼠标光标向右移动，会在图纸上显示预览效果图，然后单击，即可将主视图放置在图纸的左上方，如图 9-160 所示。

Step 06 将鼠标光标向下移动，会在图纸上显示预览效果图，然后单击，即可将俯视图放置在图纸的左下方，如图 9-161 所示。

图 9-159 选择方向　　图 9-160 放置主视图

图 9-161 放置俯视图

Step 07 将鼠标光标往右移动，会出现与之对应的右视图，单击，确定，如图 9-162 所示。

Step 08 单击【投影视图】属性管理器中的按钮 ✓，如图 9-163 所示，即可完成视图的插入。

Step 09 适当调整各个视图的位置关系，避免各个视图之间相互干扰。最终三视图如图 9-164 所示。

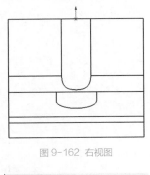

图 9-162 右视图

图 9-163 完成投影视图

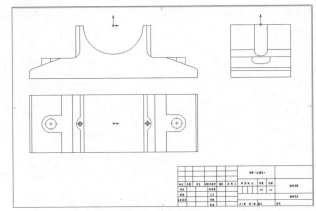

图 9-164 最终三视图

3. 绘制剖面图

1）绘制主视图的半剖视图

Step 01 单击【CommandManage】工具栏中的【草图】按钮，单击【中心矩形】按钮 ▣ ▾，然后在打开的【矩形】属性管理器中的【矩形类型】选项栏中选择如图 9-165 所示的矩形，开始绘制剖面视图的边线，如图 9-166 所示，单击【确定】按钮 ✓。

Step 02 选中上一步绘制的矩形，单击【CommandManage】工具栏中的【视图布局】按钮，单击【断开的剖视图】按钮 ▧，打开【断开的剖视图】属性管理器，如图 9-167 所示。

图 9-165 选择矩形

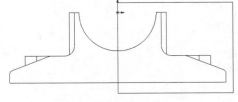

图 9-166 绘制剖面视图的边线

图 9-167 【断开的剖视图】属性管理器

Step 03 在【断开的剖视图】属性管理器中的【深度】文本框 🔧 中，输入丝杆到所需剖切的距离"20.00mm"。

Step 04 勾选【预览】复选框，出现如图 9-168 所示的界面，单击【确定】按钮 ✓，生成半剖的主视图，调整剖视图标注位置，如图 9-169 所示。

2）绘制断开的剖视图

Step 01 单击主剖视图，打开【工程图视图】属性管理器，如图 9-170 所示。

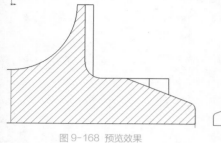

图 9-168 预览效果　　　　　图 9-169 半剖的主视图　　　　　图 9-170【工程图视图】属性管理器

Step 02 在【显示样式】选项栏中，将【消除隐藏线】🔲 改为【隐藏线可见】🔲，单击按钮 ✓，效果如图 9-171 所示。

Step 03 单击【CommandManage】工具栏中的【草图】按钮，单击【样条曲线】按钮 ∿，绘制剖面视图的边线，如图 9-172 所示。

Step 04 选中上一步绘制的样条曲线，单击【CommandManage】工具栏中的【视图布局】按钮，单击【断开的剖视图】按钮 🖼，在打开的【断开的剖视图】属性管理器中，将【深度参考】🔲 设置为左侧的轮廓边线，如图 9-173 所示。

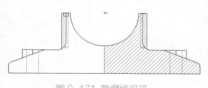 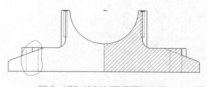 

图 9-171 隐藏线可见　　　　　图 9-172 绘制剖面视图的边线　　　　　图 9-173【断开的剖视图】属性管理器

Step 05 勾选【预览】复选框，单击【确定】按钮 ✓，退出断开的剖视图命令，效果如图 9-174 所示。

Step 06 单击【CommandManage】工具栏中的【草图】按钮，单击【样条曲线】按钮 ∿，绘制剖面视图的边线，如图 9-175 所示。

Step 07 选中上一步绘制的样条曲线，单击【CommandManage】工具栏中的【视图布局】按钮，单击【断开的剖视图】按钮 🖼，打开【断开的剖视图】属性管理器，如图 9-176 所示。

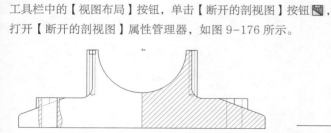 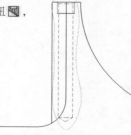 

图 9-174 断开的剖视图预览　　　　　图 9-175 绘制剖面视图的边线　　　　　图 9-176【断开的剖视图】属性管理器

Step 08 在【断开的剖视图】属性管理器中，将【深度参考】🔲 设置为左侧的螺钉头的线，并勾选【预览】复选框，效果如图 9-177 所示。

Step 09 单击【确定】按钮 ✔，单击主视图，在【显示样式】选项栏中，将【隐藏线可见】⌂ 改为【消除隐藏线】 ⌂，生成的局部剖切图如图 9-178 所示。

Step 10 单击按钮 ✔，生成主视图的剖面视图，如图 9-179 所示。

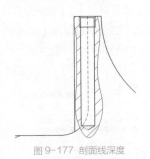

图 9-177 剖面线深度

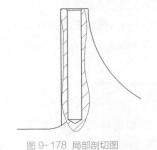

图 9-178 局部剖切图

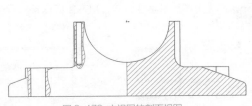

图 9-179 主视图的剖面视图

4．标注尺寸

1）标注中心线

Step 01 单击【注解】工具栏中的【中心线】按钮 ⊨，打开【中心线】属性管理器，如图 9-180 所示。

Step 02 单击孔的两条边线，选择要标注的轮廓，如图 9-181 所示。

Step 03 单击【确定】按钮 ✔，效果如图 9-182 所示。

图 9-180 【中心线】属性管理器

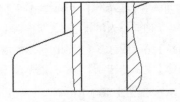

图 9-181 选择要标注的轮廓

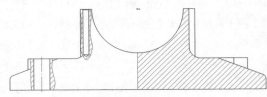

图 9-182 标注中心线

2）标注中心符号线

Step 01 单击【注解】工具栏中的【中心符号线】按钮 ⊕，打开【中心符号线】属性管理器，如图 9-183 所示，在【手工插入选项】选项栏中选择【单一中心符号线】选项 ＋。

Step 02 单击所有圆的轮廓线，如图 9-184 所示。

Step 03 单击【确认】按钮 ✔，标注完成后的视图如图 9-185 所示。

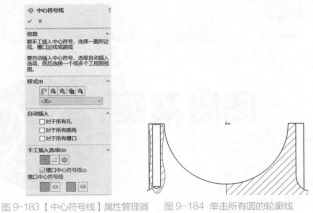

图 9-183 【中心符号线】属性管理器　图 9-184 单击所有圆的轮廓线

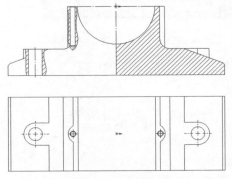

图 9-185 标注完成后的视图

3）手工为装配体标注简单尺寸

Step 01 单击【CommandManage】工具栏中的【注解】按钮，单击【智能尺寸】按钮 ✎。单击要标注的图线，像实体模型标注一样手工为工程图标注，如图9-186所示。

Step 02 为装配图标注大概的几何尺寸，如图9-187和图9-188所示。

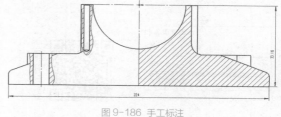

图9-186 手工标注

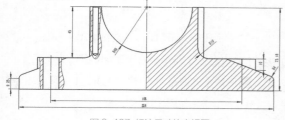

图9-187 标注尺寸的主视图

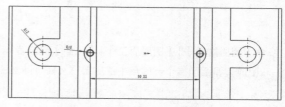

图9-188 标注尺寸的俯视图

4）标注孔的尺寸

Step 01 单击【注解】工具栏中的【智能尺寸】|【水平尺寸】按钮 ⊨，选择要标注的孔的两条边线，如图9-189所示。

Step 02 单击选择尺寸，在出现 ☒ 时将鼠标光标移动到该图标上，出现如图9-190所示的选项。

Step 03 在文字部分最前面添加内容为"通孔2×"，并选择【等距文字】选项 ↙，最终效果如图9-191所示。

5）半剖视图螺纹的标注

Step 01 单击【注解】工具栏中的【智能尺寸】|【水平尺寸】按钮 ⊨，打开【尺寸】属性管理器，开始标注螺纹孔，如图9-192所示。

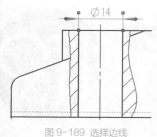

图9-189 选择边线

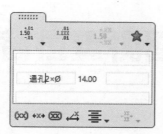

图9-190 【标注尺寸文字】选项

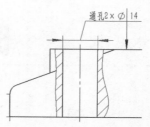

图9-191 孔标注的最终效果

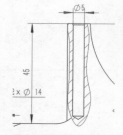

图9-192 选择螺纹标注

Step 02 在【标注尺寸文字】选项栏中将直径符号改成"M"，并在<DIM>后输入"×1-5g6g-41-L（×2）"，如图9-193所示。

Step 03 将尺寸移动到图的右侧，效果如图9-194所示。

Step 04 将鼠标光标移动到尺寸标注左侧边的尺寸线上，单击鼠标右键，在弹出的快捷菜单中选择【隐藏尺寸线】命令，如图9-195所示。

Step 05 单击【确定】按钮 ✔，效果如图9-196所示。

Step 06 最终效果如图9-197所示。

图9-193 选择输入螺纹符号

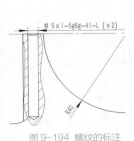
图 9-194 螺纹的标注

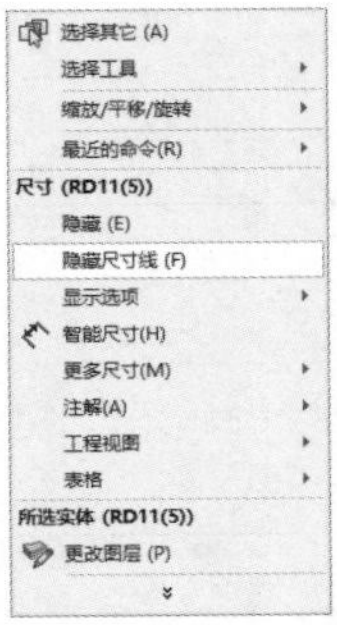

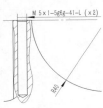
图 9-195 选择【隐藏尺寸线】命令

图 9-196 完成图效果

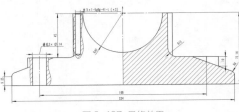
图 9-197 最终效果

6）表面粗糙度标注

Step 01 单击【注释】工具栏中的【表面粗糙度符号】按钮 ✓，打开【表面粗糙度】属性管理器，如图 9-198 所示。

Step 02 选择右侧水平端面位置，标注表面粗糙度，选择【要求切削加工】选项 ✓，在符号布局中，分别填写抽样长度 Ra 和其他粗糙度值 "3.2"，如图 9-199 所示。

Step 03 在底面处，选择符号选项下的【要求切削加工】选项 ✓，在符号布局中，填写最小粗糙度值 "3.2"，并将【角度】 ↻ 设置为 "180°"，如图 9-200 所示。

Step 04 最后，单击 ✓【确定】按钮，完成表面粗糙度的标注。

图 9-198 【表面粗糙度】属性管理器

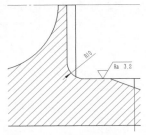
图 9-199 表面粗糙度的标注（1）

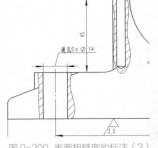
图 9-200 表面粗糙度的标注（2）

7）形位公差标注

Step 01 单击【注释】工具栏中的【形位公差】按钮 ▣，打开【形位公差】对话框，在【符号】下选择【平行】选项 ∥，在【公差 1】下面的文本框中输入 "0.05"，勾选【公差 2】复选框并在其下面的文本框中输入 "A"，如图 9-201 所示。

Step 02 选择左侧的【形位公差】属性管理器，在【引线】选项栏中选择【无引线】选项 ✗，其他选项保持默认设置，如图 9-202 所示。

Step 03 将形位公差放置在两孔直径相距 168mm 的尺寸位置处，单击【确定】按钮 ✓，完成形位公差的标注，如图 9-203 所示。

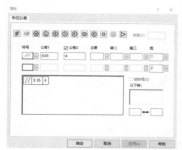

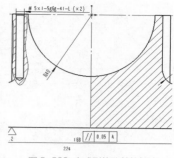

图 9-201 【形位公差】对话框　　　　图 9-202 【形位公差】属性管理器　　　　图 9-203 完成形位公差的标注

课后习题

一、选择题

下面哪个选项不是剖面视图提供的剖切方向？（　　　　）

A. 水平方向　　　　　　　　B. 竖直方向　　　　　　　　C. 倾斜方向　　　　　　　　D. 曲线方向

二、案例习题

习题要求：使用【视图】工具和【注释】工具制作阶梯轴的零件图，如图 9-204 所示。

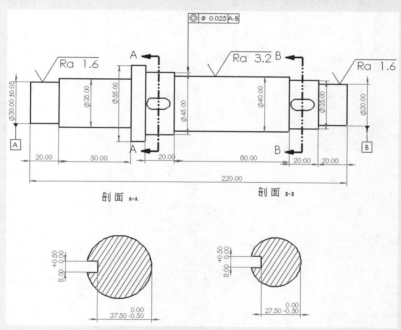

图 9-204 零件图

案例习题文件：课后习题 / 第 09 章 / 阶梯轴 .sldprt

视频教学：录屏 / 第 09 章 / 阶梯轴

习题要点：

（1）使用【视图】工具生成投影视图。

（2）使用断开的【剖视图】工具。

（3）使用【注释】工具。

增值服务介绍

本书增值服务丰富，包括图书相关的素材文件、源文件、视频教程；设计行业相关的资讯、开眼、社群和免费素材，助力大家自学与提高。

在每日设计 APP 中搜索关键词"D43439"，进入图书详情页面获取；设计行业相关资源在 APP 主页即可获取。

配套资源

在图书详情页面可下载本书的案例和习题的源文件、习题内容及讲解视频、PPT 教案，辅助学习。

视频教程

配套视频讲解知识点，由浅入深，让你学以致用。

设计资讯

搜集设计圈内最新动态、全球尖端优秀创意案例和设计干货，了解圈内最新资讯。

设计开眼

汇聚全球优质创作者的作品，带你遍览全球，看更好的世界，挖掘更多灵感。

设计社群

八大设计学习交流群，专业老师在线答疑，帮助你成为更好的自己。

免费素材

涵盖 Photoshop、Illustrator、AutoCAD、Cinema 4D、Premiere、PowerPoint 等相关软件的设计素材、免费教程，满足你全方位学习需求。